中国环境规划政策绿皮书

生态环境重大工程全过程管理

丁贞玉　徐怒潮　刘锋平　张宗文　等 / 著

中国环境出版集团 · 北京

图书在版编目（CIP）数据

生态环境重大工程全过程管理/丁贞玉等著. —北京：中国环境出版集团，2023.10（2024.4 重印）
（中国环境规划政策绿皮书）
ISBN 978-7-5111-5574-0

Ⅰ. ①生… Ⅱ. ①丁… Ⅲ. ①生态环境—工程管理—管理体系 Ⅳ. ①X171.1

中国国家版本馆 CIP 数据核字（2023）第 148122 号

出 版 人 武德凯
责任编辑 孔　锦
封面设计 彭　杉

出版发行 中国环境出版集团
（100062　北京市东城区广渠门内大街 16 号）
网　　址：http://www.cesp.com.cn
电子邮箱：bjgl@cesp.com.cn
联系电话：010-67112765（编辑管理部）
发行热线：010-67125803，010-67113405（传真）
印　　刷 北京鑫益晖印刷有限公司
经　　销 各地新华书店
版　　次 2023 年 10 月第 1 版
印　　次 2024 年 4 月第 2 次印刷
开　　本 787×1092　1/16
印　　张 19
字　　数 270 千字
定　　价 158.00 元

《中国环境规划政策绿皮书》编委会

《生态环境重大工程全过程管理》著者委员会

主　　任　丁贞玉　徐怒潮

副 主 任　刘锋平　张宗文　孙　宁

著　　者　李孝梅　尹惠林　郝占东　付全凯　范　云　郑燚楠

　　　　　周　欣　乔雄彪　张黎明　邹天远　呼红霞

序 言

生态环境重大工程是一项实施国家中长期规划、具有中国特色的制度安排。以重大环境工程项目为抓手，以大环保工程带动大治理，推动环境质量改善和污染减排目标的实现，是实施五年国家环境保护规划的重要支撑。随着生态环境重大工程的不断探索和持续推进，生态文明建设和生态环境保护工作已逐步从局部、分散、碎片化治理项目向整体、多目标协同、系统性治理工程转变，生态环境重大工程项目已被正式纳入国家级和省级发展规划中。但是，生态环境重大工程谋建与管理方面仍存在系统谋划不足、管理制度不健全、考核体系不完善等问题，限制了工程项目生态环境的整体改善与提升。建立健全全方位、全地域、系统性的生态环境重大工程全过程管理体系，是打破重大工程项目靶向落地难和效益考核难的“双难”局面的重要手段。完整、准确、全面贯彻党的二十大提出的新思路、新举措、新要求，牢固树立和践行“绿水青山就是金山银山”的理念，加快发展方式绿色转型，生态环境重大工程建设恰逢前所未有的发展机遇。

为此，生态环境部环境规划院生态环境工程咨询中心编写了《生态环境重大工程全过程管理》一书，通过梳理生态环境重大工程管理制度发展历程与实施经验，深刻认识重大工程顺利实施对生态文明建设和美丽中国建设的正向激励作用，针对生态环境重大工程面临的机制体系难题，提出了破解重大工程项目管理与创新实施模式的相关建议，为不断开创新时代美丽中国建设新局面和生态产品价值的实现与转化发挥重要作用。

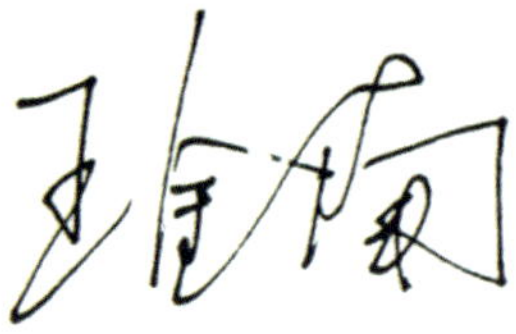

前 言

重大工程建设是国家中长期规划中极具中国特色的一项制度安排，生态环境重大工程建设是实现生态环境保护五年规划目标的主要途径和重要抓手。《中华人民共和国国民经济和社会发展第十四个五年规划和2035年远景目标纲要》确定了102项具有全局性、战略性、基础性意义的重大工程，其中由生态环境部牵头实施的5项重大工程，涵盖大气、水、土壤、固体废物污染防治以及核与辐射安全等领域，工程的高质量实施必将对完成“十四五”生态环境目标任务发挥重要支撑作用。

党的二十大胜利召开，提出围绕中国式现代化的本质要求，建设人与自然和谐共生的美丽中国。随着高质量发展的重大工程建设要求，生态环境重大工程重视程度、政策出台强度、政府投入力度也将前所未有。当前生态文明建设和生态环境保护工作已逐步从局部、分散、碎片化治理项目向整体、多目标协同、系统性治理工程转变，生态环境重大工程项目逐渐纳入国家级和省级发展规划中。在建设美丽中国时代命题的感召下，要以更强的紧迫感高质量推进重大工程落实落地，要准确把握性质特点和关键内容，精准发力，完整准确全面贯彻新发展理念，高质量建设好生态环境重大工程。然而，我国尚缺乏全方位、全地域、系统性的生态环境重大工程“谋建—调管—考评”全过程管理体系，造成重大工程项目靶向落地难和效益考核难的“双难”局面。

本书通过梳理重大工程管理制度与经验、分析生态环境重大工程面临的问题，提出了加强生态环境重大工程统筹与谋划、完善生态环境重大工程项目库建设、推进落实生态环境重大工程全过程管理和项目考核评估的建设方案，为深入打好污染防治攻坚战目标的实现和生态产品价值的实现与转化提供有力保障。

本书分为 9 章。第 1 章由尹惠林、孙宁编写；第 2 章由付全凯、尹惠林编写；第 3 章由郝占东、徐怒潮、孙宁编写；第 4 章由李孝梅、范云编写；第 5 章由徐怒潮、丁贞玉、刘锋平、张宗文编写；第 6 章由丁贞玉、徐怒潮、刘锋平、张宗文编写；第 7 章由孙宁、周欣、张宗文、乔雄彪、张黎明编写；第 8 章由张宗文、邹天远、丁贞玉编写；第 9 章由刘锋平、郑燚楠、呼红霞编写。最后，由丁贞玉定稿。

本书的编写得到了海口市丁飞副市长，江西省生态环境厅副厅长级生态环境监察专员陈世超，九江市生态环境局胡跃鹏、刘红翔，黄石市生态环境局张红珍、杨敏、罗金华，百色市生态环境局李建荣、姚宗林，赣州市生态环境局朱干明、刘志强等同志的大力支持和帮助，中国环境出版集团孔锦编辑为保障出版质量付出了艰辛和努力，在此表示衷心的感谢！

限于编者能力书中难免存在不足之处，敬请广大读者批评指正！

本书著者委员会

2023 年 1 月

目录

目录

目录

1 生态环境重大工程介绍

近年来，党中央、国务院系统谋划和推动生态环境重大工程实施，做到与深入打好污染防治攻坚战有机融合，协同推进经济高质量发展和生态环境高水平保护，努力实现经济效益、社会效益、环境效益多赢。本章从回顾近 40 年来生态环境重大工程的发展历程出发，进一步明确生态环境重大工程的定义、边界和工程特点，结合中国生态文明建设的理论和实践，剖析“十四五”生态环境保护工程设计和总体思路，探讨生态环境重大工程项目全过程管理的研究意义。

1.1 生态环境重大工程定义

生态环境重大工程（即生态环境领域重大工程、生态环境保护重大工程，以下简称重大工程）是实施国家中长期规划、具有中国特色的一项制度安排，是实施五年国家环境保护规划的重要支撑。重大工程是依据《中华人民共和国环境保护法》编制、经国务院批准并公布实施的国家 5 年生态环境保护规划中提出的重大工程项目，以及通过专项规划、地方规划支撑前者落地的重大工程项目。以重大环境工程项目为抓手，以大环保工程带动大治理，推动环境质量改善和污染减排目标的实现，是实施五年国家环境保护规划的重要支撑。

截至目前，相关政策文件中尚没有生态环境重大工程项目的定义，使得重大工程项目的管理与评估标准要求不统一。为使重大工程项目管理体系的研究具体化、对象化，本书提出了生态环境重大工程项目的概念，分别从广义和狭义两个方面进行定义。

广义的生态环境重大工程项目是指在习近平生态文明思想指导下，由国务院、国家相关部门、省级人民政府或省级相关部门制定的，以改善生态环境质量、降低生态环境风险等为目标的相关规划、实施方案、行动计划、指导意见中制定的若干工程项目。根据该定义，所谓“广义”生态环境重大工程项目来源渠道更加广泛，包括相关部门制定的规划、实施方案、行动计划、指导意见等，这些文件中提出的工程项目既有建设对象明晰、建设地点确定、建设规模具体等较为成熟的工程项目，也有仅提出工程项目类型但工程项目建设内容、建设规模等模糊的工程项目。广义的生态环境重大工程项目主要体现在工程项目来源的广泛性。

“十三五”期间为支持生态环境保护工程的实施，中央财政设立了中央财政大气污染防治专项资金、水污染防治专项资金、土壤（含地下水、重金属和固体废物污染防治等）污染防治专项资金、农村生态环境保护专项资金等。财政部制定了专项资金管理办法和申报要求，建设了申报项目储备库，各地申报的项目进入储备库中按照储备库建设方面的相关要求进行管理。“十三五”期间，中央财政累计安排生态保护修复相关转移支付资金 8 779 亿元，同时积极推动建立多元化的投入机制。例如，设立国家绿色发展基金，按照市场化规则运作，首期募集资金 885 亿元，其中中央财政出资 100 亿元，重点支持长江经济带地区开展环境保护和污染防治、生态修复以及国土空间绿化、能源资源节约利用等绿色发展的领域。同时，我国还通过规范推广政府和社会资本的合作模式、政府购买服务、政府债券等多种方式，来撬动更多社会资本加大投入。

狭义的生态环境重大工程项目是指获得中央财政生态保护类专项资金支持的，以解决生态环境问题、改善生态环境质量、修复遭受污染或破坏的生态环境、降低生态环境风险为目标的，中央财政专项资金支持额度在 5 000 万元及以上的单体工程项目，或者以一个整体项目实施方案的形式向国家申报并获批的综合性项目。这里提出的“狭义”，就是限定在中央财政专项资金支持的项目对象上，工程项目的对象具体，或者是一个单独的工程项目，或者是若干个性质类似，或者具有相互关联的若干个子工程项目组成的一个综合性、整体性项目，其中典型的综合性、整体性项目为重大生态环境修复专项资金支持的“山水林田湖草沙”综合整治性项目、“十三五”时期根据国家《土壤污染防治行动计划》提出的实施 200 个左右土壤污染防治与修复示范工程项目等，这些项目由多种类型的多个子项目共同构成。所谓“重大”（或“重点”），可理解为获得了中央财政专项资金的支持，且资金支持额度在 5 000 万元以上。这些项目之所以能够获得中央财政专项资金的支持，与国家生态环境保护规划、污染防治攻坚行动、生态环境标志性战役和专项整治等生态环境重要规划、计划、方案等具有密切关系，直接体现了上述要求，且符合各专项资金的支持方向、支持条件，体现了地方突出的需要整治的生态环境问题。

中央财政从 2016 年设立了中央财政“山水林田湖”生态环境保护修复专项资金，并出台《重点生态保护修复治理资金管理办法》（财资环〔2021〕100 号）有关规定及相关财经制度，2020 年 6 月国家发展和改革委员会（以下简称国家发展改革委）、自然资源部联合印发《全国重要生态系统保护和修复重大工程总体规划（2021—2035 年）》（发改农经〔2020〕837 号），2021 年在全国支持了 10 个“山水林田湖草”一体化保护与修复重大工程项目。2022 年在全国支持了 7 个“山水林田湖草”一体化保护与修复重大工程项目（“十四五”第二批“山水林田湖草沙”一体化保护和修复工程），每个项目计划中央财政的资金支持额度为 20 亿元，2022 年 6 月首期下达了 6 亿元。这些工程项目不仅获得的中央财政资金的支持力度较大，而且是在我国“三区四带”总体生态安全格局的总体空间部署和《全国重要生态系统保护和修复重大工程总体规划（2021—2035 年）》的统一规划下实施的，是我国“十三五”期间典型的生态环境重大工程项目。

以土壤污染专项资金支持的农用地和建设用地土壤污染风险管控与修复重大工程项目为例，为落实《土壤污染防治行动计划》要求，生态环境部在 27 个省（区、市）共确定了 220 个试点工程项目，其中农用地项目 93 个，包括断源类项目 7 个、断源+风险管控/修复类项目 10 个、风险管控/修复类项目 76 个；污染地块项目 127 个，包括风险管控类项目 8 个、修复类项目 119 个。220 个试点工程项目作为一个整体进行统一管理和部署，因此将其实施作为生态环境重大工程项目。“十三五”期间，生态环境部印发了《关于进一步推进和规范土壤污染治理与修复技术应用试点项目实施工作的通知》，组织多轮次近 200 名专家开展现场调研指导，多次召开了试点项目视频推进会，并在全国现场会或培训班邀请典型试点项目承担单位交流技术和管理经验，加强试点项目经验总结，制定《土壤污染治理与修复技术应用试点项目总结报告大纲》并组织培训。

1.2 生态环境重大工程特点

根据生态环境重大工程的定义，重大工程项目的“重大”主要表现在两个方面：一是单体项目获得中央支持的资金额度较高，关注度较高、社会影响力较大；二是若干个子项目共同构成的项目集，这些项目往往在国家层面上有着统一的部署和管理，各省（区、市）、各地级市按照职责分工分别发挥不同的作用。

分析历年来生态环境重大工程实施的具体情况，可以将重大工程项目的特点概括为以下 5 个方面。

（1）目标导向性。所谓目标导向，是指生态环境保护工程的设计和实施以改善生态环境质量、降低环境风险等为主要目标，生态环境工程项目的实施不仅要按照相关工程技术规范的要求完成各项既定的工程建设内容，更重要的是要实现预期的环境效益。生态环境工程项目的设计和实施，必须以预定的环境绩效目标作为出发点和落脚点，作为工程项目设计和实施的重要导向，同时也作为生态环境工程项目验收和评价的首要内容。

（2）综合性。部分工程项目打破部门职能分割和行政区划界限，加强区域协调、流域统筹、多污染物协同控制，实施全要素的综合防控，涉及多管理部门。同时还包括省级、市级、县级、乡镇级等不同层级管理部门的共同参与，省级管理部门多侧重于总体设计和在项目实施过程中的综合协调，市级管理部门负责上下统筹、项目实施调配和日常监管，县级和乡镇级管理部门往往承担工程项目具体的落地实施。综合性是省级重大工程项目最突出的特点，这对重大工程项目的组织管理提出了很高要求。

（3）广泛性。省级重大工程项目综合性的特点决定了在项目实施过程中有两个方面需要注意：①子项目数量较多，建设地点较为分散；②项目建设单位多，高效统筹管理好这些建设队伍是非常重要的，这对项目组织管理模式和咨询服务模式的创新提出了要求。同时，一些项目在实施过程中需要和周边群众联系，甚至直接影响周边群众的正常生产和生活，这时需要做好舆情的监测与分析，及时做好信息沟通等工作。

（4）联动性。省级重大工程项目的实施不是孤立存在的，往往与脱贫致富、旅游业、农业、畜牧业、地方土地资源开发与再利用等有关联。各省（区、市）设计的水污染防治与生态修复、农村污染防治、区域生态环境修复等不同类型的项目往往具有联动性的特点，多个省级“十四五”规划中也提出要创新项目组织策划方式，将环境类与产业类项目合理统筹和捆绑设计，提高实施生态环境保护工程的积极性。这对重大工程项目实施模式的创新提出了新的要求。

（5）社会影响性。重大工程项目的利益相关方复杂，在项目实施过程中和项目实施后会直接或间接影响人们的生产和生活方式，公众关注度较高。实施过程既要充分尊重公众意愿，又要注重引导人们的生产与生活方式，使人们在重大工程项目实施过程中获得受益感和参与感。

1.3 生态环境重大工程项目设计概述

重大工程项目是规划实施的重要载体，是实现规划目标的重要手段，是规划的重要支撑。生态环境重大工程的设计是历次每个五年生态环境保护规划研究和设计中的重点内容。根据生态环境保护规划确定的指导思想、基本原则、主要思路和重点任务，依据地域区划、环境要素、管理梯次等分类别开展生态环境重大工程项目的设计，建立项目库，强化项目推进机制，积极推动重大改革政策尽快落地。

1.3.1 “十三五”以前

从 1972 年联合国人类环境会议开始到《“十三五”生态环境保护规划》发布之前，生态环境重大工程主要以围绕解决重点区域、重点流域或重点行业存在的突出环境污染问题而开展，为探索和发展系统解决生态环境保护问题提供了实践经验。这一时期可分为以下 3 个阶段：

一是在“八五”时期，围绕化解局部污染事件开展国家重大工程建设。该阶段以北京市官厅水库、河北省白洋淀和桂林市漓江等水域的污染治理为代表，在实施重大工程时，普遍采取“一刀切”的方式，关停周边水域严重污染的工业企业，以局部水域环境改善为主要特点，为全面实施环境保护奠定了基础。

二是在“九五”和“十五”期间，围绕污染排放末端治理开展国家重大工程建设。这一时期城市环境基础设施和工业污染治理设施大幅推进，城市生活污水处理量从“九五”初期（1996 年）的 83.3 亿 t 增加到“十五”末期（2005 年）的 187 亿 t，污水处理率也相应地从 23.6%提高到 52%；全国工业废水排放达标率从 1999 年的 66.7%提高到 2005 年的 92.8%。这些重大工程的建设使我国在经济快速发展、重化工业迅猛增长的情况下，环境污染和生态破坏的趋势得到减缓，部分地区和城市的环境质量有所改善。

三是在“十一五”和“十二五”期间，围绕排放总量减排开展重点行业领域国家重大工程建设。该阶段，围绕脱硫脱氮和 COD 减排开展的重大工程项目取得了显著进展。到“十二五”末期，重大工程的设计开始从水、大气污染末端治理转向多要素的污染综合治理，注重建设污染处理基础设施，提高污染物处理处置水平。全国城镇污水处理能力达

1.82 亿 t/d，燃煤电厂脱硫能力达 9.8 亿 kW·h，脱硫机组占比从 2005 年的 4.3%快速提高至“十二五”末期的 96%。国家大力支持重大工程的投资建设，带动了全社会环保投资额的显著增加，“十二五”时期的前 4 年全社会环保投资已达 32 900 亿元。这一时期重大工程项目的实施在污染减排和环境风险控制等方面取得了较大成效。

《国家环境保护“十二五”规划》以专栏形式概述性描述了重点实施的八大类重点工程项目类型，即主要污染物减排工程、改善民生环境保障工程、农村环保惠民工程、生态环境保护工程、重点领域环境风险防范工程、核与辐射安全保障工程、环境基础设施公共服务工程、环境监管能力基础保障及人才队伍建设工程，但每类工程项目描述的概要性较强，缺乏落地性和可操作性。

1.3.2 “十三五”设计

“十三五”期间，重大工程的设计理念逐步从局部和分散的治理项目向目标化、整体化、系统化的综合治理工程转变，重点实施大气、水、土壤三大污染防治行动计划，强调污染全过程治理，强调生态环境的整体性和系统性。我国生态环境状况公报显示，2020 年和“十三五”期间生态环境重点目标任务均圆满超额完成，与 2010 年相比，环境质量取得明显改善。该阶段重大工程建设呈现出生命周期长、空间尺度大、复合影响因素多、利益诉求复杂、投资规模大且不可恢复、工程建设不确定性大等特征，在全过程管理中存在大量不确定性、模糊性和价值偏好。为强化项目落地、提升项目建设质量，重大工程的管理模式不断发展，项目储备、实施监管、绩效考评“三管”齐下，初步构建出“工程规划—工程设计—工程实施—管理维护—绩效评估”的重大工程全过程管理模式，呈现趋向于环境质量改善、绿色循环技术创新、市场化融资等特点。

《“十三五”生态环境保护规划》中关于规划项目的描述也是以专栏形式进行表达的。第 9 章提出“实施一批国家生态环境重大工程”，提出“十三五”期间，国家组织实施工业污染源全面达标排放等 25 项重点工程，建立重大项目库，强化项目绩效管理。项目投入以企业和地方政府为主，中央财政予以适当支持。其中专栏 8 为“环境治理保护重点工程”，包括 11 项重点工程，即工业污染源全面达标排放、良好水体及地下水环境保护、重点流域海域水环境治理、城镇生活污水处理设施全覆盖、农村环境综合整治、土壤环境治理、重点领域环境风险防范、核与辐射安全保障能力提升等；专栏 9 为“山水林田湖生态工程”，包括 14 项重点工程，即国家生态安全屏障保护修复、国土绿化行动、国土综合整治、天然林资源保护、新一轮退耕还林还草和退牧还草、防沙治沙和水土流失综合治理、河湖与湿地保护恢复、濒危野生动植物抢救性保护、生物多样性保护、外来入侵物种防治行动、森林质量精准提升、古树名木保护、城市生态修复和生态产品供给、生态环境技术创新等。工程项目的设计总体较为概化，提出了实施若干示范工程，但并未明确示范工程的具体分布，同时对各省级《“十三五”生态环境保护规划》如何衔接和落实国家《“十三五”生态环境保护规划》提出的重点工程项目也并未提出具体要求。各省（区、市）发布的“十三五”生态环境保护工程总体也是依照国家《“十三五”生态环境保护规划》来进行设计的，未结合本省（区、市）目标指标和任务体系给出具体的工程项目清单。

总体来看，无论是在国家层面还是省级层面，“十三五”规划中均未就如何细化、分解和落实规划专栏中提出的工程项目类型的项目提出进一步的要求，很大程度上使得规划的工程项目不具有实际可操作性，规划提出的开展重大工程项目评估的任务要求在现实中难以落实。

1.4 “十四五”生态环境重大工程部署

1.4.1 发展机遇

将重大工程作为建设人与自然和谐共生的重要抓手。人与自然和谐共生，注重推进物质文明建设和生态文明建设，是中国式现代化的重要特征。党的二十大报告指出：“尊重自然、顺应自然、保护自然，是全面建设社会主义现代化国家的内在要求。必须牢固树立和践行绿水青山就是金山银山的理念，站在人与自然和谐共生的高度谋划发展。”“加快发展方式绿色转型，深入推进环境污染防治，提升生态系统多样性、稳定性、持续性，积极稳妥推进碳达峰碳中和。”党的二十大胜利召开，提出围绕中国式现代化的本质要求，建设人与自然和谐共生的美丽中国。随着高质量发展重大工程建设要求，生态环境重大工程重视程度将前所未有、政策出台强度将前所未有、政府投入力度也将前所未有。

《中华人民共和国国民经济和社会发展第十四个五年规划和 2035 年远景目标纲要》（以下简称“十四五”规划）共计 17 个专栏中明确了 102 项重大工程项目，确定了一批具有战略性、基础性、引领性的重大工程项目，涉及科技攻关、基础设施、生态环境建设、民生补短板、文化传承发展等重点领域。重大工程是在一定的时代背景下，对政治、经济、社会、科技发展、环境保护、公众健康与国家安全等具有重要影响的大型公共工程。

2021 年 8 月 17 日，国家发展改革委在 8 月新闻发布会发布，7 月国家发展改革委共审批核准固定资产投资项目 8 个，总投资 582 亿元，主要集中在交通、能源等领域。为更好地发挥有效投资的关键作用，巩固投资持续恢复增长态势，下一步，国家发展改革委将会同有关部门和地方政府，重点从五个方面抓好补短板稳投资工作。主要建设要求见专栏一。

专栏一 “十四五”重大工程推进建设要求

一是积极推进实施“十四五”规划确定的重大工程项目。“十四五”规划提出了102项重大工程项目，这是保持经济运行在合理区间，加快构建新发展格局的重要支撑。要发挥其牵引带动作用，抓紧建立重大工程项目实施推进机制，将102项重大工程进一步细分落实到具体建设项目上，形成清单，强化要素保障，有序推进项目实施，做到开工一批、投产一批、储备一批。

二是多措并举稳定制造业投资。一方面，积极支持先进制造业投资，不断完善和用好“揭榜挂帅”“赛马”等机制，加快补齐产业链供应链短板弱项。另一方面，引导企业加大技术改造投资，加强传统制造业碳减排政策的引导和激励，推进绿色低碳投资。

三是扎实做好项目前期工作。重点是督促各地方加大项目前期工作投入，把前期工作做深、做细、做实。依法合规加快办理项目审批核准备案和用地、规划、环评等手续，加快推进征地拆迁、市政配套等准备工作，推动一批项目尽快具备开工条件。同时，深化投资领域“放管服”改革，提高项目前期工作效率。

四是发挥政府投资引导带动作用。在中央预算内投资方面，将加快计划执行进度，提前组织2022年中央预算内投资计划编制工作，集中力量办大事、难事、急事。在地方政府专项债券方面，国家发展改革委将指导督促各地高质量做好2021年下半年和2022年上半年专项债券项目准备，确保专项债券发行后能够及时投入项目建设、尽早形成实物工作量。

五是进一步调动民间投资积极性。为更好地发挥有效市场作用，将不断完善支持社会资本参与政策，吸引民间资本参与市政、交通、生态环境、社会事业等补短板领域建设。规范推广政府和社会资本合作（PPP）模式，稳妥开展基础设施领域不动产投资信托基金（REITs）试点，盘活存量资产，形成投资良性循环。

2022 年 5 月 26 日，生态环境部部长黄润秋主持召开生态环境部推进“十四五”规划重大工程工作领导小组第一次会议，强调在稳经济大盘这个大局面前，要以更强的紧迫感高质量推进重大工程落实落地。“十四五”规划确定的 102 项重大工程具有全局性、战略性、基础性意义——既是全面实施“十四五”规划、如期实现各项目标任务的重要保障，也是积极扩大有效投资、确保经济平稳运行的重大举措。其中，由生态环境部牵头实施的 5 项重大工程，涵盖大气、水、土壤、固体废物污染防治以及核与辐射安全等领域，工程的高质量实施必将对完成“十四五”生态环境目标任务发挥重要支撑作用。

2023 年 3 月 15 日，生态环境部部长黄润秋主持召开生态环境部推进“十四五”规划重大工程工作领导小组第三次会议，进一步传达推动“十四五”规划 102 项重大工程实施部际联席会议第二次会议精神，总结 2022 年生态环境重大工程进展情况，安排部署 2023 年重点任务。2023 年是贯彻党的二十大精神的开局之年，也是实施“十四五”规划承前启后的关键一年。生态环境部要深入学习贯彻党的二十大精神，坚决落实中央经济工作会议和全国“两会”部署要求，坚持以推动高质量发展为主题，聚焦党中央、国务院明确的重点方向，增强前瞻性和预见性，做好重大工程的中长期谋划，形成施工图和路线表，加快在建项目建设。

围绕生态产品价值实现和自然资本保值增值理念，以“零碳冬奥”为建设代表的重大工程，助力我国生态产品价值实现获得了国际社会的广泛认可。另外，党的十九大以来，在京津冀水源涵养区、祁连山、长白山、长江三峡等生态功能重要区域，组织实施生态保护修复重大工程，有效提升优质生态产品供给；由生态环境部牵头的生态环境导向的开发（EOD）模式类重大工程以生态保护和环境治理为基础，实施区域综合开发，实现生态环境资源化和产业化，促进区域生态产品价值转化。“十四五”期间，生态环境部将在减污降碳协同增效、污染治理、应对气候变化、生态保护监管及生物多样性保护等重点领域，谋划一批强基础、增功能、利长远的重大工程，并在实践中探索生态产品价值实现模式。

2021 年 4 月 6 日，生态环境部办公厅、国家开发银行办公厅联合印发《关于深入打好污染防治攻坚战 共同推进生态环保重大工程项目融资的通知》（环办科财函〔2021〕158 号，以下简称通知），生态环境部、国家开发银行签署《关于深入打好污染防治攻坚战 共同推进生态环保重大工程项目融资合作备忘录》，发挥部行合作优势，共同加大生态环境重大工程项目融资，培育环保产业新增长点。主要合作事宜见专栏二。

专栏二　通知中的主要内容

一是要充分认识金融支持深入打好污染防治攻坚战的重要意义。加快生态环境重大工程建设，支撑打好污染防治攻坚战是深入贯彻党的十九大和十九届二中、三中、四中、五中全会精神，构建生态文明体系，促进经济社会发展全面绿色转型的重要举措。

二是精准支持深入打好污染防治攻坚战的重点领域。针对金融资金支持特点，在中央项目库中补充建立金融支持生态环保项目储备库，加强固体废物和危险废物处理处置及资源综合利用、区域环境协同治理等重大项目，以及生态环境导向的开发（EOD）模式、生态补偿、“无废城市”建设等试点项目的储备与支持。

三是加大生态环保重点项目政策支持。国家开发银行各分行对中央项目库中符合放贷条件的项目和生态环境部门推荐的其他生态环保重大工程项目优先开展尽职调查、优先进行审查审批、优先安排贷款投放、优先给予优惠利率、优先给予延长贷款期限等优惠信贷政策支持。中央项目库项目可视同国家开发银行重大（重点）项目管理，享受相关政策。国家开发银行各分行积极探索创新适用于生态环保项目特点的金融产品和服务，支持环保产业发展。

四是合力推进生态环保项目落地实施。各省级生态环境部门、国家开发银行各分行要建立协调工作机制，按照“部对行、省对分”原则，建立联络制度，加强沟通、密切合作，及时共享生态环保信贷项目信息及调度情况。省级生态环境部门要了解掌握开发性金融信贷要求，协助有融资需求且符合条件的项目用好开发性金融政策。国家开发银行各分行对符合条件的项目，按照精准施策、市场化和风险可控原则，发挥开发性金融中长期资金优势，统筹考虑经济效益和环境效益，按照相关信贷政策，在资源配置上给予倾斜，加大支持力度。

为了推动《“十四五”生态环境保护规划》目标落实、持续改善生态环境质量，扎实推进生态环境重大工程实施。2022 年 10 月 11 日，生态环境部印发了《关于扎实推进“十四五”生态环境领域重大工程实施的通知》（环综合〔2022〕61 号）（以下简称《通知》），《通知》给出了“十四五”生态环境重大工程任务清单，包括 45 项重大工程任务清单，并要求各省（区、市）生态环境主管部门于 2022 年 10 月底前，根据任务清单，汇总形成本地区“十四五”生态环境工程项目表。生态环境部按照任务分工研究制定重大工程项目筛选标准，筛选建立国家“十四五”生态环境领域重大工程项目台账，并对台账内项目实施编码管理。2023—2025年每年年中组织开展国家“十四五”生态环境领域重大工程项目增补、退出、变更等动态调整工作。为了保障重大工程顺利实施，生态环境部牵头分步骤、分类别建立国家生态环境重大工程项目。

2022年10月13日，生态环境部科财司印发《关于启动中央生态环境资金预储备项目清单编制试点工作的预通知》，拟组建综合组、水组（含地下水）、大气组、土壤组、农村组及EOD组等部工作专班，并推荐3～5个污染防治攻坚任务较重、项目储备积极性高的省份作为备选试点省份，开展中央生态环境资金预储备项目清单编制，建立自上而下与自下而上相结合的项目预储备制度。建立“国家重大工程—省级重大项目布局—市县重点项目”三级预储备项目清单。其中，一级清单为国家级重大工程清单，将以“十四五”规划中的102项重大工程项目和《“十四五”生态环境保护规划》中重大工程为基础进行凝练；二级清单为省级重大项目布局清单，以试点省份的重点流域/区域的突出环境问题为核心目标，凝练形成重大项目布局清单；三级清单为市（县）重点项目清单，依据属地职责，在省级重大项目清单下进行任务分解，细化形成具体的、可操作性的重点项目清单。通过建立预储备项目清单，强化支撑深入打好污染防治攻坚战的精准性，使其成为将项目储备要求与各地生态环保重点任务紧密衔接的重要载体。

1.4.2 “十四五”设计

“十四五”生态环境重大工程主要包括“十四五”规划、《“十四五”生态环境保护规划》和《中共中央　国务院关于深入打好污染防治攻坚战的意见》等确定的重大工程共计 45 个。其中，生态环境主管部门牵头实施的“十四五”规划中的 102 项重大工程项目包括大气污染物减排类、水污染防治和水生态修复类、土壤污染防治与安全利用类、医疗危险废物处置和固体废物综合利用类、应急处置能力提升类共计 5 类 7 项；以及生态环境主管部门牵头实施的“十四五”生态环境保护规划重大工程包括生态环境治理类、环境基础设施和生态环境能力建设类共计 2 类 26 项；还有配合有关部门实施的“十四五”生态环境重大工程 12 项。

作为国家生态环境保护规划的重要支撑，各省（区、市）发布的省级生态环境保护规划中生态环境保护工程的设计内容也是国家生态环境保护工程体系的重要组成内容。生态环境保护省级重大项目是指“十四五”生态环境保护规划中提出的各类项目，这些项目往往是从支撑规划目标指标的实现和重点任务的实施设计出的，在省级规划中一般称为生态环境保护重大项目或重点项目，本书称其为省级重大项目。对我国 31 个省（区、市）发布的省级《“十四五”生态环境保护规划》中重大生态环境保护工程设计方法进行分析发现，省级《“十四五”生态环境保护规划》中重大工程的设计总体分为两种类型：一是以湖南省、青海省为代表的专栏项目设计方法；二是以福建省、湖北省为代表的贯穿在各目标指标中的设计方法。

以湖南省、青海省重大工程项目设计为例，规划任务章节中以 8 个“专栏”的形式，聚焦规划重点领域、重点任务和措施，概念性设计了“碧水”、“蓝天”、“净土”、农业农村、重金属、生态保护与修复、风险防范、能力提升 8 个方向的重点工程。每个方向下再细分不同类型的工程项目，如“净土”重点工程方向下划分成“调查评估与修复”类、“重金属污染耕地治理试点工程”类。而“调查评估与修复”类型下又划分为 5 种具体类型的工程项目。青海省重大工程项目的设计仍是在“规划任务”设计中以专栏形式从维护国家生态安全、推动绿色低碳发展、水生态环境维护等 10 个方面设计了重大工程类型以及相应的子类型项目。如专栏 “维护国家生态安全重大工程”中设计了中华水塔保护工程、三江源生态保护与修复工程、祁连山生态保护与整体修复工程、黄河上游千里保护带工程等 9 个子类型。每种子类型下仅提出了工程项目的大致落地范围和总体整治方向，但距离落地的工程项目尚有差距。

以福建省、湖北省重大工程项目设计为例，提出了“十四五”生态环境保护重点领域和重点任务的各项规划指标，将各目标指标的实现手段与生态环境重大工程项目设计紧密结合，相辅相成。《福建省“十四五”生态环境保护规划》基于 2020 年绿色低碳、美丽城市、美丽乡村、美丽河湖、美丽海湾、美丽园区和风险管控七大领域工作成效的现状值，有针对性地提出了 30 项分项任务阶段目标和 2025 年目标值，坚持目标导向，强化生态保护工作措施，推动生态环保重点任务落地落实。湖北省重大工程项目的设计依托环境质量改善、绿色低碳发展、生态环境保护与修复、环境风险防范、生态人居建设五大类指标目标，配套设计相应工程措施，以持续改善土壤和地下水环境质量目标为例，分别开展土壤和地下水污染系统防控工程、土壤安全利用工程、地下水污染风险管控工程，提出各类工程项目的立项条件、重点区域、项目数量、工作内容和预期成效等，但对具体工程项目的落地实施仅具有导向意义。

通过上述分析可以看出，省级《“十四五”生态环境保护规划》中重大工程项目总体是“概念性设计”，提出了重大工程项目不同层级的类型、落地实施的大致空间范围（如某流域、某区间、某城市等）、主要整治方向和计划实现的定性目标，概念性设计的工程项目距离可以落地实施的工程项目仍需进一步细化。

1.4.3 总体思路

为精准贯彻落实党的二十大的要求，要回答好建设怎样的生态环境重大工程这个问题。新时期生态环境重大工程全过程管理的总体思路可概括为：“谋建重实效、调管重风险、考评重‘颜值’”。

（1）谋建重实效。结合现阶段我国生态环境保护工作的迫切需求，深刻认识生态环境当前攻坚克难的首要目标，以目标导向和问题导向为原则，坚持重大工程对国家生态环境保护任务的支持作用，注重重大工程实施效果。国家统筹谋划重大工程任务清单，重要生态功能区、重点流域、污染防治任务较重区等区域重点布局，省市重点落实，“自上而下、自下而上”分类分级策划重大工程项目，高质量建设重大工程项目库。

（2）调管重风险。生态环境重大工程管理上的“风险”主要包括政治安全风险、法律法规政策上的风险，资金安全风险，技术可达性的风险，而主要目标是解决环境风险（如大气、水、土壤环境安全）的问题。

（3）考评重“颜值”。评价体系坚持深入打好污染防治攻坚战目标导向，目标设定要路径合理、积极稳妥。强化项目环境绩效管理，建立资金使用与环境绩效并重的项目绩效考核体系。聚焦生态环境重点领域，实现生态环境要素全覆盖，更多体现在优美生态环境“颜值”上，这是人们切实感受环境民生福祉、提升环境幸福品质的重要体现。

1.5 全过程管理发展需求

重大工程项目全过程管理发展需求主要表现在以下两个方面。

（1）实现“十四五”环境总体改善的重要途径

“十四五”期间，生态环境质量总体改善但成效还不稳固，生态安全问题凸显，生态环境仍面临重大挑战。历史遗留的环境问题多，环境基础设施投入机制不健全，设施建设存在短板，运行水平总体不高，管网配套严重不足。农村垃圾、污水处理等能力薄弱、滞后。新型生态环境问题凸显，挥发性有机物等排放控制手段薄弱，医疗废物、重金属、有毒有害化学物质等环境风险仍然突出。生态环境在统一监测评估、科技支撑、宣传教育、社会行动等方面与美丽中国的发展要求差距较大。系统谋划“十四五”生态环境重大工程具有重要意义。

根据《“十四五”生态环境保护规划》的基本思路与前期研究，已提出10大类60余项生态环境保护重点工程体系。重大工程的选择聚焦解决制约关键约束性指标达标问题、环境基础设施短板、监管能力滞后等影响环境治理体系和治理能力现代化的问题，进而筛选一批具有全局性、战略性的重大工程。当前，生态环境保护领域正在开展各专项规划编制工作，对上述重大工程开展进一步的细化研究，因此急需优化重大工程项目全过程管理体系，实现规范化管理（图1-1）。

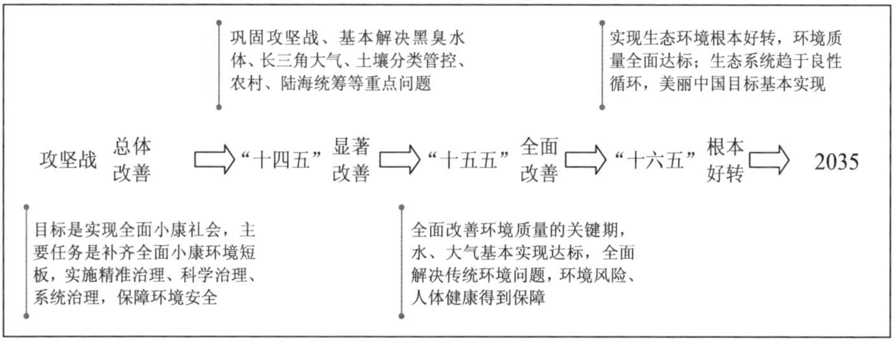

图1-1　生态环境保护战略路线图设想

（2）全过程管理是新时期生态环境高质量发展的时代要求

重大工程的全过程管理是新时期生态环境高质量发展的时代要求，

是把握工程质量和效果的重要手段。全过程工程管理作为一种创新型组织管理模式和咨询服务组织方式，具有集成化、专业化优势，满足了委托方的多样化需求与市场发展需求，展露出广阔的应用前景。政策环境、投资多元化以及建设项目承发包模式的变化引发了对全过程管理的需求，对咨询服务机构是重大机遇，但也提出了更高的要求。要做好重大工程全过程管理相关工作，核心主要体现在全方位的统筹能力、跨阶段的融合能力和跨专业、跨行业的专业管理能力 3 个方面。

2 生态环境重大工程管理现状

生态环境保护重大工程项目的全过程管理水平对实现环境效益、提高资金效率、达到规划目标具有积极作用。本章梳理了生态环境保护项目的现有管理制度，通过分析项目实施现状，总结了生态环境保护项目的全过程管理经验，并详细介绍了生态环境重大工程项目全过程管理体系的主要建设内容，为进一步完善重大工程项目管理制度奠定了基础。

2.1 实施流程

“十三五”时期，国家将环境质量改善作为环境保护的主线，以科学发展观为指导，实施了流域水环境综合管理。至此，国家重大环保工程的设计理念逐步从局部和分散的工程向目标化、整体化、系统化的综合治理工程转变，以重点实施“大气、水、土壤”污染防治三大行动计划为抓手，推进工业污染源全面达标排放、重点区域大气污染传输通道气化、燃煤电厂超低排放改造、石化和化工园区 VOCs 整治工程、城镇生活污水全覆盖提升、良好水体和地下水环境保护、畜禽养殖废物治理和资源化、农村环境综合整治、土壤污染治理和修复试点示范、危险废物和核辐射风险防范以及生态环境治理能力现代化提升11大重点工程。在这一阶段国家层面重大工程的设计可以称为“污染全过程治理”，强调污染物过程与生态环境的整体性和系统性，强调环境质量改善的目标导向。

在生态环境重大工程管理实施方面，一是随着以总量控制为主线的环境管理模式已开始向以质量控制和风险控制双驱动的环境管理模式转变，工程目标将更加关注环境质量和公众健康；二是工程技术将更加强调资源化和可持续性，污染治理将转向资源化利用；三是工程后期运行将与城市开发和绿色经济相融合，把生态环境改善的收益反哺到对生态环境的保护中；四是以质量改善为核心的战略，要求资金投入更加注重效率和成果，专项资金使用将逐步从“补建设”向“补运营”、从“前补助”向“后奖励”、从“买工程”向“买服务”转变。为强化项目落地基础和提升项目质量，重大工程的管理模式已初步发展为项目储备、实施监管、绩效考评“三管”齐下的格局，初步构建出了“工程规划—工程设计—工程实施—工程维护—工程评估”的重大工程全过程管理模式，并将提升重大工程项目的实施绩效作为主要考核目标（图2-1）。

狭义的重大工程全过程管理体系主要涉及工程决策、工程设计、工程施工、工程运营和绩效评估等多要素和多维度。

（1）工程决策。立足于重点区域（流域）突出生态环境问题和长远战略规划，通过工程项目绿色发展规划、生态环境影响评价、绿色设计方案筛选评估、模块化决策、专家咨询等方法，明确重大工程决策方案。

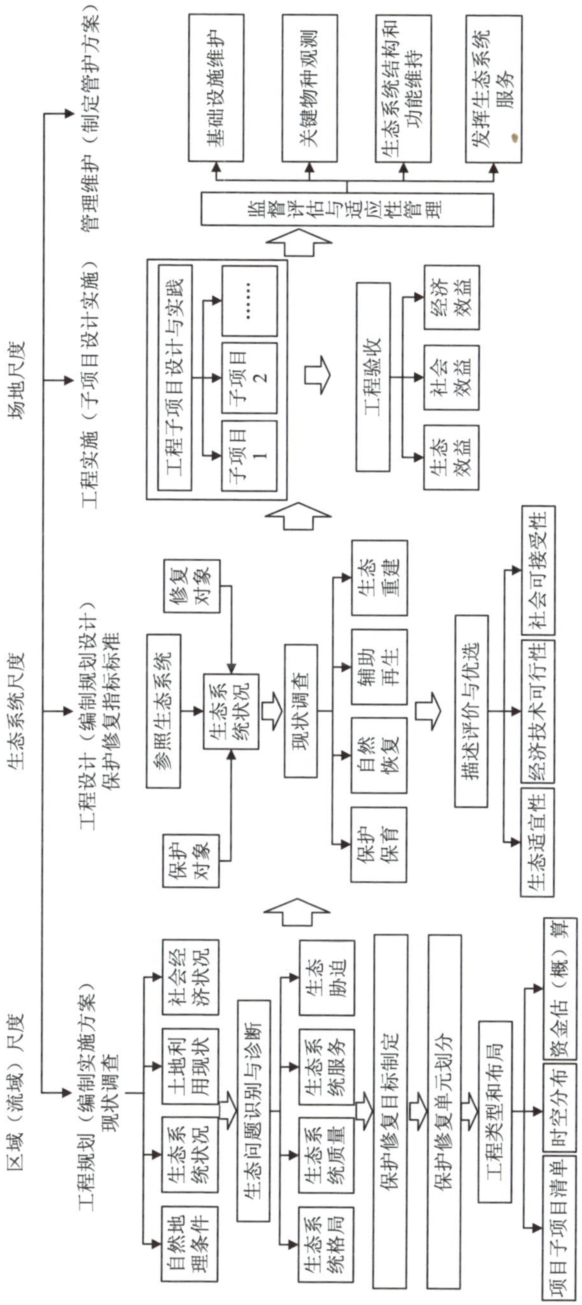

图 2-1 重大工程全过程管理模式

（2）工程设计。优先考虑环境风险管控，重视采取环保型材料、绿色低碳技术，考虑文化、旅游资源和生态功能的损失，充分利用现有设施，探索资源利用和功能最大化，保证工程设计的生态化。

（3）工程施工。通过科学管理和技术进步，实现“四节一环保”（节能、节地、节水、节材和生态环境保护），实现“环境状况调查—健康风险评估—修复治理或风险管控工程实施—效果评估—决算审计等”全生命周期管理。

（4）工程运营。开展系统的计划、组织、实施和控制，制定科学合理的管理制度，落实绿色运营管理组织结构及团队和绿色营销管理体系，采用绿色供应链管理的技术方法实现生态“溢价”。

（5）绩效评估。采用全生命周期碳足迹核算、节能减排评价、可持续发展评价等综合评估方法，或采用针对社会、经济、生态、环境的单独要素评估方法，强化绩效目标指标可达性论证和审查，并将绩效评价结果与争取各级环保专项资金相挂钩。

2.2 管理制度及实施现状

“十三五”生态环境保护工程在生态环境部的组织领导下，总体建立了项目储备入库—资金申请—绩效确立—组织实施—绩效评价的管理框架。主要是以中央财政专项资金支持项目的管理为主，按照项目储备库管理的相关制度开展管理。建立的制度及实施情况阐释如下。

2.2.1 生态环境保护项目储备制度

自 2018 年开始生态环境部大力推进各类环保项目储备库的建设和管理。2018 年和 2019 年先后发布了开展年度中央环保投资项目储备库建设的通知，进一步建立和充实中央水污染防治、大气污染防治、土壤污染防治、农村环境整治、海岛及海域保护等项目储备库，推动国家生态环境保护标志性战役和专项行动计划的实施。

为进一步规范和加强中央生态环保转移支付资金管理，充分发挥生态环保资金职能作用，2021 年 9 月财政部、自然资源部、生态环境部、应急管理部、国家林草局等相关部门共同发布《中央生态环保转移支付资金项目储备制度管理暂行办法》（以下简称《办法》）。《办法》明确提出，中央生态环保转移支付是指通过中央一般公共预算安排的，用于支持生态环境保护方面的资金，具体包括大气污染防治资金、水污染防治资金、土壤污染防治资金、农村环境整治资金、海洋生态保护修复资金、重点生态保护修复治理资金、林业草原生态保护恢复资金和林业改革发展资金（不含两项资金中全面停止天然林采伐、林业防灾减灾及到人到户补助）、自然灾害防治体系建设补助资金（全国自然灾害综合风险普查经费、安全生产预防和应急救援能力资金、特大型地质灾害防治资金）。中央生态环保转移支付资金原则上均应纳入中央生态环保资金项目储备库管理范围。项目储备是项目执行的基础。各地项目申报和纳入中央项目储备库项目的情况，作为中央财政生态环保转移支付分配的重要参考。根据《办法》，2021 年 10 月生态环境部办公厅、财政部办公厅发布了修订后的《中央生态环境资金项目储备库入库指南（2021 年）》，该指南明确提出大气、水、土壤污染防治资金及农村环境整治资金（未被涉农资金整合部分）支持的项目，均应纳入中央生态环境资金项目储备库管理范围；采用竞争性分配的中央生态环境资金，各地按申报指南要求申报项目，待财政部会同有关部门开展竞争性评审择优确定项目后，纳入中央项目储备库。同时，该指南提出了中央项目储备库、省级项目储备库和市级项目储备库建设之间的关系。

重大工程项目储备制度主要包括中央储备库项目入库要求和入库

程序，纳入库中的动态管理。项目获得中央专项资金支持后从储备库进入实施库，在实施库中按照相关要求进行动态管理，未得到中央财政专项资金支持、且实际未实施的项目即从储备库中调整到淘汰库，即“出库”。通过储备库建设，积极解决生态环保项目储备不足和项目前期工作开展动力缺乏，前期工作基础不到位、不扎实的现实问题，促进各地加快推动项目前期策划、规划、总体实施方案和工程项目实施前期调查评估和方案编制等工作的进展。

自 2021 年以来生态环境部陆续建设中央生态环境资金项目储备库、生态环保金融支持项目储备库和国家气候投融资重点项目库，有效推进重点项目工程实施，扩大生态环境有效投资，提高了资金对接项目精准度，加大生态环保项目金融支撑力度。目前，中央生态环境资金项目储备库共储备项目 10 000 多个，总投资需求 6 500 多亿元，2022 年专项资金共安排了 621 亿元。生态环保金融支持项目储备库第一批推送了 139 个项目；国家气候投融资重点项目库也启动建设，14 个试点地区已初步完成首批气候投融资项目筛选入库工作，入库项目数量达 1 056 项，项目总投资额约为 14 679 亿元。

省级生态环境保护工程储备库是国家重大工程项目储备库体系的重要组成部分。部分省级《“十四五”生态环境保护规划》[如湖南、重庆、辽宁、河南、宁夏、陕西、河北等省（区、市）] 明确提出根据任务设计要求，细化建立省级生态环境重大工程储备库，试行开展项目清单化制度，提出健全项目调度、统计、动态调整等机制，严格项目绩效考核。江苏省还提出了编制全省生态环境基础设施建设规划的任务，建立重大项目库。湖南省提出加强重点项目的评估筛选，建立入库项目的筛选及动态调整机制，适时调整项目储备库。

2.2.2 资金管理和项目管理制度

“十三五”期间，针对各专项资金支持的项目，制定或修订了一批专项资金项目管理办法或资金管理办法。如2021年6月财政部会同生态环境部发布了《土壤污染防治资金管理办法》，该办法对2016年6月发布的资金管理办法进行了修订。2022年4月，财政部会同生态环境部发布了再次修订后的《土壤污染防治资金管理办法》，对包括资金支持方向在内的相关内容进行了修订。2020年8月，生态环境部办公厅会同财政部办公厅共同印发了《关于加强土壤污染防治项目管理的通知》（环办土壤〔2020〕23号），明确中央生态环境资金项目管理系统与中央项目储备库的关系；提出预算评审没有定额标准的可以通过比价和询价等方式确定招标和采购的控制价；首次提出鼓励有条件的地区探索全过程工程咨询服务和工程总承包模式；首次明确了修复工程实施过程中初步设计的概念和环节，提出对距离敏感点较近或敏感程度较高的项目，设区的市级生态环境主管部门可要求项目单位协调相关社区建立居民沟通协调机制。该通知对于引导各级地方政府规范土壤污染防治工程管理的程序和内容，加快推进土壤污染防治工程具有重要意义。为有序开展“山水林田湖草沙”生态环境一体化保护与修复重大工程项目的管理，2019年财政部发布了《重大生态环境保护专项资金管理办法》，该办法是对2017年发布的资金管理办法的修订。通过项目或资金管理办法的制定或修订，不断完善专项资金全过程的管理。但需要注意的是，发布的各文件中对重大工程项目的组织管理涉及的内容较少，或者原则性提出要求，对指导现实操作和提高组织管理效能作用的发挥还有差距。

2.2.3 绩效目标制定和绩效评价管理制度

生态环境资金绩效评价管理是建立完善生态环境现代财政制度和提升公共服务质量的必要手段，是协同推进生态环境高水平保护和经济高质量发展的关键举措，是推进生态环境治理体系和治理能力现代化、建设美丽中国的内在要求。

自 2017 年开始，财政部大力推行绩效评价制度，并以中央财政各专项资金和资金支持的项目为重点全面建立起中央财政资金支持项目的绩效评价制度。“十三五”期间，财政部会同生态环境部先后出台了大气污染防治、水污染防治、土壤污染防治等资金绩效评价管理办法，不断完善绩效评价制度，提高资金管理的规范化水平。各地项目在申报进入中央财政生态环境保护类储备库时，需要一并提交预设的项目绩效目标。各地区下达资金时，须将各项目的绩效目标一并下达，作为后续开展项目绩效评价的主要依据。绩效评价管理办法明确了绩效评价的主要内容、评价指标和评价方法，并提出了绩效评价结果的应用。一般来说，主要对项目策划、项目实施过程中的资金管理、项目管理，以及工程项目实施后呈现出的生态环境效益、经济效益和社会效益，以及社会满意度等方面进行较为全面的评价。

为落实绩效评价制度，“十三五”期间生态环境部委托第三方专业评估机构先后对大气、水污染防治和土壤污染防治等专项资金开展重点绩效评价，加强对生态环保政策和对应的重大工程项目实施成效进行评价。财政部也对绩效好的政策和项目优先保障，强化绩效评价结果导向。青海、重庆等部分省（市）在省级《“十四五”生态环境保护规划》中也明确提出强化绩效管理，开展重大项目实施监测及效益效果评价。江苏省提出强化项目环境绩效管理，建立资金使用与环境绩效并重的项目绩效考核体系。

2.2.4 项目监督检查制度

项目和资金管理部门委托第三方机构和专家对中央财政专项资金支持的部分项目和重点区域开展了监督性检查，包括资金使用和工程项目实施进展和成效等方面的监督检查，发现问题后督促地方尽快开展整改，不断提高资金使用的安全性和工程项目的规范化实施，推动工程项目预期目标的实现。“十三五”期间生态环境部先后对大气、水、土壤污染防治专项资金支持的部分项目开展了监督检查，对发现的问题及时组织原因分析和整改，同时也为各专项资金不断完善管理要求提供了依据和方向。

2.2.5 重大工程项目技术帮扶制度

生态环境部、科技部印发《百城千县万名专家生态环境科技帮扶行动计划》（以下简称《行动计划》），提出构建新时期服务型生态环境科技创新体系。

“十三五”期间，生态环境管理中大力推进技术帮扶制度，不仅出现了科技帮扶，还推出了工程项目实施技术帮扶。例如，为落实长江经济带生态环境保护，生态环境部科技财务司大力推动长江经济带重点城市科技帮扶制度，派出技术帮扶团队采取驻点下沉式工作方式，在重点城市开展水环境重点问题的技术帮扶。“十三五”期间为大力推进国家200 个土壤污染防治试点工程项目，分区域、分城市派出技术帮扶团队，协助 200 个试点工程项目所在省份大力开展工程试点工作。“十四五”期间国家土壤污染防治规划确定实施若干个土壤污染防治先行区和地下水污染防治先行区建设任务，为了提高先行区建设质量，也派出技术帮扶团队开展技术帮扶。初步建立起生态环境保护重大（重点）工程项目技术帮扶制度，该制度仍需在“十四五”期间不断完善。

通过上述分析可以看出，“十三五”期间我国初步建立起生态环境重大（点）工程项目管理制度体系，总体是在专项资金管理办法或者项目管理办法的框架性指导下，以项目储备库建设为龙头和指引，在实施过程中从管理角度建立项目监督检查制度、绩效评价制度、技术帮扶制度等。在中央生态环境保护项目库建设的指导下，建设省级、市级生态环境保护项目库，通过项目自下而上的策划、设计、包装和申报，通过市级向省级，进而向国家生态环境保护项目库进行申请，一旦入库后就有机会获得中央财政相关专项资金的支持。生态环境重大（重点）工程项目组织管理的相关制度是为了不断适应和提高工程项目管理水平动态而推出和建立的，将在实践中得到不断的深化和完善。

2.3 管理经验

全过程管理水平的高低直接关系到重大工程实施的成败。党的十八大以来，从“十二五”期间重金属专项资金项目的实施，到“十三五”期间中央专项资金项目库的规模化建设和有效投入，近 10 年生态环境取得的显著成效都离不开生态环境重大工程建设的逐步完善的管理体系，尤其是“十三五”期间，重大工程的“谋建—调管—考评”（谋划建设工程—调度过程监管—考评成效实绩）全过程管理体系已经在有效提高资金使用效率、确保工程项目发挥出环境效益、对规划目标顺利实现起到了积极的作用。管理经验主要表现在以下几个方面。

（1）强化了与国家规划计划相关重点任务和重大环境治理工程的衔接

为贯彻落实党的十八大以来党中央、国务院关于生态文明建设的战略部署，党中央、国务院出台了一系列财政资金使用配套制度，相继印发了《中华人民共和国国民经济和社会发展第十三个五年规划纲要》《“十三五”生态环境保护规划》《大气污染防治行动计划》等，为确保实现“十三五”时期国家相关规划计划目标，生态环境部陆续印发了一系列文件，建立了一系列行业管理制度，强化了与国家规划计划相关重点任务和重大环境治理工程的衔接，细化了国家相关规划计划确定的重点生态环境保护工程项目，全力推动生态环境重大工程项目实施。这些管理制度集中在环保投资项目领域，主要有项目储备制度、调度通报制度、监督检查制度和绩效评价制度。“十三五”时期，生态环境部围绕中央生态环境重大工程管理，强化了与国家规划计划相关重点任务和重大环境治理工程的衔接，细化了国家相关规划计划确定的重点生态环境保护工程项目，通过全力推动生态环境重大工程实施，确保了“十三五”时期国家相关规划计划目标的高水平实现。京津冀协同发展、长江经济带发展、粤港澳大湾区建设、长三角一体化发展等重大战略区域专项规划和各省（区、市）规划中也进一步细化落实了重大工程项目，更为精准灵活地与规划目标、指标、重点任务环环相扣，针对性比较强，对于强化规划执行力起到一定的促进作用。

（2）丰富完善了生态环境保护项目储备制度及资金管理制度体系

开展中央环保投资项目储备库建设是规范中央环保专项资金和地方资金投向的重要方式。2016 年，环境保护部办公厅印发《关于开展“十三五”环保投资项目储备库建设工作的通知》（环办规财〔2016〕26 号），“十三五”期间项目储备库建设制度逐步得到落实，生态环境建立起以重点项目储备库制度为重要基础的工程项目管理体系，包括绩效评价制度、重点工程项目规划制度、各专项资金制定专项管理办法等，全面完成中央财政专项资金申报项目储备库建设任务，组织开展了大气、水、土壤污染防治、农村环境整治、海岛及海域保护资金项目储备库建设。“十三五”期间中央财政共计支持生态环保类专项资金达到 2 248 亿元，其中，水污染防治资金 783 亿元，大气污染防治资金 974 亿元，土壤污染防治专项资金 285 亿元，农村环境整治资金 206 亿元。资金量逐年增长，为完成“十三五”生态环境保护规划目标指标、解决老百姓关心的生态环境问题、不断改善生态环境质量、降低生态环境风险提供了重要支撑和保障。

（3）强化调度及通报制度，实施进展与资金分配和规划考核挂钩

为及时掌握资金执行及项目实施进度，生态环境部对各类中央财政环保专项资金及项目实行调度制度，要求地方按季度上报预算执行情况、资金支持项目的建设进度情况等，并对预算执行进度缓慢的省（区、市）进行通报。针对 2018 年第一季度专项资金的预算执行，生态环境部印发《关于 2018 年第一季度中央环保专项资金预算执行情况的通报》（环办规财函〔2018〕300 号），督促存在预算执行与项目进展缓慢问题的省份加快推进预算资金和项目实施，及时发挥资金效益。

（4）定期监督检查，有的放矢做好帮扶指导

自 2017 年以来，生态环境部每年委托技术支撑单位开展专项资金监督检查。监督检查内容主要包括专项资金分配和监管总体情况、项目实施管理情况、资金使用情况、项目绩效情况等。2018 年，生态环境部针对大气、水、土壤污染防治以及农村环境整治专项资金使用情况全面开展监督检查，重点检查了 2016—2017 年获得中央财政环保专项资金支持项目的专项资金分配和监管的总体情况，包括项目立项、实施、工程建设及竣工验收情况、专项资金使用情况和项目实施绩效情况等，共涉及相关项目 164 个，中央财政环保专项资金 2.668 亿元。生态环境部对检查中发现的共性问题进行总结、分析、汇报，提出加强专项资金管

理的意见建议，地方政府根据发现的问题开展了整改落实。

（5）以考促管，进一步提升资金使用效力

为强化水污染防治专项资金管理，财政部和环境保护部联合印发了《水污染防治专项资金绩效评价办法》（财建〔2016〕864 号），规定了绩效目标申报表、评价内容与方法、评价程序以及结果应用等。自 2018 年以来，生态环境部配合财政部先后组织下达水污染防治、土壤污染防治和农村环境整治资金的省（区、市）开展了资金绩效自评价，编制了各专项资金绩效评价报告。按照《中共中央　国务院关于全面实施预算绩效管理的意见》和《财政部关于贯彻落实〈中共中央　国务院关于全面实施预算绩效管理的意见〉的通知》（财预〔2018〕167 号）要求，生态环境部积极编制中央财政环保专项资金绩效评价办法，完善绩效评价制度。绩效评价的结果也得到了积极推广应用。生态环境部对已纳入中央财政支持的北方地区冬季清洁取暖试点的 35 个城市进行了绩效评价，并继续给予这些城市支持。水污染防治资金安排时将年度绩效评价结果、《水污染防治行动计划》考核结果作为一项重要因素，根据相关结果进行奖优惩劣。

2.4 项目库建设现状

2.4.1 建立生态环境重大工程项目台账

为推动“十四五”生态环境保护规划目标落实、持续改善生态环境质量，扎实推进生态环境重大工程实施，2022 年 10 月 11 日，生态环境部印发了《关于扎实推进“十四五”生态环境领域重大工程实施的通知》（环综合〔2022〕61 号），列出了“十四五”生态环境重大工程任务清单。“十四五”生态环境重大工程主要包括《中华人民共和国国民经济和社会发展第十四个五年规划和 2035 年远景目标纲要》《“十四五”生态环境保护规划》《中共中央　国务院关于深入打好污染防治攻坚战的意见》等确定的重大工程，具体任务清单包括 45 项重大工程任务清单，并要求各省（区、市）生态环境部门根据任务清单，汇总形成本地区“十四五”生态环境工程项目表，生态环境部制定重大工程项目筛选标准并建立基本台账（表 2-1）。

表 2-1　“十四五”生态环境重大工程任务清单

序号	类别
一	生态环境部门牵头实施的“十四五”规划 102 项重大工程
（一）	大气污染物减排
1	钢铁行业超低排放改造工程
2	挥发性有机物（VOCs）综合治理工程
3	北方地区清洁取暖工程
（二）	水污染防治和水生态修复
4	重点湖库污染治理和生态修复工程
（三）	土壤污染防治与安全利用
5	土壤和地下水污染治理工程
（四）	国家危险废物处置和固体废物综合利用
6	国家危险废物、医疗废物收集处理设施补短板工程
（五）	应急处置能力提升
7	国家核与辐射应急能力建设工程
二	生态环境部门牵头实施的“十四五”生态环境保护规划重大工程
（一）	生态环境治理类
8	其他重点行业超低排放改造和深度治理工程
9	入河入海排污口整治工程

序号	类别
10	重点海湾生态环境综合治理工程
11	新污染物治理能力建设和减排工程
12	重金属与历史遗留尾矿污染治理工程
13	生物多样性保护重大工程
14	应对气候变化重大示范工程
15	土壤和地下水污染治理示范工程
16	农村环境整治和农业污染防治示范工程
17	“无废城市”建设工程
18	生态环境智慧感知监测能力建设示范工程
19	生态环境治理智能化建设示范工程
20	其他领域生态环境治理重大工程
20.1	其他领域（大气）生态环境治理重大工程
20.2	其他领域（水）生态环境治理重大工程
20.3	其他领域（土壤、农村、地下水）生态环境治理重大工程
20.4	其他领域（固体废物、危险废物）生态环境治理重大工程
20.5	其他领域（生态）生态环境治理重大工程
20.6	其他领域（EOD）生态环境治理重大工程
20.7	其他领域（除大气、水、土壤、农村、地下水、固体废物、危险废物、生态、EOD以外）生态环境治理重大工程
（二）	环境基础设施和生态环境能力建设类
21	新污染物治理能力建设工程
22	核安全风险预警监测信息化平台建设工程（国家）
23	国家核与辐射安全监管能力提升工程
24	国家生态环境科技支撑工程
25	生态环境治理智能化建设工程

序号	类别
26	空气质量预报能力建设
27	生态环境智慧感知监测能力建设工程
28	生物多样性监测与保护能力建设重大工程
29	核与辐射环境监测能力建设工程
30	生态环境执法监管能力建设工程
31	核与辐射安全监管能力提升工程
32	环境应急能力建设工程
33	其他环境基础设施和生态环境能力建设工程
三	配合有关部门实施的“十四五”生态环境领域重大工程
34	重点行业清洁生产改造工程
35	重点行业绿色转型升级与综合整治提升工程
36	含 VOCs 产品源头替代工程
37	应对气候变化重大工程
38	重点海湾海洋生态修复工程
39	土壤和地下水污染治理工程
40	城镇污水管网及处理设施建设工程
41	农村环境整治和农业污染防治工程
42	重金属污染治理工程
43	生物多样性保护重大工程
44	生态环境卫星监测及应用能力建设工程
45	危险废物、医疗废物收集处理设施补短板工程

生态环境重大工程基本台账建议按以下方式进行筛选：

（1）属于生态环境部门牵头实施的“十四五”规划 102 项重大工程的项目，不设置项目规模准入要求，全部纳入台账管理。

（2）生态环境部门牵头实施的“十四五”生态环境重大工程项目，按类别分别筛选。①生态环境治理类：放宽项目内容符合性的判定要求，重点对项目规模符合性进行判定，即除大气污染防治相关工程治理类项目总投资额不低于200万元、农村环境整治和农业污染防治示范工程不低于2 000万元以外，其他重大工程项目投资总额不低于1 000万元。②环境基础设施和生态环境能力建设类：不设置项目规模准入要求，统一纳入台账管理。

（3）配合有关部门实施的“十四五”生态环境重大工程项目，提高项目规模准入要求，建议项目总投资额不低于3 000万元。

（4）对不符合法律法规和政策规定的项目不予纳入台账。

在基本台账的基础上，充分考虑项目重要性、项目实施进展、省际平衡等因素，进一步筛选一批重中之重的项目，定期开展调度评估。其中，生态环境部牵头实施的“十四五”规划102项重大工程项目全部纳入调度台账；生态环境部牵头实施的“十四五”生态环境重大工程项目，重点关注处于实施阶段和储备阶段的项目，优先筛选一批规模较大的项目纳入调度台账。

2.4.2 建立生态环境重大工程信息管理平台

生态环境重大工程信息管理平台（图2-2）包括生态环境重大工程项目清单、基本台账、调度台账等内容。通过信息管理平台，指导地方及时填报生态环境重大工程项目，形成地方重大工程项目清单；生态环境部根据制定的生态环境重大工程基本台账和调度台账筛选标准，定期动态调整符合条件的项目进入相应台账。

图 2-2　生态环境重大工程信息管理平台

2.4.3 全面构建“国家—区域—省（区、市）”三级重大项目清单

自上而下、自下而上，系统谋划，全面建立生态领域环境重大工程项目台账，构建“国家重大工程任务清单—区域重大工程项目布局—省（区、市）重点项目”三级重大项目清单。在台账建设基础之上，结合国家重大发展战略规划或生态环境规划、我国重要生态功能区或重点流域等生态环境安全屏障保障功能、生态环境污染问题突出的区域和流域等基础，查明重大工程任务清单实施中的短板和弱项，统筹谋划一批生态环境治理类、环境基础设施和生态环境能力建设类重大工程项目，积极组织各省（区、市）申报一批加强解决制约地方经济和社会发展的突出环境问题项目。可集中编制一批“十四五”相关领域和区域范围内的生态环境整治工程项目专项规划，结合我国地形、地貌、资源禀赋、环境状况、重要生态环境功能区、重点流域、产业发展特征等要素，划定

落实重大工程任务清单的重大工程项目布局区域，分解责任目标，区域内省级根据责任目标统筹落实本辖区内重点项目清单，明确项目实施规模、绩效目标、资金投入等。对于类型不突出、对生态环境改善有积极作用的项目，可以归入第 20 项其他领域生态环境治理类（大气、水、土壤、农村、地下水、固体废物、危险废物、生态、EOD 等）；鼓励减污降碳协同创新试点、低碳城市、“无废城市”、美丽中国建设、生态环境导向的开发模式（EOD）项目等地方实践地区储备一批绿色发展示范类的重大工程项目。

3 国家相关部门重大项目管理现状

重大项目管理是在实践中产生和发展的。尽管目前重大项目还没有形成完整的管理体系，但在其他部门都有一定的实践基础，而这些实践大多是以工程规划、项目清单、管理办法和配套政策制度等形式存在。本章主要介绍了自然资源部、农业农村部、水利部、国家林草局、住房和城乡建设部等部门在重大工程管理上的经验和做法，这些实践创新为生态环境重大工程项目管理与实施模式提出了新思路；介绍了国家重大建设项目库重大工程评估经验，并提出了 4 条生态环境重大工程管理建议。

3.1 相关部门重大工程管理经验

工程项目管理是为工程建设服务的，贯穿于工程建设全过程。通过专业化、社会化的相对集中项目管理，一是有效地控制了投资，降低了管理成本，提高了工程建设水平；二是转变了政府职能，落实了责任制，有效地遏制了腐败现象；三是有效地制约了各方主体的行为，规范了市场。本书通过总结其他部门工程项目管理经验，以期为生态环境重大工程项目管理与实施模式提出新思路。

（1）建立起工程规划—项目清单—配套政策制度的工程规划体系，加强重大工程谋划。国家发展改革委在“十三五”期间，通过机制创新保障重大工程实施，确定了 22 个重点专项规划，通过发挥专项规划、区域规划和年度计划的作用，加大统筹协调、分类推进的力度，并加强监督评估。“十四五”期间，按照规划跟着战略走、项目跟着规划走、要素跟着项目走的原则，形成“前期谋划—中期跟踪—后期落地”的项目谋划储备建设闭环。紧扣战略定位，加强前期谋划，持续跟踪，反复筛选论证。调动实施主体联合谋划重大项目，切实保证规划项目有基础、能落实。

自然资源部在国土空间规划、土地计划指标、用地用海审批、耕地和永久基本农田保护、节约集约用地、土地供应等政策上为重大项目用地用海等提供要素保障。对纳入国家和省级重大项目清单的用地，实行计划指标重点保障，由自然资源部直接配置计划指标，国家重大项目可继续申请先行用地。

农业农村部在重大工程谋划上通过政策给予支持，衔接产业帮扶，谋划实施一批重大工程和重点项目，加快推进全产业链开发，推动特色产业提档升级、做大做强。允许相关省（区、市）根据实际情况适度提高贫困地区高标准农田建设投入标准，适当降低单个项目建设规模。对于重大工程建设需要的，可以根据需求调整国家级水产种质资源保护区。

（2）从管理上建立工程实施关键环节管理、空间监测、投融资落实政策、定期调度和工程督导、工程成效评价、全过程宣传等方面的制度。国家发展改革委在重大工程实施时原则上不再审批项目建议书，直接审批可行性研究报告。对正在审批核准的项目，最大限度简化审批程序，大幅缩减审批时间。对已经开工建设的重大工程项目，加强跟踪服务和定期调度功能，注重后期实施，保证落地见效，加强重大工程项目管理，确保有明确的责任主体。

农业农村部分类别制定了《国家重点建设项目管理办法》《国家现代种业提升工程项目运行管理办法（试行）》《农业部关于加强农业建设项目管理工作方案》《农业基本建设项目管理办法》《农田建设项目管理办法》等项目管理办法，提高了项目建设质量和投资效益；对于农业现代化示范区等重点区域，加强指导服务，形成差异化、特色化的现代农业建设路径；强化政策扶持，在财政投入、金融服务、用地保障、人才支撑等方面出台有针对性的政策措施，发挥政策集合效应；资金优先支持深度贫困地区，推进高标准农田建设类重大工程，鼓励符合条件的相关市场主体可依法依规按程序要求参与承建农业农村、水利基础设施重大工程项目，推行政府投资与金融信贷投贷联动。

水利部制定了《水利工程建设项目管理规定》和《水利工程建设程序管理暂行规定》等，用于明确水利工程建设全流程，规范了水利工程建设程序，实行清单化管理，逐项目细化实化前期工作和开工各环节的目标任务；建立了工作推进机制，加强台账管理，构建矩阵，挂图作战，跟踪掌握项目进展情况，及时开展调度会商，加强对进度目标完成情况的督导；建立了预算项目储备、预算执行考核和预算执行动态监控“三项机制”；规范了中央财政资金使用管理，深化水利投融资体制机制改革，积极争取地方政府专项债券、金融信贷和社会资本等支持水利建设。水利部高度重视宣传报道工作，全面展现重大水利工程建设成效，展示水利部门担当作为良好形象，营造全社会关心支持水利建设的浓厚氛围。

国家林草局从资金申请、项目全过程管理等制定了一系列管理办法，加强了项目技术指导和监督，规范项目管理程序和行为，提高项目建设质量和效益。

（3）根据工程项目实施需求建立规划、实施方案、工程技术经济标准、成效评价、空间监测等方面的技术规范和标准，在技术上给予有力支撑。住房和城乡建设部印发了《建设工程项目管理规范》，从项目管理责任、项目管理策划、采购与投标管理、合同管理、设计与技术管理、进度管理、质量管理、成本管理、安全生产管理、绿色建造与环境管理、资源管理、信息与知识管理、沟通管理、风险管理、收尾管理和管理绩效评价 16 个方面提出了具体的管理措施，提高了工程项目管理水平；印发了《市政公用工程设计文件编制深度规定》规范设计工作；建立了生活垃圾从分类、收集、转运、填埋、焚烧处理等一系列标准指南。

农业农村部通过归口管理项目的实施管理和定期调度、中期评估等方式，开展牵头的高标准农田建设、现代种业提升等 8 项重大工程实施。定期对农业行业专项项目、农业建设项目、优粮工程建设项目、植保工程项目和草原保护建设项目进行项目检查和验收。验收细则制定方面，制定了《农业基本建设项目竣工验收管理规定》《京津风沙源治理工程草原治理项目验收细则》《西部地区天然草原退牧还草工程项目验收细则》《牧草种子基地建设项目竣工验收实施细则》等，加强了工程项目管理，规范了项目竣工验收程序，提高了项目质量和投资效益。

国家林草局制定了《国有林场基础设施建设标准》《自然保护区工程项目建设标准》《湿地保护工程项目建设标准》等提高了项目决策的科学化水平和投资效益；设立部门规章《建设项目使用林地审核审批管理办法》，规范了建设项目使用林地的审核和审批，严格保护和合理利用林地，促进了生态林业和民生林业发展；制定了《引进国际先进林业科学技术项目管理办法》，注重引进技术的系统化和集成化，重点加强对引进技术消化、吸收、再创新，转化为自主知识产权；分类别制定了

《林木种苗工程管理办法》《国家农业综合开发林业生态示范和名优经济林等示范项目管理实施细则》《国家林业局林业行政许可审批项目资金管理办法》《农业开发部门项目管理实施细则》，加强了对项目的科学、规范、高效管理和有效监督，确保了项目的顺利实施。

（4）配置国家层面上工程项目管理的技术支撑单位，承担起工程规划的制定、项目评审、技术标准制定、信息化系统建设、宣传等方面的职能。国家发展改革委成立了国家投资项目评审中心，对国家投资项目建议书、可研报告和设计概算等提出评审意见，并协助其他部门进行重大工程项目评审和筛选工作，承担了部分重大工程筛选和考评的职能。

住房和城乡建设部在工程建设中相继实施了工程咨询、工程监理、造价咨询、招标代理等全过程工程项目管理新方式，为建设单位筛选有效的咨询管理服务单位，取得了显著的成效。

水利部制定了《关于加强水利工程建设项目代建制管理的指导意见》，规范项目第三方代建管理，提高了支撑单位管理水平和从业人员技术能力，对工作中存在不履行或不正确履行职责的单位和个人进行责任追究，压实了从业人员的责任意识。

3.2 国家重大建设项目库评估经验

（1）农业类项目

藏粮于地藏粮于技专项依托国家重大建设项目库开展申报、执行、监管。国家发展改革委于 2021 年 9 月 10 日发布的《藏粮于地藏粮于技中央预算内投资专项管理办法》（发改农经规〔2021〕1273 号），适用于中央预算内投资支持建设的高标准农田和东北黑土地保护、现代种业提升、动植物保护能力提升以及农业行业基础能力建设等项目。验收的主要内容包括：项目建设任务及投资计划是否按批复的方案完成，是否随意变更项目建设地点、标准和主要建设内容；主要工程建设是否符合设计要求，达到规定标准；国家投资及地方投资是否按要求足额到位；项目施工质量、执行法律法规情况；运行使用情况、竣工决算和档案资料等。对于项目实施管理中发现的问题，严格按照中央预算内投资监督管理有关规定进行处理。对于投资计划执行、项目管理、绩效考核情况较好的地区，在下一年度投资安排时给予适当倾斜。

各地要切实加强项目谋划和项目前期工作，按照国家有关专项规划和年度计划申报要求，及时提出本地区年度项目投资需求，严格落实项目管理各项要求。对符合相关条件要求的项目，国家发展改革委综合采取直接投资、投资补助等方式给予支持。各省（区、市）汇总年度农业投资建设需求，分类别向国家发展改革委提出计划申请及绩效目标，并同步在投资在线平台（国家重大建设项目库）中推送相关信息。经国家发展改革委审核通过后，通过打捆或切块的方式同时下达农业农村部和省级发展改革部门。项目竣工后，要严格按照固定资产投资项目管理程序要求组织竣工验收。工程验收后，必须及时办理移交手续，明确产权，落实工程运行管护主体和管护责任，制定管护制度，确保工程长期发挥效益。农业农村部要加强项目事中事后监管和绩效目标考核，每月 10 日前通过投资在线平台（国家重大建设项目库）等将相关情况报送国家发展改革委；每年年底前将年度绩效目标实现情况形成评价报告报送国家发展改革委。

同期发布的《农业绿色发展中央预算内投资专项管理办法》（发改农经规〔2021〕1273 号）适用于农业绿色发展专项，支持方向包括畜禽粪污资源化利用整县推进、长江经济带和黄河流域农业面源污染治理、长江生物多样性保护工程等项目。省级农业农村部门同步在投资在线平台（国家重大建设项目库）中进行分解备案。项目建设单位应当督促施工单位严格依据批准的实施方案按期施工，对项目建设的工程质量、工程进度、资金管理和生产安全负责。项目竣工后，要严格按照固定资产投资项目管理程序要求组织竣工验收。

（2）自然资源类项目

为有序推进全国重要生态系统保护和修复重大工程建设，国家发展改革委于 2021 年 11 月 28 日发布《关于印发生态保护和修复领域相关中央预算内投资专项管理办法的通知》（发改农经规〔2021〕1728 号），印发《重点区域生态保护和修复中央预算内投资专项管理办法》《生态保护和修复支撑体系中央预算内投资专项管理办法》2 个中央预算内投资专项管理办法。《生态保护和修复支撑体系中央预算内投资专项管理办法》适用于重点生态资源保护项目、野生动植物保护及自然保护区建设、自然生态监测监管项目、林业执法监管能力提升项目等。《重点区域生态保护和修复中央预算内投资专项管理办法》适用于重点区域生态保护和修复项目，包括《全国重要生态系统保护和修复重大工程总体规划（2021—2035 年）》及其专项建设规划明确的青藏高原生态屏障区、黄河重点生态区（含黄土高原生态屏障）、长江重点生态区（含川滇生态屏障）、东北森林带、北方防沙带、南方丘陵山地带、海岸带等重点区域符合支持方向的生态保护和修复项目（大型风电光伏基地建设范围除外）。国家发展改革委按照《国家发展改革委关于印发投资咨询评估管理办法的通知》等文件规定，对经济技术复杂、需要对项目建设规模、建设标准、工艺及方案等进行论证的项目，委托第三方评估机构对资金申请报告进行经济技术性评估，主要评估项目是否经济可行、投资是否合理、配套资金和建设条件是否落实、项目单位是否被纳入严重失信主体名单、是否可能增加地方政府债务负担等。省级发展改革部门要会同有关行业管理部门按职责全面加强项目实施监管，并组织项目单位于每月 10 日前将项目的审批、开工情况、投资完成情况、工程进度、竣工等信息通过在线平台（国家重大建设项目库）及时、准确、完整填报。各级发展改革部门要强化项目日常监管。项目直接管理单位或行业主管部门作为项目日常监管直接责任单位，要落实好监管责任，采取组织自查、复核检查和实地查看等方式，对中央预算内投资项目的资金使用、项目建设进展等情况加大监督检查力度。项目建设完成后，项目单位要向所在地发展改革部门报送完工报告，及时更新在线平台（国家重大建设项目库）的信息并完成销项。补助资金由国家打捆下达到地方的，由省级发展改革部门负责项目完工报告汇总工作；直接下达投资计划的项目，完工报告由相关部门直接向国家发展改革委报送。报告内容包括项目建设进度情况、资金使用情况、建设方案落实情况、预期效果达成情况等。

（3）污染治理类项目

为加强和规范污染治理和节能减碳专项中央预算内投资管理，提高中央资金使用效益，调动社会资本参与污染治理和节能减碳的积极性，《国家发展改革委发布关于印发〈污染治理和节能减碳中央预算内投资专项管理办法〉的通知》（发改环资规〔2021〕655 号）。污染治理和节能减碳中央预算内投资专项重点支持污水垃圾处理等环境基础设施建设、节能减碳、资源节约与高效利用、突出环境污染治理 4 个方向。省级发展改革部门要会同有关行业管理部门按职责全面加强项目实施监管，并组织项目单位于每月 10 日前将项目的审批、开工情况、投资完成情况、工程进度、竣工等信息通过在线平台（国家重大建设项目库）及时、准确、完整填报。项目建设完成后，项目单位要向所在地发展改革部门报送完工报告，及时更新在线平台（国家重大建设项目库）的信息并完成销项。补助资金由国家打捆下达到地方的，由省级发展改革部门负责项目完工报告汇总工作；直接下达投资计划的项目，完工报告由相关部门直接向国家发展改革委报送。报告内容包括项目建设进度情况、资金使用情况、建设方案落实情况、预期效果达成情况等。

（4）区域发展类项目

为全面贯彻落实习近平总书记关于推动长江经济带发展的重要讲话和指示批示精神，认真落实推动长江经济带发展领导小组决策部署，更好发挥中央预算内投资对长江经济带生态环境保护修复的引领带动作用，推动长江经济带共抓大保护取得实效，国家发展改革委制定《重大区域发展战略建设（长江经济带绿色发展方向）中央预算内投资专项管理办法》（发改基础规〔2021〕505 号）。本专项中央预算内投资用于支持符合推动长江经济带发展年度工作要点明确的重点工作任务，对探索走出一条生态优先绿色发展的新路子、保护和修复长江生态环境、推动生态产品价值实现具有重要意义的长江经济带绿色发展项目，主要包括生态环境突出问题整改项目、长江生态环境污染治理“4+1”工程项目、湿地保护和修复项目、协同推进生态优先绿色发展工程，以及包括原绿色交通方向明确支持并已安排中央预算内投资的项目等落实党中央、国务院决策部署的其他重大工程和重大项目。省级发展改革部门应严格执行制定的监管措施，加强项目实施过程的跟踪检查，发现问题及时作出处理并督促整改，每月 10 日前将项目的开工情况、投资完成情况、工程形象进度等数据通过在线平台（国家重大建设项目库）报送国家发展改革委（涉密项目按有关要求报送）。国家发展改革委对投资计划执行情况开展定期调度、不定期检查，督促省级发展改革部门有序推进年度投资计划实施和项目建设，并对发现的问题负责督促整改，按照有关规定及时作出通报、批评或收回、扣减、暂停安排中央预算内投资等处理措施。

为深入贯彻落实习近平总书记关于黄河流域生态保护和高质量发展的重要讲话和指示批示精神，全面落实《黄河流域生态保护和高质量发展规划纲要》（中发〔2020〕23 号），加强和规范黄河流域生态保护和高质量发展中央预算内投资项目管理，切实发挥中央预算内投资效益，2021 年 3 月 29 日国家发展改革委印发《重大区域发展战略建设（黄河流域生态保护和高质量发展方向）中央预算内投资专项管理办法》（发改地区规〔2021〕422 号）。本专项支持方向主要包括水资源节约集约利用、水源涵养能力提升、水土保持、湿地保护和生态治理、环境污染系统治理、突出问题整治和高质量发展等领域。省级发展改革委和有关单位向国家发展改革委报送中央预算内投资计划时，应明确项目的项目（法人）单位及项目责任人、日常监管直接责任单位及监管责任人。项目责任人、监管责任人应分别为项目单位、日常监管直接责任单位的有关负责人。省级发展改革委和有关单位应严格执行制定的监管措施，加强项目实施过程的跟踪检查，发现问题及时整改和作出处理，于每月 10 日前将项目的开工情况、投资完成情况、工程形象进度等数据通过在线平台（国家重大建设项目库）报送国家发展改革委（涉密项目按有关要求报送）。

项目管理执行项目法人责任制、招标投标制、合同制和监理制，以及中央预算内投资相关财务管理的有关规定。对于专项投资，应当做到独立核算、专款专用，严禁滞留、挤占、截留或挪用。项目单位作为年度投资计划申报和执行，以及项目建设和管理的责任主体，应当严格履行项目审批程序，落实建设资金，严格按照规定履行报建手续，并按照批复建设内容、规模和工期组织建设。项目完工后，及时按照《建设工程质量管理条例》等有关规定做好竣工验收工作。加强项目审批和实施过程中的有关文件、资料档案管理。主动接受并配合相关部门做好审查，如实提供项目相关文件资料和情况。自觉接受审计、监察等部门的监督检查，保证中央预算内投资的合理使用和项目顺利实施。国家发展改革委对投资计划执行情况开展定期调度、不定期检查，督促省级发展改革委和有关单位有序推进年度投资计划实施和项目建设。项目单位应当通过在线平台（国家重大建设项目库）如实报送项目开工建设、建设进度、竣工的基本信息。对发现的问题负责督促整改，按照有关规定及时作出通报、批评或收回、扣减、暂停安排中央预算内投资等处理措施。对上年度中央预算内投资计划执行不力、投资完成率不足50%、出现被审计、监察、检查发现问题的地方或单位，国家发展改革委在下达本年度中央预算内投资计划时适当予以核减。

3.2.1 现行专项资金绩效评估办法梳理

为强化水污染防治专项资金管理，提高资金使用的规范性、安全性和有效性，支持和引导目标任务完成，财政部和环境保护部联合印发了《水污染防治专项资金绩效评价办法》（财建〔2016〕864号），规定了绩效目标申报表、评价内容与方法、评价程序以及结果应用等。办法规定绩效评价由财政部会同环境保护部统一组织、分级实施。绩效评价的主要依据是《水污染防治专项资金管理办法》、水污染防治目标责任书、专项资金绩效目标、地方环境保护主管部门会同财政主管部门编制的年度实施方案（以下简称年度方案）等。绩效评价的主要内容包括专项资金支持项目完成情况、专项资金管理、年度方案绩效目标设定及完成情况等方面，并将绩效评价结果作为资金安排的重要因素。财政部会同环境保护部负责制定水污染防治专项资金绩效评价指标体系（表3-1），明确评价标准和原则要求，确定专项及区域绩效目标，并组织对各省（区、市）水污染防治专项资金开展绩效评价；负责对地方绩效评价工作进行督促检查和指导，对地方绩效评价结果进行合规性审查，加强绩效评价结果运用。各省（区、市）根据确定的中央专项资金规模和绩效目标，调整完善年度实施方案及绩效目标申报表，并报财政部、环境保护部备案，对绩效目标不完善或与资金不匹配的要限时予以修改完善。省级财政部门会同环境保护部门根据本地区相关市（县、区）报送的上年度绩效自评报告，形成本地区上年度绩效评价报告，逐项说明评分理由，附带评分依据，于每年 3 月底之前将经省政府审核后的评价报告分别报送财政部和环境保护部；环境保护部负责汇总审核各省份绩效评价报告，形成水污染防治专项资金年度绩效评价结果，报财政部；财政部分配以后年度水污染防治专项资金将参考环境保护部提供的年度绩效评价结果。

表 3-1　水污染防治专项资金绩效评价指标体系

一级指标	二级指标	指标解释
资金管理	资金分配	是否科学、合理、及时
	资金使用	是否规范、安全
	资金管理	管理措施是否健全有效
	预算执行率	满足序时进度要求
项目管理	项目进展	项目是否按计划开工、完工
	PPP 应用	吸引社会资本投资水污染防治情况
	项目管理	项目管理的规范性、有效性
产出和效益	水环境质量目标	年度实施方案水环境治理目标完成情况
	水污染防治重点工作	年度重点任务完成情况
	经济社会效益指标	预期的经济社会效益目标实现程度
	满意度指标	社会对水污染防治工作的满意度

为加强大气污染防治专项资金的管理，提高财政资金的使用效益，大气污染防治专项资金绩效评价指标体系内容包括项目申报、项目资金使用管理、项目实施管理、项目效益 4 个方面（表 3-2）。项目申报是指评价项目申报材料是否齐全。项目资金使用管理包括：各级部门是否按项目进度及时拨付资金；资金使用是否符合财政专项资金管理办法的要求；项目资金是否实行专账管理、专款专用，是否有截留、挤占、挪用等违规行为；支付依据是否合法；会计核算是否规范、支付审批流程是否完善；报销发票是否正规；是否建立专项资金管理制度、执行是否有效。项目实施管理包括：项目是否符合项目预算范围，项目实施是否按约定进度执行；项目实施相关手续是否齐全，是否建立健全工程质量、安全管理体系等相关制度；项目是否验收，有无验收报告。项目效益包括：实际完成工作量和达到的示范效果与申报有无差异；社会影响范围和群众满意程度情况；评价节省运行费、降低能耗等经济目标的实现状况。评价采取定量和定性评价相结合，抽样和综合评价相结合，运用审查法、抽样调查法、现场查勘法和公众评判法等方法开展评价工作。大气污染防治专项资金绩效评价指标体系由项目申报指标、项目资金使用管理指标、项目实施管理指标、项目效益指标四类指标组成。

表 3-2　大气污染防治专项资金绩效评价指标体系

一级指标	二级指标	三级指标	指标说明
项目申报	申报材料	申报材料完整性、合规性	项目申报材料（项目申报表、项目申报书等）是否齐全、完整，申报内容是否合规
项目资金使用管理	资金使用	专项资金到位及时性	专项资金是否在指标明文规定的时间拨付到位
		专项资金到位率	专项资金实际拨付额占专项资金预算总额比例

一级指标	二级指标	三级指标	指标说明
项目资金使用管理	资金使用	专项资金实际使用率	实际使用专项资金数额占专项资金实际拨付额比例
	资金管理	资金管理制度	项目实施单位资金管理制度是否健全、执行是否有效
		专项资金支出合规性	专项资金是否严格按照资金管理办法的用途支出，是否有截留、挤占、挪用等违规行为
		支付依据	项目实施单位提供的会计凭证及票据是否合法，是否有虚列项目成本等行为
		专账设置	项目实施单位是否设置专账管理，专款专用
		会计核算	会计核算是否规范，专项资金支付申报、审批流程是否完善
项目实施管理	项目实施管理的规范性、有效性	管理制度健全性	项目实施单位相关管理制度是否健全
		制度执行有效性	项目实施中是否遵循各项管理制度或规范
		工期进展情况	是否严格按照合同或申报材料中规定的工期执行
		施工安全	是否符合国家施工安全相关规范和标准
		竣工验收	是否符合国家验收规范和标准
	项目产出	产出数量	是否按计划或预算要求内容，完成绩效目标工作量
		产出质量	是否达到预期的绩效指标
项目效益	社会效益	群众满意度	居民对项目效果是否认可
	经济效益	经济效益状况	评价节省运行费、降低能耗等经济目标的实现状况
	环境效益	环境效益状况	评价项目实施对环境容貌提升的影响

为强化土壤污染防治专项资金的管理，提高资金使用的规范性、安全性和有效性，建立健全绩效评价机制，根据《中华人民共和国预算法》《中共中央　国务院关于全面实施预算绩效管理的意见》《财政部关于贯彻落实〈中共中央　国务院关于全面实施预算绩效管理的意见〉的通知》等文件规定，《财政部、生态环境部关于印发〈土壤污染防治专项资金绩效评价管理暂行办法〉的通知》（财资环〔2020〕11 号）。财政部负责组织实施防治资金全过程预算绩效管理，会同生态环境部制定绩效评价指标体系，对绩效目标表进行审核及备案，对地方绩效自评工作进行监督检查和指导，组织实施绩效评价，加强结果应用。地方各级财政、生态环境部门与资金使用单位落实好预算绩效管理要求，细化绩效管理相关制度，具体实施防治资金全过程绩效管理，编制科学合理的绩效目标，做好绩效自评，积极开展绩效评价结果应用。绩效评价包括对决策、过程、产出和效益等的考核。绩效评价应当针对各省（区、市）年度防治资金分配、管理、使用情况进行整体评价，实施期内侧重过程性进度指标与产出指标，完成后侧重产出指标和效益指标，评价对象为本地区防治资金年度整体支出。绩效评价报告作为防治资金制度完善和防治资金安排的重要依据。对于年度绩效评价结果为“差”的省（区、市），暂停或减少拨付下一年度防治资金；对于年度绩效评价结果为“优”的省（区、市），给予适当奖励。地方各级财政部门和生态环境部门要加强绩效评价结果应用，并督促防治资金使用单位对绩效评价发现的问题进行认真整改，确保防治资金绩效目标保质保量实现（表 3-3）。

表 3-3　土壤污染防治专项资金绩效评价指标体系

一级指标	二级指标	三级指标	指标解释
决策指标	绩效目标	支持项目调整比例	截至评价时，支持项目中调增和调减的项目数量及建设内容等发生重大变化的项目数量之和与资金支持项目数量的百分比
过程指标	资金管理	制度健全性和使用合规性	资金管理制度是否健全和规范，资金使用是否符合相关规定要求
		预算执行率	截至评价时，年度专项资金使用单位执行数占年度专项资金的比例，反映资金支出进度
产出指标	数量	完成土壤污染监测点位数（个）、完成土壤污染调查、评估面积（亩）	土壤污染监测类项目完成的土壤监测点位数，土壤污染状况调查、评估类项目合计完成的土壤调查、评估面积
		完成建设用地风险管控、治理修复地块数（块）	污染地块风险管控和治理修复项目合计开展的土壤污染治理修复地块数量
		完成农用地安全利用面积（亩）	农用地安全利用项目合计开展的受污染耕地安全利用面积
		完成土壤污染源治理数量（个）	耕地周边重金属污染源防控和历史遗留污染源整治项目合计开展的污染源治理数量
	质量	建设用地、农用地管控或修复项目效果评估通过率	建设用地、农用地管控或修复项目效果评估通过率。此项仅含已开展效果评估的项目
		项目验收合格率	年度专项资金支持的已完成项目竣工验收的项目中，按照正规要求通过项目验收的项目数量比例
	时效	开工项目数量（个）	年度专项资金支持的所有项目中已开工的项目数量，反映项目实施进度
		完工项目数量（个）	年度专项资金支持的所有项目中完成竣工验收的项目数量，反映项目实施进度

一级指标	二级指标	三级指标	指标解释
效益指标	经济效益	带动地方和社会资金投入（万元）	截至评价时，年度专项资金支持项目地方和社会资金投入资金合计，反映专项资金投资带动作用。地方资金投入是指地方各级政府的资金投入
	生态效益	保护污染源周边耕地面积（亩）	统计耕地周边重金属污染源防控和历史遗留污染源整治项目的实施对周边土壤环境质量产生的生态效益
	可持续影响	管理改革创新	截至评价时，地方在土壤污染防治管理模式上的改革、创新举措，如设立土壤污染防治基金等

自2018年以来，生态环境部配合财政部先后组织下达水污染防治、土壤污染防治和农村环境整治资金的省份开展了资金绩效自评价，编制了各专项资金绩效评价报告。目前，按照《中共中央　国务院关于全面实施预算绩效管理的意见》和《财政部关于贯彻落实〈中共中央　国务院关于全面实施预算绩效管理的意见〉的通知》（财预〔2018〕167号）要求，生态环境部积极编制中央财政环保专项资金绩效评价办法，完善绩效评价制度。

绩效评价的结果也得到了积极推广应用。2018年，生态环境部对已纳入中央财政支持的北方地区冬季清洁取暖试点的35个城市进行了绩效评价，根据报告内容，2019年继续给予这些城市支持。在进行2018年度、2019年度水污染防治资金安排时，将年度绩效评价结果、《水污染防治行动计划》的考核结果作为一项重要因素，根据相关结果进行奖优惩劣。

3.2.2 草原生态修复项目综合评价

草原生态修复项目验收的主要任务是按项目管理程序的要求，全面考核项目的建设内容，对项目是否符合审批程序、设计要求、质量规范、资金使用规定及投资效益作出评价。草原生态修复项目综合评价按项目任务完成情况、草地建设质量情况、资金到位及使用情况、项目管理情况、建后效果与管护情况、促进农民增收情况 6 项内容，采取分项打分的办法进行（表 3-4）。

表 3-4　草原生态修复项目验收综合评价体系

评分项目	评分说明
一、任务完成情况	按下达的任务计划评价实际完成情况。建设实际完成面积/建设计划任务面积×25；超额完成者按 25 分计算
二、草地建设质量情况	主要查看草地建设质量、种子、肥料、围栏等原材料及其他设施建设质量
1. 人工种草建设质量	整地、播种方式与作业设计（实施方案）一致，得 6 分，盖度、杂草、混播均匀度达到任务要求各得 3 分
2. 草种、肥料、围栏等原材料质量	经验收组认可的合格的原材料量/工程建设所耗的原材料总量×15
三、资金到位及使用情况	主要考核资金按照绩效目标进度要求到位及使用情况
1. 资金到位	资金到位率×2
2. 资金使用	专账管理，单独核算，符合《中华人民共和国会计法》和相关会计准则等相关财务制度核算得 5 分。资金使用合格率=（符合规定使用的资金/资金总额）×100%，按照资金使用合格率相应得分
3. 资金完成率	当年资金完成率≥80%得 2 分，次年年底前资金完成率 100%得 2 分
4. 财务决算和审计	办理了竣工财务决算，进行了财务审计得 2 分；若审计提出的问题未整改扣 1 分

评分项目	评分说明
四、项目管理情况	主要从施工管理，开工情况，组织机构建立，责任制落实，实行招投标制，项目监理制，合同管理制，档案资料管理，超规模、超标准、超概算项目和审计、督查、巡查指出问题 10 个方面进行考核
1. 施工管理	完成了作业设计（实施方案），并按作业设计（实施方案）进行施工和施工管理得 3 分；未完成作业设计（实施方案）扣 1.5 分；未按作业设计（实施方案）实施或改变作业设计（实施方案）未按程序报批的扣 1.5 分
2. 开工情况	开工率×1
3. 建立机制	建立了领导小组或工作小组得 1 分，否则不得分
4. 落实责任制	层层落实了“两个责任”得 2 分，否则不得分
5. 实行招投标制	按照政府招标采购规定对项目招投标得 2 分，否则不得分
6. 实行监理制	有相关监理资质的监理单位对工程进行了监理，工程竣工后出具了监理报告得 2 分，进行了监理而未出具工程监理报告得 1 分
7. 实行合同管理制	建设单位与设计、施工、材料采购、工程监理单位依法签订了合同得 1 分，否则不得分。签订管护合同得 1 分，否则不得分
8. 档案资料管理	项目申请报告、资金任务计划、批复的作业设计（实施方案）、采购合同、招投标文件、施工合同、会议材料、竣工图纸、图像资料、项目点四至经纬、工程监理报告、审计报告、财务报告、技术报告、工作总结等工程档案资料齐全，专人管理得 2 分，缺一项扣 0.2 分
9. 超规模、超标准、超概算项目	结算金额超过概算的比例＜5%得 1 分，否则不得分
10. 审计、督查、巡查指出问题	审计、督查、巡查未指出问题得 1 分，否则不得分
五、建后效果与管护情况	主要查看项目实施后植被盖度情况和工程管护制度、禁牧休牧制度、草畜平衡制度建立情况
1. 建后效果	项目建设后草地植被盖度及建群种比例达到了建设方案确定的目标得 5 分；每相差 10%扣 1 分，直到扣完 5 分

评分项目	评分说明
2. 建后管护	项目实施后建立了管护制度、管护措施到位、管护责任落实得5分；未建立禁牧休牧制度和草畜平衡制度扣3分，未落实管护责任扣2分
六、促进农民增收情况	主要考核生态扶贫项目吸纳劳动力参与项目建设等社会指标的完成率。生态扶贫工程吸纳劳动力参与工程建设等社会指标完成率≥80%得5分，每相差10%扣1分，直到扣完5分

3.2.3 生态环境重大工程项目成效评估路径

一是按重大工程实施的不同阶段确定成效评估内容与评估指标。根据生态保护修复工程实施生态环境成效评估的工作需求，根据工程实施前、实施中、实施后、实施后长期成效等不同阶段，确定评估内容及相应的评估指标。通过资料收集、数据统计、遥感解析、实地调研等方式获取所需资料数据。根据指标赋分细则和评估分级标准，计算各项指标值，对评估结果进行分级，形成评估结论。工程实施前评估工程实施方案编制情况；在工程实施中评估工程生态环境保护制度落实、工程过程检查；工程实施后评估重要生态系统面积、生态连通度、植被覆盖度、主导生态功能、环境质量等；实施后长期成效评估主导生态功能、环境质量、人为干扰、生态环境成效维护等。

二是采用定性定量相结合的方式开展重大工程项目成效评估。按项目任务完成情况、项目建设质量情况、资金到位及使用情况、项目管理情况、建后效果与维护运营情况、促进地方经济发展情况6项内容开展评估。成效评估报告应包括项目任务完成情况、资金使用情况、项目建设成果分布图、自验结果及其分析评价、主要措施、取得成效、存在问题、对策建议等内容。工程整体验收后，要开展项目综合成效评估，从项目决策、项目管理、产出，以及工程实施对自然资源保护利用、生态环境治理改善、生态系统服务功能提升等方面的成效进行综合评估。

三是生态环境重大工程项目实施成效评估可采用三级审核验收制度。先由项目建设单位开展自评估，对项目建设情况进行全面自查；地方生态环境主管部门在全面自验收的基础上开展核实评估，对上报完成任务量、目标完成情况、工程效果等进行对比核实与评价，将核查报告、年度项目建设总结等一并上报国家级主管部门；国家生态环境主管部门采用抽查的方式，对地方生态环境主管部门的核查报告进行分析研究，对各项目实施情况进行评价，抽查结果和抽查情况按照有关规定进行通报。核（抽）查报告应包括项目实施情况、验收工作开展情况（包括工作任务量、工作时间、参加人员及构成）、验收结果（任务完成率、核实率、合格率等）及其分析与评价、经验及存在的问题、对策建议等。应对调查资料进行分析、整理、登记造册，建立技术档案，分项进行统计和汇总，建立工程数据库。可由各级政府主管部门会同有关部门或第三方技术服务专家团队组成联合工作组进行成效评估。

四是强化成效评估在重大工程项目实施全过程的导向作用。落实重大工程全过程监管，工程前期建立健全环境评估体系指标，将工程管理目的与实际环境紧密结合，充分考虑防治工作、治理工作对整个环境的功效，及时调整管理的方法机构设置、资金预算等其他方面程序。推进工程融资向效果导向和依效付费机制转变，推行依效付费模式试点工作，加强对实施按效付费项目政策引导和支持力度。在具体项目实施过程中，建立健全以绩效或效果为导向的全过程管理模式，建议以绩效目标为核心，在项目实施不同阶段侧重不同的绩效管理重点。

五是强化重大工程项目实施成效评估的结果应用，支撑项目全过程管理。项目实施过程中将绩效评价指标和管理要求融入日常监督管理和检查中，验收后期及时对标评价，将绩效评价结果与争取各级环保专项资金相挂钩。此外，政府等管理部门转变观念，改变大包大揽，从重投资、重建设到重运营和重过程监管，做到前期重审批、招标重评审、建设重全过程监管，运营期重绩效考核与成本监审。通过建立政府监管的常态化管理机制和项目绩效考核机制，引导和倒逼社会资本从过去偏好工程建设向重视项目全生命周期建设的转变。

六是根据重大工程项目的目标和标准，在区域（流域）、生态系统、场地这三个尺度与层级分别设立三级监测评估内容和指标。区域（流域）尺度主要关注工程规模、生态系统类型和规模变化动态、区域完整性与生物多样性、生态廊道、植被恢复、水土流失、河湖水系连通性等；生态系统尺度主要关注水土环境质量、动植物组成与群落结构、生物多样性特别是关键动植物物种数量与分布变化，以及水源涵养、水土保持、生物多样性维护、防风固沙等关键生态系统服务等；场地尺度根据有关工程标准和要求关注工程建设情况。充分利用自然资源调查监测和生态环境监测结果，以及相关部门、科研机构及院校的长期监测数据和研究成果，在项目区建立生态监测点位，采用遥感、自动监测、实地调查、公众访谈等方式，开展生态保护修复工程全过程动态监测和生态风险评估。生态环境重大工程实施结束后，还应进行长期跟踪监测评估。有条件的地区可建立生态监测动态更新数据库，开展工程实施前后自然生态系统服务功能及价值评价。

七是充分发挥生态环境重大工程成效评估的调节指导作用。根据监测评估结果，对照生态保护修复目标，监测评估生态保护修复工程措施、技术手段的效果，及时发现生态保护修复过程中新产生的生态问题及潜在生态风险。经评估，在结果和风险可控的原则下，借鉴已有经验做法，对可能导致偏离生态保护修复目标、对生态系统造成破坏的工程和措施、子项目的空间布局和时序安排等按规定程序报批后进行相应调整修正。对技术成熟、风险可控、结果有效的工程和措施，要及时实施，避免延误时机、增加修复成本；对评估后难以预测后效的工程和措施，要加强研究和试验，暂不实施。

八是开展重大工程项目成效评估的信息化、数字化，加强项目后期管护。依托重大工程基础信息平台和环境要素三维立体“一张图”，建设重大工程项目数据库与监测监管系统。将生态保护修复工程及子项目立项、实施、验收等环节的信息及时上图入库，明确项目位置、规模、类型、内容及建设进展与成效等。综合运用遥感、大数据等技术手段进行比对核查，实现实时动态、可视化、可追踪的全程全面监测监管。同时，建立后期管护制度。工程验收合格后，根据生态保护目标和标准，做好基础设施的运行和维护；加强对生态系统演替过程的跟踪管护，严格控制不当的人为干扰，保护生态系统的健康、稳定、完整，提升生态系统服务。积极探索建立规模化、专业化、社会化运营管护机制，通过签订管护协议，明确管护责任和义务，落实管护责任人和经费，确保工程发挥长期生态效益、社会效益和经济效益，实现可持续利用。

3.3 生态环境重大工程发展形势研判

生态环境重大工程管理在“十四五”期间迎来了重大发展机遇和巨大挑战，结合其他部门对重大工程全过程管理的相关经验，建议优化生态环境重大工程顶层设计，强化规划引领，早谋划严实施，推进重大工程全过程管理的落实。

一是以已有的生态环境部门项目管理制度要求为基础，建立健全跨部门生态环境重大工程全过程项目管理制度，实现“十四五”生态环境重大工程的全生命周期绿色管理。强化制度管理代替人和部门管理的思维模式，尽快制定一套符合生态环境需求的重大工程全过程管理制度体系。当下各级生态环境部门已发布的项目管理制度特别是中央生态环保储备库的一系列项目管理制度已经作为多部门生态环境重大工程管理的重要参考依据，要发扬已有环境项目管理的优势，强化对生态环境重大工程建设的项目前期研究和决策，科学预判工程项目实施和运行的全生命周期管理需求，提出一套生态文明顶层设计框架下涉及组织、管理、经济和技术等各方面全过程制度体系，重点解决局部或整体环境问题，并力求系统达到规划目标指标要求。

二是各级生态环境管理部门高度重视全过程咨询服务在深入打好污染防治攻坚战中的重要作用，注重模式创新。各级部门大力重视全过程咨询服务模式，在相关规划、工程项目管理办法、管理创新等方面明确大力发展全过程咨询服务，不断创造良好的政策导向与政策环境。生态环境重大工程全过程管理能够有效提高重大工程项目建设质量，针对复杂的环境工程项目，可帮助建设单位对工程进行全面的管控，加强了成本咨询，极大降低了投资风险，可以有效控制成本；还可帮助投资者在成本决策阶段进行评估并编制可行性研究报告，从投资管理、进度管理、合同管理等方面把控工程建设过程，有效控制风险，减少不必要的支出，并使资金得到最大化利用，从而提高建设项目施工的经济效益，进而增强建设企业的市场竞争力。

三是发挥规划引领作用和样板示范作用，推动生态环境全过程咨询服务模式的发展并开展国家试点建设。强化规划引领，落实工程实施统筹联动，加强生态环境重大工程统筹与谋划，完善生态环境重大工程项目库建设。组织开展生态环境重大工程项目全过程咨询服务试点，一方面在东、中、西区域选择系统推进生态环境整治任务较为突出、工程建设基础较好的省份（如江苏省、湖南省、四川省）开展生态环境重大工程全过程咨询服务模式试点；另一方面，就生态环境部重点关注的、给予资金支持的若干标杆项目直接组织开展全过程咨询服务模式试点。积累生态环境全过程咨询服务的经验，培养综合性较强的专业咨询服务机构和复合型人才。

四是坚持绩效或效果为导向，建立健全生态环境重大工程项目实施评估与考核要求。建立健全以绩效或效果为导向的全过程管理模式，在项目实施不同阶段侧重不同的绩效管理重点，强化环境绩效目标导向，完善建考联动、落实规划目标为核心的考核评价体系。建立健全有利于生态环境重大工程实施的干部考核评价机制；升华社会效益本质内涵，深刻认识重大工程的“高颜值”是建设美丽中国、提高人民幸福指数的具体表现，坚持以人民为中心，把人民群众最真切的感受、最真实的评价作为重要参考。深化经济效益评估要求，继续发挥资金高效使用在全流程管理中的指挥棒作用。结合“双碳”实现目标要求，以“EOD”项目为试点示范，探索重大工程生态产品价值实现的绩效评估体系。

4 生态环境重大工程组织实施情况

生态环境重大工程组织实施方式直接影响重大工程实施成效，目前生态环境重大工程主要由中央生态环境资金支撑。本章通过分析政府投资类工程建设项目审批流程和组织管理模式，分析生态环境重大工程项目的审批流程和组织管理模式，为生态环境重大工程的全过程管理体系及对策研究提供建议。

4.1 项目审批流程

4.1.1 政府投资类工程建设项目审批流程

根据《国务院办公厅关于加强和规范新开工项目管理的通知》（国办发〔2007〕64 号），“各级发展改革、城乡规划、国土资源、环境保护、建设和统计等部门要加强沟通，密切配合，明确工作程序和责任，建立新开工项目管理联动机制。实行审批制的政府投资项目，项目单位应首先向发展改革等项目审批部门报送项目建议书，依据项目建议书批复文件分别向城乡规划、国土资源和环境保护部门申请办理规划选址、用地预审和环境影响评价审批手续。完成相关手续后，项目单位根据项目论证情况向发展改革等项目审批部门报送可行性研究报告，并附规划选址、用地预审和环评审批文件。项目单位依据可行性研究报告批复文件向城乡规划部门申请办理规划许可手续，向国土资源部门申请办理正式用地手续”。

根据调研，基于通知要求各省（区、市）制定了专门的政府投资类工程建设项目审批流程，通过总结梳理，政府投资类工程建设项目重点审批流程环节如图 4-1 所示。

4.1.2 生态环境重大工程项目审批流程现状

2020 年生态环境部和财政部联合发布的《关于加强土壤污染防治项目管理的通知》（环办土壤〔2020〕23 号，以下简称《通知》）中提出了环保项目管理相关要求。基于此，各省（区、市）陆续发布了《土壤和地下水污染防治项目管理暂行办法》。

“为贯彻落实《中华人民共和国土壤污染防治法》《土壤污染防治专项资金管理办法》《关于加强生态环保资金管理推动建立项目储备制度的通知》等要求，加强中央土壤污染防治专项资金支持项目管理，规范项目管理程序，提高资金的使用效益。”

“（1）项目实施方案。包括项目概况、必要性、项目范围及内容、技术路线、投资估算、前期工作投入资金、拟申请中央土壤污染防治专项资金额度（含年度资金支持计划）、实施进度安排、预期成果等内容，达到可行性研究报告的深度。按照本省（区、市）有关规定，要求项目实施方案达到初步设计水平的，从其规定。

“（2）招标、采购和财审。项目单位应当严格执行国家有关招标投标、政府采购等制度。预算评审由财政主管部门组织，预算评审没有定额标准的，可以通过比价和询价等方式确定招标和采购的控制价。

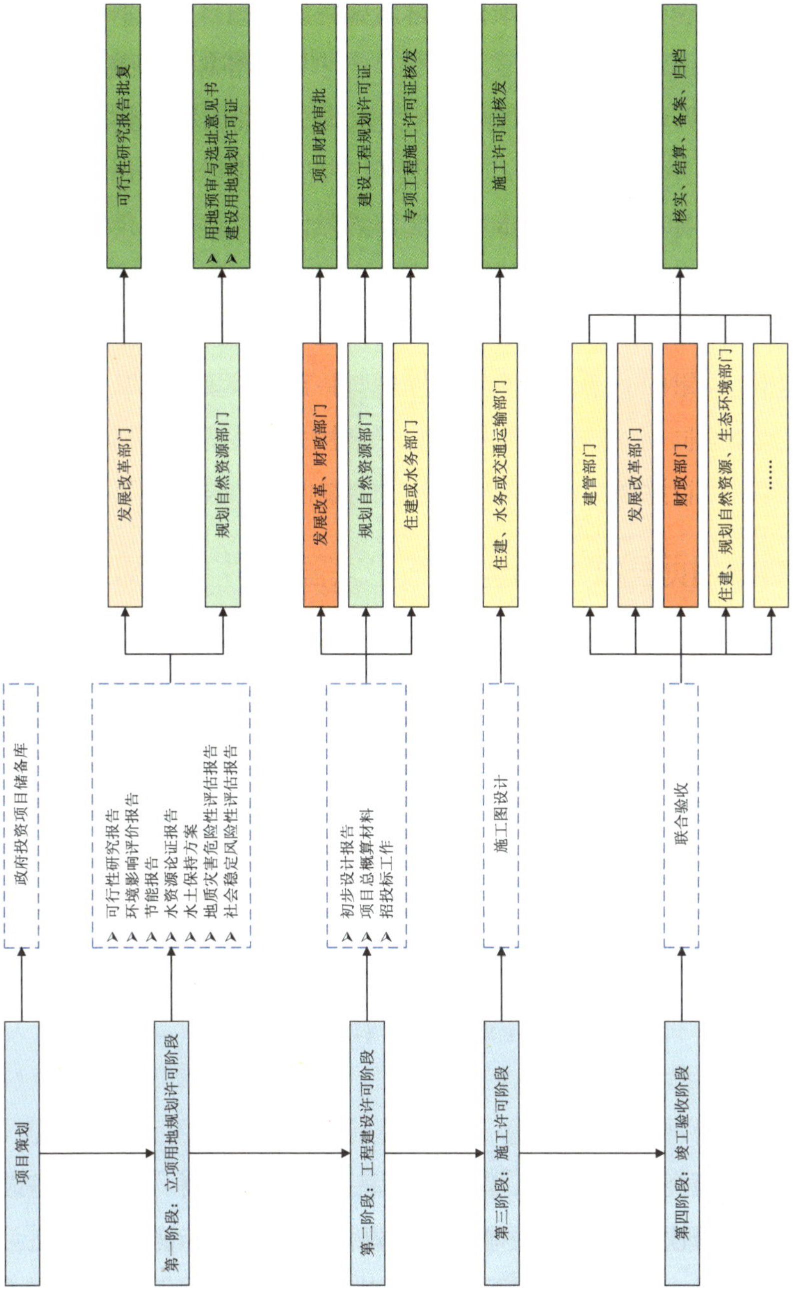

图 4-1　政府投资类工程建设项目重点审批流程

“（3）管理制度。风险管控、修复项目推行项目法人制、工程监理制，鼓励有条件的地区探索全过程工程咨询服务和工程总承包模式。从事土壤污染风险管控和修复活动的单位，参与项目的工程施工、监理等单位或机构，应当依法取得相应资质或具备相应的专业能力。

“（4）项目调整。对技术路线发生重大变化的项目，或者需要变更申请中央土壤污染防治专项资金额度、年度资金支持计划的，项目单位应当报项目立项批复单位、实施方案审查单位同意。”

根据《通知》，就土壤污染防治项目管理流程进行梳理总结，如图 4-2 所示。

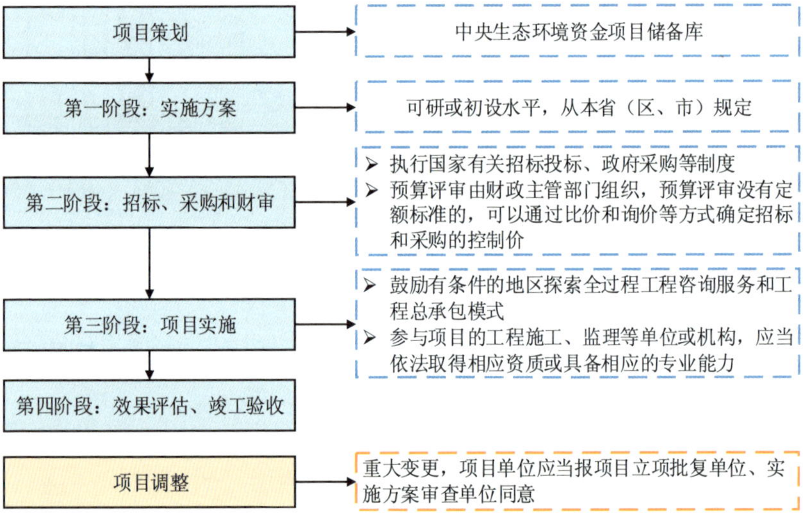

图 4-2　土壤污染防治项目管理流程

4.1.3　生态环境重大工程项目审批及管理流程思考

根据《国务院办公厅关于加强和规范新开工项目管理的通知》（国办发〔2007〕64 号），我国建设项目审批流程发展至今已十分成熟，各级发展改革、城乡规划、国土资源、环境保护、建设和统计等部门明确工作程序和责任，建立了项目管理联动机制。

生态环境工程项目起步较晚且具有自身特点，项目审批及管理不能完全参照建设项目已有流程执行，因此构建生态环境重大工程项目审批及管理体系十分必要。《通知》对环保项目管理提出了相关要求。

根据国办发〔2007〕64 号，政府投资类项目审批主要包含项目策划、立项用地规划许可、工程建设许可、施工许可、竣工验收等；根据《通知》，生态环境工程项目管理程序主要包括项目策划，实施方案审批，招标、采购和财审，项目实施，效果评估、竣工验收等。两类项目审批管理流程对比分析结果如表 4-1 所示。

表 4-1　项目审批管理流程对比分析

政府投资类项目	生态环境工程项目	相同点	不同点	特征
项目策划	项目策划	进行项目储备库建设	—	—
第一阶段：立项用地规划许可阶段	第一阶段：实施方案	项目需编制方案或可研并获得批复	1. 批复部门：建设项目为发展改革委批复，环保项目一般为生态环境部门批复； 2. 建设项目在本阶段须进行环评、节能、水资源、水土保持等报告并通过评审，并获得规自的用地预审与选址意见书和建设用地规划许可证，环保项目一般不需要	1.《通知》中规定环保项目实施方案一般需达可研深度，若省（区、市）要求达初设水平，从其规定； 2. 关于批复：《通知》中规定环保项目实施方案评审按所在省（区、市）要求执行；污染防治专项资金入库项目申报要求批复单位应为申报单位的上级管理部门或本级人民政府、同级发展改革委或相关主管部门，且工程类须由发展改革委审批； 3. 江西省管理办法中规定项目单位原则上是项目申报单位和项目管理单位，负责项目具体实施。[项目实施单位为县级以上人民政府的，相应县级以上人民政府应当以书面形式委托项目所在地乡（镇）或具有法人资格的单位作为项目管理单位]

政府投资类项目	生态环境工程项目	相同点	不同点	特征
第二阶段：工程建设许可阶段	第二阶段：招标、采购和财审	项目需编制概算并进行招投标工作	1．建设项目需要报初设发展改革委审批，环保项目需根据申报的实施方案或可研编制技术方案或初设及概算，报设区市生态环境局组织专家审查同意； 2．建设项目需取得建设工程规划许可、专项工程施工许可等，环保项目一般不需要	关于财评： 1）《通知》中规定环保项目预算评审由财政主管部门组织，预算评审没有定额标准的，可以通过比价和询价等方式确定招标和采购的控制价； 2）污染防治专项资金入库项目申报要求项目资金投资估算基本合理、要有详细的计算过程，筹措方案明确，并附总预算表，如预算突破规定条款，须提供明确依据和理由； 3）部分省份管理办法中规定投资概算应提供参照的定额标准或询价依据，报送设区市生态环境局组织专家审查同意
第三阶段：施工许可阶段	第三阶段：项目实施	项目实施	建设项目施工前需取得施工许可证，环保项目一般不需要	1．《通知》中规定风险管控、修复项目推行项目法人制、工程监理制，鼓励有条件的地区探索全过程工程咨询服务和工程总承包模式。从事土壤污染风险管控和修复活动的单位，参与项目的工程施工、监理等单位或机构，应当依法取得相应资质或具备相应的专业能力。 2．江西省管理办法中规定：工程类项目的中标单位还应根据初步设计，组织编制施工图设计和施工图预算，并经具备相应资格的图审单位审定后组织实施，同时将施工图设计和施工图预算报设区市生态环境局备核。 3．关于项目变更： 1）《通知》中规定对技术路线发生重大变化的项目，或者需要变更申请中央土壤污染防治专项资金额度、年度资金支持计划的，项目单位应当报项目立项批复单位、实施方案审查单位同意； 2）环办科财〔2021〕17 号文中规定污染防治专项资金入库项目的变更，须由省级生态环境部门审核后通过项目管理系统提出调整申请，并提交有关调整说明文件，经生态环境部确认后予以调整； 3）江西省管理办法中对于项目变更进行了详细规定

政府投资类项目	生态环境工程项目	相同点	不同点	特征
第四阶段：竣工验收阶段	第四阶段：效果评估、竣工验收	均需开展竣工验收及财务决算工作	1．建设项目的竣工验收一般是各部门的联合验收，环保项目一般由生态环境部门验收；2．建设项目的环保验收与环保工程项目的效果评估较为类似	江西省管理办法中规定： 1．项目单位全面完成项目任务后，应当及时申请项目验收。非工程类项目为现场验收和成果验收，原则上现场验收应当包括质控相关内容；工程类项目分为初步验收和竣工验收。 2．负责组织验收的部门或单位收到项目验收申请后，应在20个工作日内，组织相关专家和部门代表参加的验收组，进行项目验收。项目验收合格后，由验收部门下达书面验收意见告知函。需整改的项目，项目单位应及时整改和完善，合格后由验收部门下达书面验收意见告知函，不通过的项目应当整改完善后重新申请验收。 3．项目下达验收意见后，项目单位应当在3个月内编制项目竣工财务决算，并报本级人民政府财政部门或相关主管部门批复

通过研究对比国办发〔2007〕64号和《通知》，结合《财政部关于印发〈财政投资评审管理规定〉的通知》（财建〔2009〕648号）、《财政部关于印发〈中央对地方专项转移支付管理办法〉的通知》（财预〔2015〕230号）、《关于印发〈中央生态环境资金项目管理规程（试行）〉的通知》（环办科财〔2021〕17号）、《关于印发〈中央生态环境资金项目储备库入库指南（2021年）〉的通知》（环办科财〔2021〕22号）、《土壤污染防治资金管理办法》、《水污染防治资金管理办法》、《江西省土壤和地下水污染防治项目管理暂行办法（征求意见稿）》等文件规定，现就目前中央财政和省级财政专项资金支持的生态环境工程项目审批管理流程进行以下总结及思考，其余项目参考执行。

（1）关于项目单位

《关于加强土壤污染防治项目管理的通知》（环办土壤〔2020〕23号）中规定“（三）项目单位负责项目前期工作，申请纳入储备库，组织项目实施，委托开展效果评估。项目单位对项目建议书、可行性研究报告、初步设计、项目实施方案等文件的真实性负责；对项目的申报、进度、资金使用（结算）、质量、总结、报备档案等全过程负责。项目单位由地方人民政府或其指定的部门、单位承担。原则上项目立项批复单位、项目实施方案审查单位不得作为项目单位。”

《关于印发〈中央生态环境资金项目管理规程（试行）〉的通知》中规定“县级生态环境部门组织开展项目申报，承担项目组织实施或日常监管工作，根据职能加强资金使用管理和预算绩效管理等。填报预算执行、项目进展、绩效管理、监督检查等信息。”

《江西省土壤和地下水污染防治项目管理暂行办法（征求意见稿）》中规定“项目单位原则上是项目申报单位和项目管理单位，项目单位为县级以上人民政府的，相应县级以上人民政府应当以书面形式委托项目所在地乡（镇）或具有法人资格的单位作为项目管理单位，负责项目具体实施。项目单位一经确定，未经项目立项批复单位批准不得随意变更。”

根据上述文件的规定，目前中央生态环境资金项目申报及实施单位主要由当地生态环境主管部门、当地人民政府和具有法人资格的单位承担，且当地生态环境主管部门逐渐从项目实施单位转变为牵头组织监管单位，具体项目的实施由当地人民政府和具有法人资格的单位承担。

（2）关于立项

《通知》中规定“实施方案需达到可行性研究报告的深度。按照本省（区、市）有关规定，要求项目实施方案达到初步设计水平的，从其规定。”

《关于印发〈中央生态环境资金项目储备库入库指南（2021 年）〉的通知》中规定“三、加强项目前期准备。各地按照中央项目储备库入库要求组织开展前期工作，加快推进项目立项，编制有关申报材料。”

《污染防治专项资金入库项目申报要求》中规定“非工程类项目立项需编制实施方案，工程类需编制可行性研究报告，立项文件的批复单位应为申报单位的上级管理部门或本级人民政府、同级发改委或相关主管部门，且工程类须由发改审批。”

根据上述文件的规定，目前中央生态环境资金项目的立项以“中央生态环境资金项目储备库入库要求”为准。

（3）关于投资估算

《通知》中规定“预算评审由财政主管部门组织，预算评审没有定额标准的，可以通过比价和询价等方式确定招标和采购的控制价。”

《关于印发〈中央生态环境资金项目储备库入库指南（2021 年）〉的通知》中规定“六、严格项目审核把关。省级生态环境、财政部门要根据职责分工对建设方案必要性、可行性、绩效目标、投资估算、资金筹措、中央资金申请等进行严格把关，确保项目真实必要。”

《财政部关于印发〈财政投资评审管理规定〉的通知》中规定“第二条 财政投资评审是财政职能的重要组成部分，财政部门通过对财政性资金投资项目预（概）算和竣工决（结）算进行评价与审查，对财政性资金投资项目资金使用情况，以及其他财政专项资金使用情况进行专项核查及追踪问效，是财政资金规范、安全、有效运行的基本保证。财政投资评审业务由财政部门委托其所属财政投资评审机构或经财政部门认可的有资质的社会中介机构进行。其中，社会中介机构按照《政府采购法》及相关规定，通过国内公开招标产生。”

《土壤污染防治专项资金入库项目费用测算相关说明（征求意见稿）》中规定“项目资金投资估算基本合理、要有详细的计算过程，筹措方案明确，并附总预算表。如预算突破规定条款，需提供明确依据和理由。”

《江西省土壤和地下水污染防治项目管理暂行办法（征求意见稿）》中规定“投资概算应提供参照的定额标准或询价依据，报送设区市生态环境局组织专家审查同意。”

综上所述，虽然《通知》和《关于印发〈中央生态环境资金项目储备库入库指南（2021 年）〉的通知》中规定中央生态环境资金项目须由财政主管部门进行财务评审（如预算、估算等），但土壤污染防治专项资金入库项目关于费用测算的要求为“项目资金投资估算基本合理、要有详细的计算过程，筹措方案明确，并附总预算表。如预算突破规定条款，需提供明确依据和理由”，项目投资估算需经过专家审查，并未要求项目入库申报前需由财政部门进行预算评价与审查。

（4）关于初设和概算

《江西省土壤和地下水污染防治项目管理暂行办法（征求意见稿）》中规定“项目单位应当及时组织并督促设计单位，根据项目申报实施方案（工程类项目为可行性研究报告）以及现场实际情况，在规定时间内编制技术方案（工程类项目为初步设计）及项目概算，投资概算应提供参照的定额标准或询价依据，报送设区市生态环境局组织专家审查同意。调查评估类项目技术方案应当明确布点采样方案、质控要求等核心内容；风险管控和修复项目初步设计主要内容应当通过网站等便于公众知晓的方式向社会公开。原则上，技术方案或初步设计未通过审查不允许直接招标。”

关于中央生态环境资金项目初设和施工图设计的相关要求，目前仅在地方土壤和地下水污染防治项目管理暂行办法中涉及，地方按一般建设项目的管理要求对环保项目进行管理，要求项目单位在中央生态环境资金项目入库且资金下达后，督促设计单位根据申报实施方案（可研）编制技术方案（初设）及项目概算，报送设区市生态环境局组织专家审查同意。原则上，技术方案或初步设计未通过审查不允许直接招标。

《江西省土壤和地下水污染防治项目管理暂行办法（征求意见稿）》中并未要求项目概算须由财政部门进行评价与审查，仅由设区市生态环境局组织专家审查同意即可。

（5）关于施工图设计及预算

《江西省土壤和地下水污染防治项目管理暂行办法（征求意见稿）》中规定“工程类项目的中标单位还应根据初步设计，组织编制施工图设计和施工图预算，并经具备相应资格的图审单位审定后组织实施，同时将施工图设计和施工图预算报设区市生态环境局备核。”

关于中央生态环境资金项目初设和施工图设计的相关要求，目前仅在地方土壤和地下水污染防治项目管理暂行办法中涉及，地方按一般建设项目的管理要求对环保项目进行管理，要求工程类项目中标单位编制施工图设计和施工图预算，由资质图审单位审定后报设区市生态环境局备核。

《江西省土壤和地下水污染防治项目管理暂行办法（征求意见稿）》中并未要求项目预算须由财政部门进行评价与审查，仅报设区市生态环境局备核即可。

（6）关于施工许可证

生态环境工程项目无须办理施工许可证。

（7）关于竣工验收

《江西省土壤和地下水污染防治项目管理暂行办法（征求意见稿）》中规定“非工程类项目为现场验收和成果验收，工程类项目分为初步验收和竣工验收，负责组织验收的部门或单位收到项目验收申请后，组织相关专家和部门代表参加的验收组，进行项目验收。”

关于中央生态环境资金项目竣工验收的相关要求，目前仅在地方土壤和地下水污染防治项目管理暂行办法中涉及，地方规定按照项目牵头承担单位的不同，由省生态环境厅、设区市生态环境局、县级生态环境部门组织或委托相关部门及单位开展竣工验收工作。

（8）关于财务结算、决算

《江西省土壤和地下水污染防治项目管理暂行办法（征求意见稿）》中规定“项目下达验收意见后，项目单位应当在 3 个月内编制项目竣工财务决算，并报本级人民政府财政部门或相关主管部门批复”，项目验收资料档案中须有《财务决算报告》《财务决算报告审计或评审报告》。

（9）关于生态环境工程项目财政评审的思考

财政部门一般对财政性资金投资项目预（概）算和竣工决（结）算进行评价与审查，其中涉及估算、概算、预算、结算、决算，定义如下所述。

①估算即投资估算，是指在决策阶段就建设项目建设总投资进行的科学估计。决策阶段又分为机会研究、项目建议书、初步可行性研究、详细可行性研究 4 个阶段，随着项目逐步地细化具体化，按照投资估算规程，可以得到不同精细程度的估算，依据建设单位的要求，可在详细可行性研究阶段出具标志性的估算报告。

②概算即设计概算，是指在设计阶段，以初步设计或施工图设计图纸，概算指标、概算定额以及现行的计费标准市场信息等依据，按照建设项目设计概算规程，逐级（单位工程、单项工程、建设项目）计算建设项目建设总投资。

③预算即施工图预算，是指在施工图纸设计出来，至交易阶段确定招标控制价、投标报价的这个时段（可以说是交易阶段），以建筑安装施工图设计图纸为对象，依据现行的计价规范（建设工程工程量清单计价规范、相应工程的工程量计算规范），消耗量定额，人材机市场价格，费用标准，按照建设项目施工图预算编审规程，逐级（分项工程、分部工程、单位工程、单项工程）计算的建筑安装工程造价（项目要求时，还要汇总为建设项目建设总投资）。

④结算即工程结算和竣工结算。传统的结算，是指在建筑安装施工任务结束后，对其实际的工程造价（这里是第二种含义的造价），进行核对与结清。经历了行业规程规范的推进，当下的结算的定义，以招标文件选定的计价方式，依据施工合同，实施过程中的变更签证等，按照合同约定、建设项目结算规程以及最新清单计价规范，完成的施工过程价款结算与竣工最后结清。汇总、编制建筑安装工程实际工程造价竣工结算文件。清单计价规范提倡竣工结算是汇集施工过程中的工程结算成果，对建筑安装工程项目做出的实际造价的汇总与结清。

⑤决算是项目的竣工决算。整个项目竣工，建设单位对完成的整个项目从筹建到竣工投产使用的实际花费，所做的财务汇总。需要完成相应的报表，进行工程造价分析，指标数据的两算（决算与概算）对比等。

政府投资类工程建设项目与生态环境工程项目财政评审对比如图 4-3 所示。

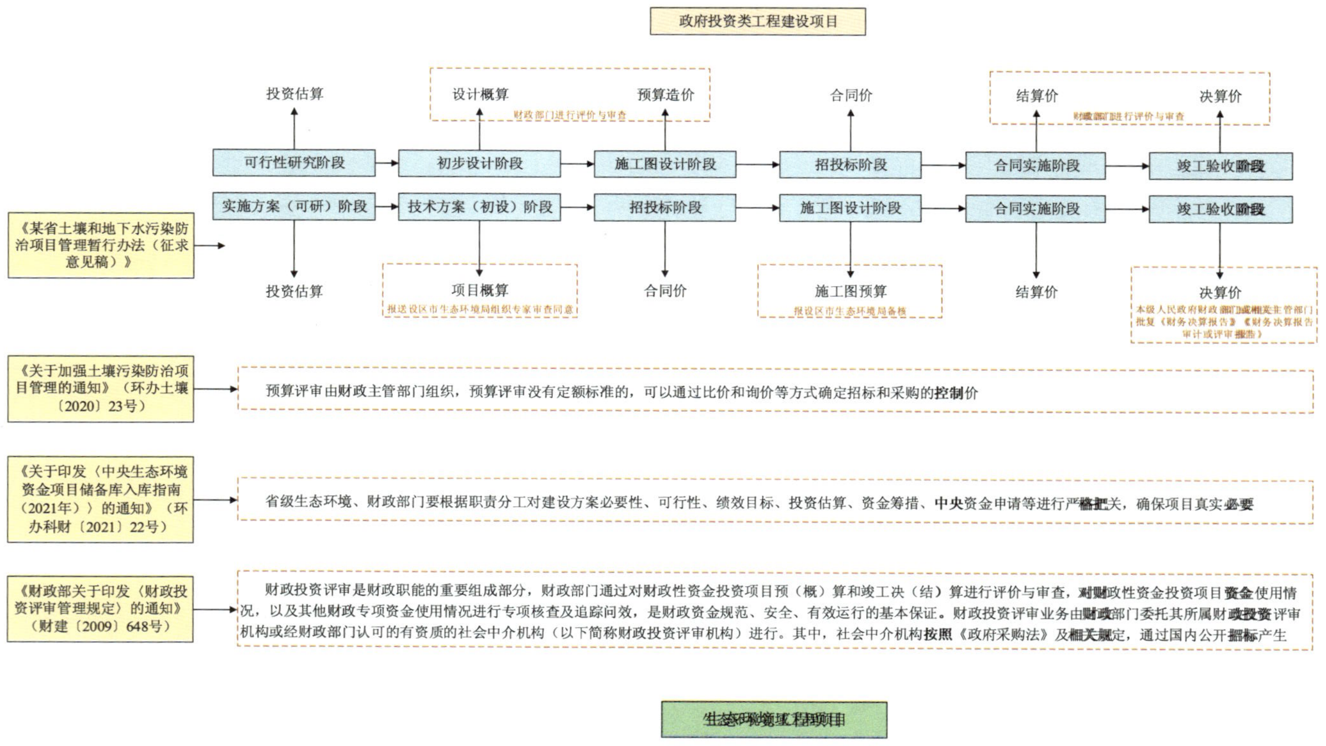

图 4-3　政府投资类工程建设项目与生态环境工程项目财政评审对比

由图 4-3 可以看出，虽然《关于印发〈中央生态环境资金项目储备库入库指南（2021 年）〉的通知》中规定财政主管部门需对投资估算、预算等进行把关及评审，但《江西省土壤和地下水污染防治项目管理暂行办法（征求意见稿）》中规定项目概算、施工图预算报设区市环境局组织专家审查同意并备核即可，决算须报本级人民政府财政部门或相关主管部门批复，形成《财务决算报告》《财务决算报告审计或评审报告》。

（10）关于生态环境工程项目竣工验收的思考

①建设工程项目的验收一般为多部门联合验收，目前生态环境工程项目的验收按牵头承担单位的不同，由省生态环境厅、设区市生态环境局、县级生态环境部门组织或委托相关部门及单位开展竣工验收工作。

②根据《建设工程质量管理条例》（中华人民共和国国务院令　第 279 号），建设单位收到建设工程竣工报告后，应当组织设计、施工、工程监理等有关单位进行竣工验收，有勘察、设计、施工、工程监理等单位分别签署的质量合格文件。生态环境工程项目的竣工验收，根据《江西省土壤和地下水污染防治项目管理暂行办法（征求意见稿）》规定负责组织验收的部门或单位收到项目验收申请后，组织相关专家和部门代表参加的验收组，进行项目验收。根据经验，目前生态环境工程项目的竣工验收参加单位有施工单位、工程监理单位、环境监理单位等，但设计单位（实施方案、可研、初设编制单位）并未参加，按照《建设工程质量管理条例》建议生态环境工程项目参加项目竣工验收。

4.2 项目实施经验

2022 年财政部为深入打好污染防治攻坚战大力提供资金支持，共安排中央生态环境资金 621 亿元，较 2021 年增加 49 亿元，同比增长 8.6%。中央生态环境资金主要由大气、水、土壤 3 个污染防治资金和农村环境整治资金 4 个部分组成，其中水污染治理资金为 237 亿元，占整个环境资金的 38%，土壤污染治理资金为 44 亿元，占整个环境资金的 7%。

为加强中央土壤污染防治专项资金支持项目管理，规范项目管理程序，提高资金的使用效益，生态环境部、财政部等部门相继发布了多个管理办法，部分省（区、市）生态环境主管部门根据管理办法编制了土壤和地下水污染防治项目管理规程或实施细则。总体来看，部分省（区、市）生态环境主管部门发布的项目管理实施细则在一定程度上规范了土壤和地下水污染防治项目的管理，但各地尚存在一定差异且大部分省份尚未发布相关管理文件。基于此，笔者结合自身实践经验进行土壤和地下水污染防治项目实施经验分享及思考，供中央生态环境资金项目（土壤、地下水）管理单位、牵头组织单位、项目单位、实施单位等参考。

4.2.1 中央生态环境资金项目（土壤、地下水）入库类型及申报方式

中央生态环境资金采用竞争性分配，各地按《中央生态环境资金项目储备库入库指南》要求进行项目申报。目前土壤污染防治项目类型主要包括土壤污染源头预防项目、地块调查及风险评估项目、土壤污染风险管控与修复项目、协同管控土壤污染风险的“无废城市”建设项目及其他与土壤环境质量改善密切相关的项目；地下水污染防治项目类型主要包括地下水生态环境保护、水污染防治监管能力建设等。中央项目储备库申报窗口全年开放，各地成熟项目可随时通过中央生态环境资金项目管理系统申请入库。生态环境部每年 4 月 15 日前和 9 月 15 日前分别

组织开展一次项目入库集中审核。

目前部分省（区、市）建立了省级土壤和地下水污染防治项目储备库，组织专家对入库项目进行论证，将审查通过的项目纳入省级储备库，从库中优选项目申报中央生态环境资金项目储备库。经生态环境部审核通过进入储备库的项目，省厅筛选提出拟支持项目清单，商定区域绩效目标，并通过项目管理系统提交生态环境部、财政部备案审核，审核通过的项目纳入中央生态环境资金项目实施库管理。

4.2.2 中央生态环境资金项目（土壤、地下水）实施管理流程

目前土壤和地下水污染防治项目实施管理流程，特别是工程类项目，一般类比参考政府投资类工程建设项目进行管理，但生态环境项目的实施过程极具政策性与专业性，因此其实施管理流程与传统政府投资类工程建设项目对比，具自身特点。土壤和地下水污染防治项目实施管理流程一般包括项目策划立项申报、项目招投标及合同签订、项目实施、项目效果评估及监理、项目验收、项目绩效评价等。

目前部分省（区、市）制定了本省的土壤和地下水污染防治项目管理实施流程，总体上均包含上述阶段，但各环节实施细则不尽相同。

4.2.3 中央生态环境资金项目（土壤、地下水）立项申报

（1）项目单位

中央生态环境资金项目（土壤、地下水）实行项目法人制，项目单位由地方人民政府或其指定的部门、单位承担。原则上项目立项批复单位、项目实施方案审查单位不得作为项目单位。

目前部分省（区、市）对项目单位进一步规定，如湖南省规定项目

单位应为污染责任人或土地使用权人，责任人缺失的，由地方人民政府或其指定的部门、单位作为项目单位，除土壤环境监管能力提升相关项目以外，生态环境部门原则上不得作为项目单位；江西省规定项目单位原则上是项目申报单位和项目管理单位，项目单位为县级以上人民政府的，相应县级以上人民政府应当以书面形式委托项目所在地乡（镇）或具有法人资格的单位作为项目管理单位，负责项目具体实施；广西壮族自治区规定项目单位可以由地方人民政府或其指定的部门、单位承担，原则上各级生态环境主管部门不作为土壤污染源头防控和土壤污染风险管控与修复等两种类型项目的项目单位。

综上所述，近年来各级生态环境主管部门已逐渐从项目单位向牵头组织单位转变，负责各自工作领域内土壤和地下水污染防治项目的组织、指导、监督检查、绩效管理、资金监督等工作。

（2）申报材料

中央生态环境资金项目（土壤、地下水）入库材料按指南要求执行，一般包括项目成熟度证明材料、项目绩效目标申报表及其他相关材料，不同项目类别稍有差异。项目成熟度证明材料中非工程类项目需编制实施方案，批复主体为地市级及以上主管部门；工程类项目需编制可研报告，批复主体严格按照地方有关规定执行，一般为发展改革委。

项目成熟度证明材料（实施方案/可研报告）的详细内容按指南要求执行，其中投资估算部分要科学合理，有详细的测算依据和理由，没有定额标准的，可以通过比价和询价等方式确定，入库审核时一般有工程造价预算专业和财务管理方面专家对其进行审核。目前，相关部门编制了《土壤污染防治专项资金入库项目费用测算相关说明》，可供参照。

4.2.4 中央生态环境资金项目（土壤、地下水）招投标及合同签订

中央生态环境资金项目（土壤、地下水）应当严格执行国家有关招标投标、合同管理、工程监理及竣工验收等制度，确定项目实施方案编制、设计、施工、监理、效果评估和资金审计等单位。

针对土壤和地下水污染防治项目招投标，目前有3种较常见的实施模式，一是以项目立项文件及批复为依据直接开展项目招投标工作；二是项目单位招标前组织设计单位根据项目申报实施方案（工程类为可研报告）以及现场实际情况，编制技术方案（工程类为初步设计）及项目概算，投资概算应提供参照的定额标准或询价依据，报送设区市生态环境局组织专家审查同意，原则上，技术方案或初步设计未通过审查不允许直接招标；三是按照政府投资类工程建设项目，招标前编制实施方案（初步设计）及项目概算，经相关技术专家和财政主管部门评审查后进行招投标工作。

根据生态环境部相关规定需要开展效果评估的项目，需要在项目开工的同时确定第三方效果评估单位，强化对项目实施的全过程监管。

4.2.5 中央生态环境资金项目（土壤、地下水）实施管理

（1）关于项目实施单位

部分省（区、市）对土壤和地下水污染防治项目相关实施单位提出了管理要求，如海南省规定工程类项目设计单位应具备环境工程等相关专业设计资质；湖南省规定同一项目的实施单位与从事风险管控效果评估、修复效果评估的单位不能为同一或有隶属关系的单位，承担调查及报告编制的单位，应具有中国计量认证（CMA）资质、工程设计（环境

工程类）资质或工程咨询（环境工程类）资质等相关资质；承担实施方案编制的单位，应具有工程设计（环境工程类）资质或工程咨询（环境工程类）资质等相关资质；承担项目施工单位，应具有安全生产许可证和工程施工相关资质；承担风险评估、效果评估的单位，应具有 CMA 资质、工程设计（环境工程类）资质或工程咨询（环境工程类）资质等相关资质；江西省规定应当选择具备相应专业能力的单位实施，严禁同一项目设计（含初步设计、实施方案和技术方案）与施工、施工与效果评估、施工与工程监理、风险评估与效果评估由同一单位或有隶属关系的单位承担。

（2）关于相关文件备案要求

土壤和地下水污染防治项目实施前，相关单位应编制实施方案、初步设计、施工监理方案、环境监理方案、效果评估方案等报项目所在地生态环境主管部门备案。

（3）关于项目变更

项目建设内容与规模、投资总额、建设地点、承担单位、建设工艺等信息发生变化的，须由省级生态环境主管部门审核后通过项目管理系统提出调整申请，并提交有关调整说明文件，经生态环境部确认后予以调整。发生重大调整的项目应按照地方有关规定执行，需重新履行报批程序的应提交有关批复文件。广西壮族自治区规定存在下列情况之一的，视为重大调整：建设地点变更、技术路线发生原则性变化、建设规模和投资总额发生变化超过 10%、项目调出等，对确需调整的项目，项目单位应当及时提出调整申请，由原审查单位对调整后的实施方案、有关调整说明组织审查，重新出具审查意见或批准文件（明确调整内容）报自治区生态环境厅备案。湖南省规定项目单位要严格按照已确定的项目建设规模和建设内容组织实施，原则上不得进行重大调整，确因项目实施单位、建设地点、建设规模（工程量变化超过 10%）、技术路线等发生重大变化需变更的，由项目单位组织编制变更方案，报项目立项批复单位或实施方案审查单位同意后方可实施。江西省规定：①涉及局部变更，不涉及项目范围、建设地点、主体工程、项目单位、技术路线或修复技术且调整幅度在项目总经费 10%以内的，由项目单位委托技术方案编制（工程类项目为初步设计单位）单位自行调整，工程类项目经项目单位、监理、施工三方签证即可实施，非工程类项目经项目单位、中标单位双方签证即可实施，并按程序报设区市生态环境局和省生态环境厅备查，所有变更佐证均应上传项目管理系统；②涉及项目范围、建设地点、主体工程、项目管理单位、技术路线或修复技术的变更，或调整幅度大于项目总费用的 10%的，由项目单位提出变更方案，组织变更设计，经设区市生态环境局审查同意并报项目立项批复单位同意后，经项目管理系统报省生态环境厅审核，同意后报生态环境部确认调整后，方可实施；③因项目设计变更所需调增预算的，由申报单位本级财政自行解决。因项目变更设计调减的预算，按照结余结转资金有关规定处理。

（4）关于项目信息公开

项目单位应在项目施工现场按照国家相关要求设立公告牌和警示标识，公开项目有关信息和环境保护措施等内容，接受公众监督。

4.2.6 中央生态环境资金项目（土壤、地下水）验收

（1）验收部门

项目单位是项目验收的责任主体，验收部门各地的规定不尽相同。海南省规定项目单位应向市县生态环境主管部门提交验收申请；湖南省规定项目单位应将项目验收资料汇编后报各级生态环境部门备案；江西省规定省生态环境厅组织或委托相关部门对设区市生态环境局和省本

级承担的非工程类项目开展验收、设区市生态环境局对辖区内所有的工程类项目开展竣工验收、县级生态环境部门组织或委托相关单位对辖区内所有非工程类项目开展验收。

（2）验收程序

项目验收程序一般为负责组织验收的部门或单位收到项目验收申请后，组织相关专家和部门代表组成验收组，进行项目核查和验收。项目验收专家组由熟悉环保、土壤、土建、工程造价预算等专业技术和财务管理方面的专家组成。项目验收实行专家回避制度。

①土壤和地下水污染防治项目申请验收前，相关技术成果文件涉及《建设用地土壤污染状况调查、风险评估、风险管控及修复效果评估报告评审指南》规定的，应按该指南规定通过评审。

②工程类项目申请验收前，项目单位应当按照国家有关规定组织实施方案编制单位、设计单位、施工单位、工程监理单位、环境监理单位等有关单位开展工程竣工验收，对项目建设规模、工程质量进行核验，出具建设工程质量竣工验收意见书，并委托第三方单位开展项目资金结算审计。

（3）验收内容

项目验收内容一般包括项目完成情况、资金使用情况和档案管理情况等。

①项目完成情况。核实项目实施内容、规模、绩效目标、标准、质量、完成时间等是否符合项目实施方案或设计文件、批复文件等要求，相关技术成果文件是否按规定通过评审，工程类项目是否通过竣工验收及资金结算审计。

②资金使用情况。核实资金使用、管理情况是否符合国家相关资金管理办法和财务管理规定，包括资金支出情况、资金管理情况、财务

决算、财务审计报告等。

③档案管理情况。核实各种文件资料是否齐全、准确，是否按规定分类立卷和归档。

4.2.7 中央生态环境资金项目（土壤、地下水）结转和结余资金管理

中央生态环境资金项目发生结转结余的资金，须由省级生态环境主管部门审核后通过项目管理系统提出调整申请，并提交有关调整说明文件，经生态环境部确认后予以调整。结转和结余资金的收回以及资金使用按照财政部关于结转和结余资金管理的相关规定处理。中央对地方专项转移支付管理办法规定，已分配到部门（或企业）的结转和结余资金，由该部门（或企业）同级政府财政部门在年度终了后 90 日内收回统筹使用。

5 生态环境重大工程发展问题

当前生态文明建设和生态环境保护工作已逐步从局部、分散、碎片化治理项目向整体化、多目标协同、系统性治理工程转变。但是，我国尚缺乏全方位、全地域、系统性的生态环境重大工程“谋建—调管—考评”全过程管理体系，造成了工程项目靶向落地难和效益考核难的“双难”局面。本章系统梳理了当前生态环境重大工程管理机制和管理手段存在的相关问题，系统梳理了重大工程管理制度与经验，分析了生态环境重大工程面临的问题，从而找到后续解决问题的实施路径。

5.1 管理机制不健全

根据《〈中华人民共和国国民经济和社会发展第十三个五年规划纲要〉实施总结评估报告》，“十三五”期间，165 项重大工程项目实施总体进展顺利、取得重大成就，同时也暴露出一些不足和问题，主要表现在：由于内外部环境变化，个别项目实施重点进行了中期调整；个别点多面广的打捆项目在不同地区存在实施不平衡现象；一些项目实施尚存在要素保障不到位的情况；少数重大工程项目的配套激励机制不健全，社会资本参与门槛过高、动力不足现象依然存在等。

生态环境重大工程与国家其他基础性重大工程暴露的问题有很多相似之处，然而差异化最突出的是两个主要问题：一是建设强度和投入力度尚无法与当前中国式现代化的生态文明和美丽中国建设目标相匹配；二是随着近 10 年生态环境保护工作高速发展，生态环境重大工程“顶层设计建库谋划—调度过程监管—绩效考核评估”的全过程管理体系尚未完备，无法与跨领域、多要素、高标准和精细化的工程实施过程相匹配。

5.1.1 管理制度体系不健全，工程规划制度尚未建立

生态环境重大工程管理制度体系不健全，工程实施落地难。党的十九大之前，各级生态环境部门直接参与决策和管理的项目非常有限，发展改革委、住建、水利、交通等有关部门是多数项目的决策与管理主体，重大工程项目的建立、调度、监管主要分散在其他有关部门；党的十九大之后，各地生态环境部门职责分工进一步明确，但缺少有效的项目管理机制，统筹协调各部门推进规划项目实施的难度大。多数项目在其他部门实施，生态环境部门对规划项目落地及实施的可控制性较差，工程控制能力较弱。

国家层面缺乏生态环境重大工程项目策划规划、组织实施、全过程管理方面的顶层设计，尚未正式建立重大工程规划制度。尽管“十三五”期间我国结合各个财政专项资金的管理要求，不断完善相关制度，但总体来看，仍缺乏生态环境重大工程项目策划规划、组织实施、全过程管理方面的顶层设计，尚未正式建立起重大工程项目组织管理的制度体系，尚未正式确立对生态环境重大工程项目规划的制定。目前，重大工程项目的管理更多是从财政专项资金管理的角度和需求出发而建立的，

但这并不能代替重大工程项目本身管理体系的建立。由于缺乏顶层设计，使得目前我国生态环境重大工程项目谋划能力和组织实施能力不足、专业研究和技术支撑团队建设都比较滞后，国家级和省级生态环境保护规划中关于工程项目的设计总体只能提出概念性设计，无法推动重大工程项目系统的制定和实施，这对于支撑深入打好污染防治攻坚战是不利的。

5.1.2 考核评估体系不完善，反馈机制不畅通

重大工程项目考核评价缺乏科学合理的绩效评估体系。项目评估重点多在资金执行率，而不是资金产生的最大环境效益——对于重大工程实施的资金效率缺乏科学有效的量化标准，定性评价指标多、权重大，成效考核的过程中存在主观性、片面性和模式化，将客观标准主观化，存在以偏概全的现象，评估结果被虚化、空化，可信度不够。同时，考核过程中也存在过于重视资金执行情况而忽视人民群众的切身感受的问题。绝大多数省级规划中均提出开展重大生态环境项目的评估与总结，但重大工程项目评估对象、成效量化、成效评估方法等均没有统一、有效的管理程序与技术方法。由于缺乏明确清晰的重大工程项目清单，使得项目评估被虚化。在实际工作中表现为将一些自下而上申报的工程项目实施结果和成效进行总结后即认为是省级重大工程项目实施成效，规划重大工程项目评估被虚化、空化。

重大工程项目成效评估结果反馈渠道不畅通，考核流于形式。对重大工程实施成效考核的认识存在偏差，缺乏对成效评估结果的科学应用，没有充分发挥资金使用对生态文明建设和生态环境质量改善的导向作用。重大工程实施的效果缺乏与考核目标贡献率计算规则，重大工程项目与各类中央环保专项资金支持不完全挂钩，地方部门缺乏项目储备

管理的专业人员，项目谋划能力薄弱，政策解读偏差，导致资金使用难免出现瑕疵而受到处理，致使申报项目的积极性不高、地方项目非常不平衡。

5.1.3 生态环境重大工程全过程咨询服务发展较为缓慢

全过程咨询服务是重大工程项目实施过程中应大力鼓励和采用的咨询服务模式，从国家层面、省级层面上生态环境工程项目组织管理相关制度来看，基本没有提及鼓励该服务模式发展和应用方面的内容，致使在生态环境重大工程项目实施过程中全过程咨询服务方面的案例项目数量较少。生态环境工程项目在实施过程中具有较强的政策性和专业性，尤其是起步发展时间较晚的土壤污染防治、地下水污染防治项目，以及综合性较强的生态环境导向开发建设项目等，其政策性和专业性要求更加突出，现实中更加需求“1+X+N”服务中关于“1”的服务内容，能够提供对国家和地方相关政策的把握、项目实施方向的把握，对项目建设过程中的关键问题、关键环节进行深度的咨询服务。但目前来看，这方面的发展却比较滞后。

（1）全过程咨询服务刚起步，未受到广泛认可。2019 年 3 月 15 日，国家发展改革委、住房和城乡建设部发布了《关于推进全过程工程咨询服务发展的指导意见》（发改投资规〔2019〕515 号），提出在房屋建筑和市政基础设施领域推进全过程咨询服务发展，环保基础设施项目是重要的一部分。目前，生态环境重大工程项目全过程管理体系尚未建立，全过程管理制度的力度和刚性还不强，存在管理和考核对象不明确、主体定位不统一、指标体系和实施程序复杂、责任追究制度难落实等问题，全过程管理和考核工作形式化较为明显，社会认可度偏低。

（2）缺少可依托的法律体系和价格指导体系。全过程管理中尚无完备可依托的法律体系作保障，影响全过程管理流程和规范的更新。此外，在生态环境重大工程全过程管理中，还存在有悖市场公平竞争的行为，导致工程难以经济、高效地解决实际存在的问题，影响生态环境治理和修复行业稳定向前发展。

正是由于缺乏相应的法律法规和相关政策作为制度保障，缺乏较具体的、可操作的政策性指导，各地开展的工程项目全过程管理和生态环境绩效考核工作基本上处于一种专家自行界定的状态，由于各地实施方法不统一，相互之间也难以进行比较和交流经验。

（3）从业单位人员资质和业绩能力的管理出路困惑。目前重大工程项目以政府购买服务方式，虽鼓励中小企业专业服务，但存在不正规、不公正的问题。工程咨询的正规性原则即保证其权威性和咨询结果的有效性。作为第三方的咨询单位具有经国家和行业认证的专业资质，能够承担法律责任，可以为自己的工作负责，有能力、有条件去落实每一项咨询内容，可以保证在提供咨询服务的过程中深入接触和掌握工程咨询工作开展所需的材料，独立汇总咨询成果，提出真实的意见和反馈报告。但是有些从业单位或个人不能实事求是，无法保证咨询成果公正、客观的基础要求，从而导致工程项目无法获得有价值的指导。

此外，鉴于主雇双方关系，部分从业单位盲目顺从委托方意见。少量咨询单位未站在自身专业性的角度为委托方提供最优质的服务，未以最客观公正的咨询结果去说服委托方，为完成任务而一味接受委托方的错误观点及看法。少数工程咨询单位私下接受来自施工单位、承包商的贿赂而编造虚假的咨询报告，无法确保咨询服务成果的真实性、合法性。

生态环境工程项目往往注重质量、工期、成本、安全等与建设单位切身利益相关的管理要素，缺乏对资源消耗、生态环境和社会影响的系统评估，也缺乏对整个工程项目的绿色顶层设计和管理，由此带来了一系列环境污染、生态破坏、气候影响等问题。目前，重大工程项目自身仍存在环境质量改善见效慢、长效性要求高、效果难量化及投资回报率不高等问题，而全过程管理能够有效促进重大工程项目的良好建设与管理，针对复杂的环境工程项目可有效整合建设工程的所有资源，分析形势，更好地在重点任务和建设工程全过程中提供专业性的指导。

5.2 管理手段不完善

5.2.1 自上而下的系统谋划不足，成效不突出

目前，我国对重大工程认识不足，特别是何为“生态环境重大工程”，相关表述未统一，且较为模糊。各地对重大工程实施没有统一思想认识，致使部分地方政府和生态环境部门未能充分意识到重大工程是我国生态环境安全、国家重大战略、经济社会发展以及相关规划落实的重要抓手，这就在一定程度上影响了重大工程的实施，进而影响了其实施效果。当前生态文明建设和生态环境保护工作已逐步从局部、分散、碎片化治理项目向整体化、多目标协同、系统性治理工程转变，生态环境重大工程项目逐渐纳入国家级和省级发展规划中，生态环境重大工程的定位、特点、意义还需进一步总结和明确。“十三五”期间国家层面未能统一形成生态环境重大工程任务清单。《“十四五”生态环境保护规划》中关于工程项目的设计总体较虚、较弱，仍未形成明确的重大工程清单。

由于对重大工程缺乏全面、准确的认识和把握，部分地方政府或生态环境部门在开展重大工程谋划、布局和落实过程中，缺乏统筹谋划，相关规划编制中重大工程谋划不够系统、重点不突出，出现个别点多面广的打捆项目现象，不同地区存在实施不平衡现象。地方重大工程布局

与国家重大工程缺乏有效衔接，区域层面缺乏对国家重要生态环境功能区保护、重点流域综合治理以及重大生态环境问题系统工程的项目布局和资金投向的统筹和谋划，工程呈碎片化，区域不集中，功能不协同，修复目标单一，大尺度与大区域工程缺乏统筹及有效整合。省级生态文明建设总体规划中目标指标分解、工程任务设置等与市级生态环境规划突出生态环境问题、基础建设能力不匹配，导致省级工程项目与市级工程项目落地情况不尽吻合，工程系统性不够，各个子项目缺乏关联性，重大工程的整体性、系统性、全面性和子项目间的相关性、协同性、互补性难以体现。已申报中央生态环境资金项目储备库单体项目多为单要素环境治理项目，体量小、方向不集中，缺乏多要素协同治理和多目标系统整治的具有一定生态宏观效应重大工程项目，在中央资金分配过程中层层下切，难以形成合力。

缺乏自上而下地对生态环境重大工程项目的规划设计。当前在国家层面上，生态环境重大工程项目主要是依靠各地自下而上地申请项目，符合相关条件和中央财政专项资金支持方向的，纳入中央财政专项资金项目库中进行管理。总体采取自下而上地方式，即大多数是在区县层面上、少部分项目是在市级层面上，进行策划设计与上报，形成了生态环境重大工程项目。这种方式固然有其重要意义，但也说明国家层面上自上而下开展重大生态环境保护工程的策划与设计的能力是比较弱的，根本原因是我国尚未正式确定重大工程项目规划制度。采取自下而上地申报项目的方式，难以形成一套完整的、具有特定实施目标、整治范围与对象、具有相应的技术路线，具有与之配套的政策、科技研发、示范工程和技术规范体系建设，以及相应的资金测算和资金来源策划。这种方式与国家层面进行策划设计、自上而下逐级分解工程建设任务和负责统一组织实施是有根本区别的。国家层面及省级层面在主动谋划、设计和组织实施重大生态环保项目方面存在较大的问题和差距，国家层面上相关生态环境保护规划（包括各相关的专项规划）中的工程项目设计部分往往是概念性和方向性的，并未给出具有实施性和可操作性的重大工程项目清单，距离落地实施尚有较大差距。同时国家层面和省级层面上缺乏规划重大工程项目组织实施相对应的管理制度和要求，使得国家重大工程项目的实施成为地方各级已申报项目的拼凑和组合，失去了国家重大工程项目策划设计的初衷与目的。

5.2.2 工程技术与经济方面的规范和标准体系建设不能满足重大工程项目实施的需要

“十三五”以来我国生态环境工程项目实施规模不断增加，生态环境类中央财政专项资金支持额度在“十三五”期间快速增加，尽管国家财政资金非常紧张，但 2022 年安排的大气、水、土壤和农村污染防治 4 项专项资金共计 621 亿元，较 2021 年增加了 49 亿元，增长了 8.6%，工程项目数量逐年快速增加。但工程项目实施过程中相应的工程技术规范、工程预算定额标准等制订的速度较缓慢。以矿山污染防治工程项目为例，缺乏矿山污染防治工程项目勘察、设计、工程建设方面的技术规范，以及适用于矿山污染防治工程项目特点的预算定额标准和计算方法。在实际工作中，不得不参考水利工程建设或市政工程建设方面的预算定额和计算方法，但事实上不能适应矿山污染防治工程项目的特点。这是当前生态环境工程项目实施中亟须解决的一个较为突出问题。

5.2.3 产学研用联合及技术创新不足

生态环境重大工程项目往往技术难度较大，缺乏可直接利用的工程技术以及工程实施经验，亟须加强技术攻关和研发对重大工程项目的支撑作用。工程项目在实际推进中缺乏产学研用相结合的制度安排，同时，尚未建立有效的技术筛选评估体系，使得重大工程项目在实施过程中的技术创新和研发成果不足。一方面，技术难度较大的生态环境重大工程项目需要加强研发、示范和攻关，但在实施过程中未预留研发的时间需求，不重视研发和技术攻关在复杂工程项目和缺乏可直接利用工程项目建设经验的项目中的重要作用，造成一些工程项目的实施效果不能达到预期目标；另一方面，重大工程技术创新难度大，与中小型工程相比，重大工程面临的工程环境更加复杂，技术要求更高，涉及的核心技术在国际上往往被限制进出口，而且重大工程样本量少、彼此相对独立，给重大工程技术创新带来很大挑战。

6

生态环境重大工程关键实施路径

结合现阶段我国生态环境保护迫切需求，深刻认识生态环境当前攻坚克难的首要目标。本章从“谋建重实效、调管重风险、考评重‘颜值’”出发，强化全方位、多要素、全过程管理体系，回答如何建设高水平生态环境重大工程的问题。提出加强生态环境重大工程统筹与谋划，完善生态环境重大工程项目库建设，推进落实生态环境重大工程全过程管理和项目考核评估，为深入打好污染防治攻坚战目标实现和生态产品价值实现与转化提供有力保障。

6.1 谋建重实效

6.1.1 建立国家生态环境重大工程任务清单

为了推动“十四五”生态环境保护规划目标落实、持续改善生态环境质量，扎实推进生态环境重大工程实施。2022 年 10 月 11 日，生态环境部印发了《关于扎实推进“十四五”生态环境领域重大工程实施的通知》（环综合〔2022〕61 号）（以下简称《通知》），《通知》列出了 45 项

“十四五”生态环境重大工程任务清单，并要求各省（区、市）生态环境主管部门于2022年10月底前形成本地区“十四五”生态环境领域工程项目表，生态环境部制定重大工程项目筛选标准。为保障重大工程顺利实施，分步骤、分类别建立国家生态环境重大工程项目库。

（1）摸清底数，建立重大工程项目台账。依据《中华人民共和国国民经济和社会发展第十四个五年规划和2035年远景目标纲要》（以下简称《纲要》）和《“十四五”生态环境保护规划》（以下简称《规划》），将重大工程按照任务由来、工程特点进行细化，形成重大工程任务清单。各省（区、市）生态环境主管部门要根据任务清单，对本地区“十四五”生态环境重大工程实施项目、储备项目和谋划项目进行摸底，汇总梳理形成本地区“十四五”生态环境领域工程项目表。生态环境部按照任务分工研究制定“十四五”生态环境重大工程项目筛选标准，对项目台账开展筛选，建立国家“十四五”生态环境领域重大工程项目台账。2023—2025年，每年年中组织开展国家“十四五”生态环境领域重大工程项目增补、退出、变更等动态调整工作，并充分衔接已有项目管理要求。各省（区、市）生态环境主管部门可参照建立本地区“十四五”生态环境领域重大工程项目台账。

（2）压实责任，扎实推动“十四五”规划102项重大工程实施。对于生态环境部牵头实施的5项生态环境领域重大工程，各省（区、市）生态环境主管部门要加强统筹协调，积极组织有关单位和部门积极申报项目，单体类项目以企事业单位为单元申报，打捆类项目可以企业或者行政区域为单元申报，并按要求对申报项目组织开展初步审核，审核结果及时报送生态环境部。生态环境部加强组织指导，审核确定重大工程项目并组织有关单位纳入国家重大建设项目库。各级生态环境主管部门要加强与同级发展改革部门沟通衔接，推动其加快有关审批流程。对纳入国家重大建设项目库的项目要积极争取中央预算内投资等支持，加强组织管理，加快落实落地。

（3）分类入库，储备一批重大工程项目。对储备阶段（已经立项、部分资金来源明确但仍存在缺口）的项目，各级生态环境主管部门要指导相关单位积极申报，推动纳入有关项目库。储备入库项目要加强与减污降碳协同创新试点、低碳城市、“无废城市”、美丽中国地方实践等项目联动。用好金融支持重点基础设施项目对接机制，生态环境部组织定期向政策性开发性银行和有关金融机构推送符合条件的重大工程项目。加强中央预算内投资、中央财政资金与金融机构融资协同联动，着力破解建设资金筹措难题，推动储备项目尽快转化为实施项目。

6.1.2 全面筛选构建国家生态环境重大工程项目预储备库

重大工程项目预储备库建设建议按照以下方式进行筛选：①围绕国家生态环境重大工程任务清单，梳理自 2020 年以来已入国家重大建设项目库、中央生态环境资金储备库、生态环保金融支持项目储备库和国家气候投融资重点项目库等储备库入库项目，筛选与任务清单类别相关的、2020—2025 年实施的、总投资在 2 000 万元及以上、中央财政资金支持比率在 50%及以上的生态环境治理类单体项目。②各省（区、市）填报的“十四五”生态环境领域工程项目表中其他资金渠道支持项目和地方政府投资、社会投资等的 2020—2025 年、已完成或在（拟）建的、总投资在 1 000 万元及以上的生态环境治理项目或总投资在 500 万元及以上的环境基础设施和生态环境能力建设项目。在以上项目筛选基础之上，梳理出预储备库项目清单。③按照分类建设原则，建立包括生态环境治理类、环境基础设施和生态环境能力建设类在内的生态环境重大工程项目预储备库。生态环境治理类以大气污染减排、水污染防治和水生态修复（含地下水）、土壤污染防治与安全利用、农村环境综合整治与农业污染防治工程、医疗危险废物处置和固体废物综合利用等为主，环境基础设施和生态环境能力建设类以环境应急处置能力建设、生态环境监测预警预报能力建设、生态环境执法监管能力建设等为主。

2023 年 1 月，生态环境部初步确定了“十四五”生态环境领域重大工程项目筛选标准，具体如下所述。

6.1.2.1 筛选思路

按照指导地方填报、建立基本台账、建立调度台账三步走的思路，逐步筛选，动态更新。

（1）指导地方填报。在不增加地方负担的前提下，指导地方能报尽报，确保地方填报的工程项目表保持统一的体例、统一的架构，充分反映地方生态环境领域重大工程项目建设需求。梳理各省（区、市）报送的重大工程项目表，针对地方项目表填报方式、填报格式、填报内容等存在的问题，分片区与地方沟通对接、达成共识，减少错填、漏填，明确各个项目的牵头部门、实施方式、工作进度等精准的信息，汇总整理形成全国生态环境领域重大工程项目表，并将汇总的项目表和项目筛选参考标准征求相关司局意见。

（2）建立基本台账。充分研究采纳相关司局意见，重点从项目内容符合性和项目规模符合性两个方面，研究确定重大工程项目筛选标准。根据筛选标准对地方报送的项目表进行筛选，建立形成基本台账，定期开展调度评估、动态更新。

（3）建立调度台账。在基本台账的基础上，充分考虑项目重要性、项目实施进展、省际平衡等因素，进一步筛选一批重中之重的项目，加密调度频次。其中，生态环境部牵头实施的“十四五”规划 102 项重大工程项目全部纳入调度台账；生态环境部牵头实施的“十四五”生态环境保护重大工程项目，重点关注处于实施阶段和储备阶段的项目，优先筛选一批规模较大的项目纳入调度台账。

6.1.2.2 筛选原则

（1）项目内容符合性。纳入台账的项目，应重点来源于《纲要》、“十四五”生态环境保护规划及其专项规划明确的生态环境领域重大工程，能够实现对“十四五”生态环境保护、深入打好污染防治攻坚战的精准支撑，促进生态环境质量改善，提升生态环境治理能力。已经纳入国家重大建设项目库、中央生态环境资金项目实施库、生态环保金融支持项目储备库、气候投融资重点项目库的项目，或执法检查发现需要整改的典型项目，且项目规模达到筛选标准后直接纳入台账。

（2）项目规模符合性。参照《中央生态环境资金项目储备库入库指南（2021 年）》《生态环保金融支持项目储备库入库指南》要求，结合地方工程项目填报实际情况，分类明确纳入台账的重大工程项目规模要求。

6.1.2.3 纳入基本台账的项目筛选标准

（1）关于生态环境部门牵头实施的“十四五”规划 102 项重大工程项目筛选标准

对任务清单编号为 1～7 的工程项目，严格按照 102 项重大工程的明确的重点区域、重点行业、重点湖库进行判定项目内容符合性。例如“2．挥发性有机物（VOCs）综合治理工程”明确开展石化、化工、涂装、医药、包装印刷等重点行业 VOCs 工艺过程、无组织排放、末端治理改造提升，开展油品储运销环节的油气深度治理，如地方填报的挥发性有机物综合治理工程具体建设内容为非上述重点行业的其他行业，则纳入“20. 其他生态环境治理重大工程”中。

经判定属于生态环境部牵头实施的“十四五”规划102项重大工程的项目，不设置项目规模准入要求，全部纳入基本台账管理。

（2）关于生态环境部牵头实施的“十四五”生态环境保护重大工程项目筛选标准

①生态环境治理类。对任务清单编号为8～20的工程项目，放宽项目内容符合性的判定要求，重点对项目规模符合性进行判定。参照《中央生态环境资金项目储备库入库指南（2021年）》中大气污染防治项目、水污染防治项目、土壤污染防治项目、农村环境整治项目不予入库的情形，对纳入台账的项目规模提出一个参考的准入门槛（表6-1）。

表6-1 生态环境治理类重大工程项目规模准入要求

任务清单类别及编号	总投资规模/万元
8. 其他重点行业超低排放改造和深度治理工程	≥200
9. 入河入海排污口整治工程	≥1 000
10. 重点海湾生态环境综合治理工程	≥1 000
11. 新污染物治理能力建设和减排工程	≥100
12. 重金属与历史遗留尾矿污染治理工程	≥1 000
13. 生物多样性保护重大工程	≥1 000
14. 应对气候变化重大示范工程	≥1 000
15. 土壤和地下水污染治理示范工程	≥1 000
16. 农村环境整治和农业污染防治示范工程	≥1 000
17. “无废城市”建设工程	≥1 000
18. 生态环境智慧感知监测能力建设示范工程	≥1 000

任务清单类别及编号	总投资规模/万元
19．生态环境治理智能化建设示范工程	≥1 000
20．其他领域生态环境治理重大工程	≥1 000

注：根据《中央生态环境资金项目储备库入库指南（2021 年）》，大气污染防治项目中投资总额低于 200 万元的工程治理类项目不予入库；水污染防治项目中除监管能力建设、饮用水水源地一级保护区隔离防护、饮用水水源保护区内风险源应急防护、入河排污口规范化建设 4 类工程项目，总投资低于 3 000 万元的其他工程类项目不予入库；土壤污染防治项目中总投资低于 1 000 万元的土壤污染风险管控、修复项目不予入库；农村环境整治项目中原则上总投资额低于 2 000 万元或整治行政村数少于 10 个的项目不予入库。

②环境基础设施和生态环境能力建设类。对任务清单编号为 21～33 的工程项目，不设置项目规模准入要求，统一纳入台账管理。

（3）关于配合有关部门实施的“十四五”生态环境领域重大工程项目筛选标准

对于任务清单类别编号为 34～45 的工程项目，提高项目规模准入要求，建议项目总投资额不低于 3 000 万元。

（4）不予纳入台账的情形

对不符合法律法规和政策规定以及中央污染防治资金项目储备库清理出库的项目不予纳入台账。

6.1.2.4　纳入调度台账的项目筛选标准

纳入调度台账的项目筛选范围为生态环境部牵头实施的“十四五”规划 102 项重大工程项目、生态环境部牵头实施的“十四五”生态环境保护重大工程项目。

其中，生态环境部牵头实施的“十四五”规划 102 项重大工程项目，已纳入基本台账的，全部纳入调度台账管理。生态环境部牵头实施的“十四五”生态环境保护重大工程项目，按照项目总投资额进行排序，综合考虑项目重要性、区域平衡性、类型全面性，筛选一批重中之重项目纳入调度台账管理。纳入调度台账的项目数量控制在600～700个。

6.1.3 以美丽工程规划系统谋划区域性多要素协同治理重大工程项目

部分省（区、市）在重大工程项目预储备库建立后，依然存在重大工程项目统筹谋划不足，已申报中央生态环境资金项目储备库里缺乏多要素协同治理、目标系统、具有一定生态宏观效应的重大工程项目。应科学论证，谋划一批重大工程项目。加强前瞻性谋划和工作布局，坚持“项目跟着规划走”的原则，对照《纲要》《规划》及其专项规划的目标任务，补短板、强弱项，在减污降碳协同增效、污染治理、生态保护监管及生物多样性保护等重点领域，谋划一批强基础、增功能、利长远的重大工程。加强区域统筹，整合各类项目，避免重复建设。指导项目单位做深做细方案比选、可行性研究等前期工作，推动项目立项，形成压茬推进的工作格局（图6-1）。

图6-1 重大工程项目统筹谋划不足

一是自上而下、自下而上，系统谋划，全面建立生态环境重大工程项目库，构建“国家重大工程任务清单—区域重大工程项目布局—省（区、市）重点项目”三级重大项目清单。在预储备建设的基础上，结合国家重大发展战略规划或生态环境规划、我国重要生态功能区或重点流域等生态环境安全屏障保障功能、生态环境污染问题突出的区域和流域等基础之上，查明生态环境重大工程任务清单实施中的短板，统筹谋划一批以减污降碳协同增效、重要生态功能区域或重点流域生态环境系统治理（重要生态环境功能区生态环境保护、历史遗留矿山生态环境综合整治、重点流域环境系统治理等）、循环经济（固体废物资源化利用等）、生物多样性保护等为主导的综合治理类重大工程项目；积极组织各省（区、市）申报一批加强解决制约地方经济和社会发展的突出环境问题项目；鼓励减污降碳协同创新试点、低碳城市、“无废城市”、美丽中国建设、生态环境导向的 EOD 项目等地方实践地区储备一批绿色发展示范类的重大工程项目。集中编制一批“十四五”相关领域和区域范围内的生态环境整治工程项目专项规划，由以上三类重大工程项目与预储备库两类项目正式组建生态环境重大工程项目库，最终形成包括生态环境治理类、环境基础设施和生态环境能力建设类、综合治理类、绿色发展示范类等在内的生态环境重大工程项目库。根据生态环境重大工程任务清单，结合我国地形、地貌、资源禀赋、环境状况、重要生态环境功能区、重点流域、产业发展特征等要素，划定落实重大工程任务清单的重大工程项目布局区域，分解责任目标，区域内省级根据责任目标统筹责任目标落实本辖区内重点项目清单，明确项目实施规模、绩效目标、资金投入等。

二是树典型、立标杆，围绕生物多样性保护重大工程和生态修复重大工程等任务要求，率先谋划一批生态环境重大工程标杆项目。围绕深入打好污染防治攻坚战、“十四五”生态环境保护规划的目标要求，对“十四五”规划 102 项重大工程项目进行统筹研判，以重大战略需求、多目标协同治理、绩效预期显著、生态产品价值转化等为主要原则，从已有储备库和实施库筛选整合设计具有标杆意义的生态环境重大工程项目，通过抢抓标杆项目的实施管理机制完善和成效考核评估，带动“十四五”生态环境领域重大工程的建设实效。积极指导和帮扶省市做好生物多样性保护重大工程，水土共治、降碳协同、山水林田湖草修复等多要素多目标生态修复重大工程的顶层设计、过程管理、绩效评价、资金筹措等技术指导和帮扶，根据不同阶段的要求，突出重点树立典型，切实谋划和设计出一批战略性、引领性、全局性的重大生态环境保护工程，充分体现重大工程项目的系统性、整体性、协同性。以标杆示范项目推动我国生态环境领域重大工程项目全过程管理体系、技术体系、监管体系的发展和提升。

三是以美丽工程规划引领，围绕区域重点功能区谋划一批生态环境重大工程项目。以目标和问题导向为原则，谋划美丽工程建设（分解落实“十四五”规划 102 项重大工程），实行美丽工程建设规划制度，进行多要素系统综合谋划，明确美丽工程建设整体目标，明确美丽工程实施计划。依据美丽工程规划分解细化子工程，在区域已有的预储备项目中根据与重点湖库的关联性判断是否纳入储备项目，并通过政策支撑优先支持项目落地实施。对于区域内已有项目无法满足重点湖库系统修复的，可通过水污染防治、水生态修复、土壤和地下水、排污口整治、尾矿库整治、农村污染治理、“无废城市”建设、环境基础设施能力建设、维护生态安全等多个方向，系统谋划与之关联的子项目（图 6-2）。

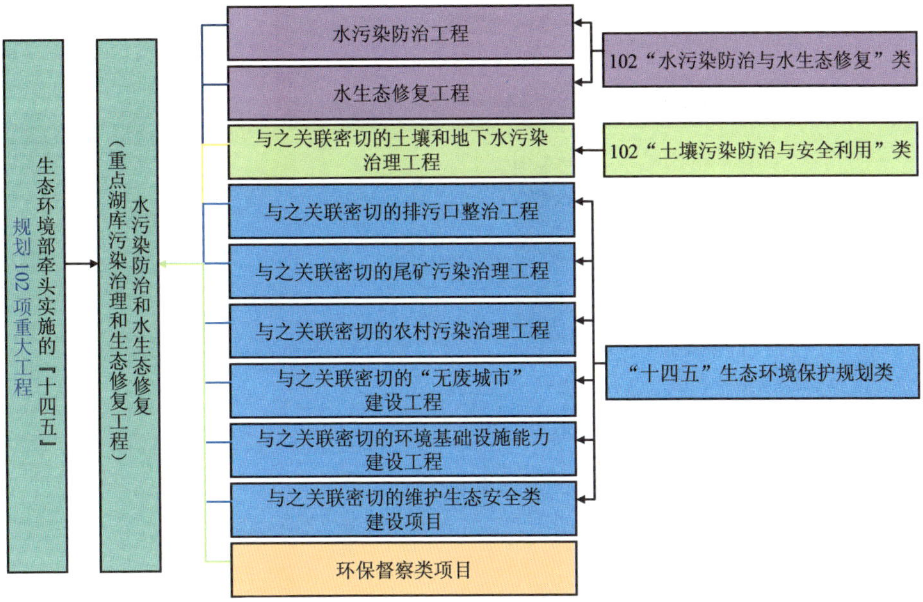

图 6-2　重大工程子项目谋划方向

以东北区域为例，通过“十四五”规划 102 项重大工程制定的区域水污染防治和水生态修复中重点湖库污染治理和生态修复工程，围绕重点湖库查干湖系统谋划一批重大工程项目。通过美丽工程规划编制工作，对查干湖生态环境整治进行总体设计，摸清区域污染现状的基数，系统分析该区域存在的问题，合理设计分期实施计划，合理确定整治目标指标，合理确定工程投资需求尤其是各级地方政府需要投资的资金需求，以期系统、全面、有序开展查干湖生态环境综合整治行动（图 6-3）。

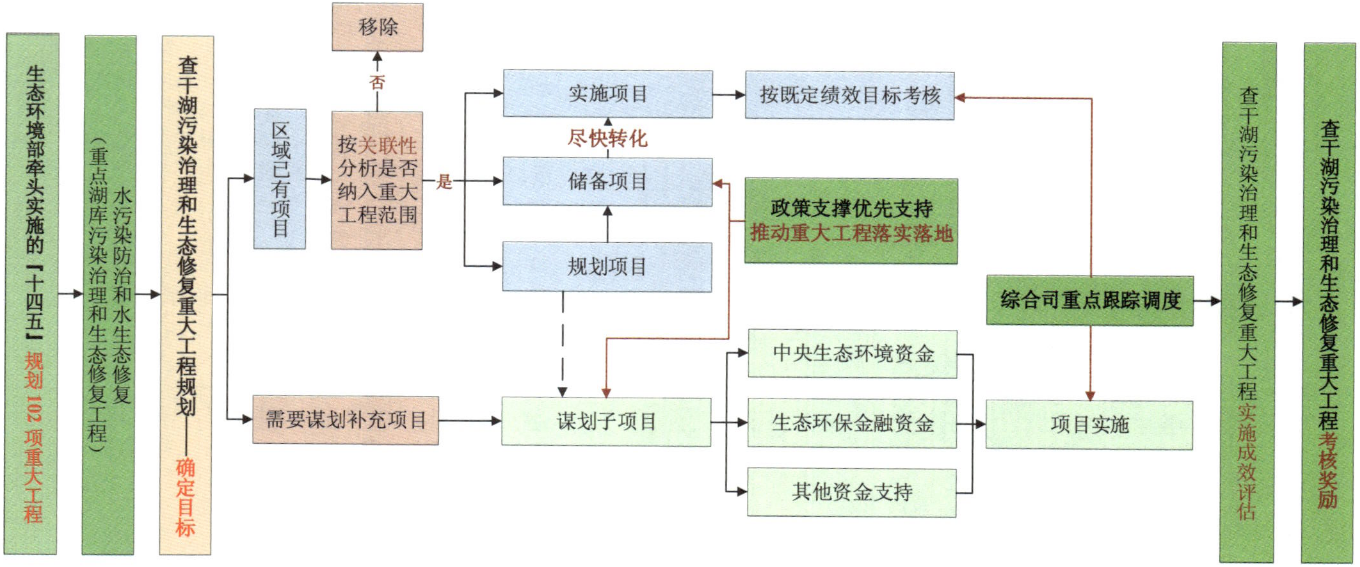

图 6-3 重点湖库重大工程系统谋划思路

专栏三　关于开展中央生态环境资金预储备项目三级清单编制的通知

水司、大气司、土壤司，河北省、福建省、山东省、湖北省、湖南省、广东省、广西壮族自治区生态环境厅：

根据《关于启动中央生态环境资金预储备项目清单编制试点工作的通知》（环办科财函〔2022〕448 号）有关工作安排，部、省两级工作专班协作联动，形成了一、二级项目清单，即将开展三级清单项目征集和编制工作。现将有关事项通知如下。

一、聚焦重点、避免小散。征集项目应以一、二级清单为基础，突出“十四五”期间重点任务、重点区域/流域和突出问题，避免项目实施任务分散，目标不够集中，项目规模过小等问题，提升项目储备和资金使用的精准性。

二、规模适度、有序推进。各试点省份参考本省份往年中央生态环境资金分配规模，适度增加，统筹项目实施的轻重缓急与资金支持规模等，明确时间进度，避免过度储备，有针对性、分步骤地对征集项目进行储备。

三、加强统筹、强化指导。省级工作专班是项目清单编制的责任主体，应充分发挥统筹协调作用，在已形成的二级清单（详见附件 1）基础上，下沉各地，指导各地凝练设计重大项目。涉及能力建设和调查类项目，省级生态环境部门统筹制定总体工作方案，由省级统一组织实施或指导各地分别实施。部工作专班应加强技术帮扶，深入各地一线，指导各地做好清单编制工作。

四、资源整合、形成合力。针对污染防治攻坚战支撑作用大、实施必要性强、环境效益显著的适宜金融资金支持类项目，部、省两级工作专班应统筹指导地方整合资源，谋划生态环境导向的开发（EOD）模式项目，充分利用金融资金，为深入打好污染防治攻坚战提供资金支持。

请各省份加强组织，并于3月31日前完成三级项目清单编制工作。部工作专班各小组汇总相关领域清单后报送我司，电子版发投资处邮箱 touzichu@mee.gov.cn。

联 系 人：生态环境部科技与财务司　刘昱涵、陈胜

联系方式：010-65645399、5385

附件：中央生态环境资金预储备项目二级清单

生态环境部科技与财务司

2023年3月13日

专栏四　“十四五”规划中省级重大工程项目设计

在省级规划中一般称为生态环境保护重大项目或者重点项目。对“十四五”省级“规划中省级重大项目的设计方式进行分析，发现其可以分为两种类型，一是以湖南、青海等为代表的专栏项目设计方法；二是以福建、湖北等为代表的贯穿在各目标指标中的设计方法。

以湖南、青海的省级重大项目为例，分析专栏项目设计方法。湖南在省级规划的任务章节中以专栏的形式，聚焦规划重点领域、重点任务和措施，概念性设计“碧水”、“蓝天”、“净土”、农业农村、重金属、生态保护与修复、风险防范、能力提升8个方向的重点工程。每个方向再进一步细分不同类型的工程项目，如“净土”重点工程方向划分成“调查评估与修复”类、“重金属污染耕地治理试点工程”2 种类型。“调查评估与修复”类又划分为重点行业企业用地土壤污染状况调查、重点区域污染地块风险管控或修复、耕地土壤重金属污

染成因排查工程、含重金属无主矿山矿涌水治理，以及地下水监管能力建设及地下水环境状况调查评估、管控与修复示范 5 种具体子类型项目。青海的省级重大项目设计是在省级规划的任务设计中以专栏形式从维护国家生态安全、推动绿色低碳发展、水生态环境维护等 10 个方向设计出重大项目类型，以及相应的子类型项目。如专栏“维护国家生态安全重大工程”中设计了中华水塔保护工程、三江源生态保护与修复工程、祁连山生态保护与整体修复工程、黄河上游千里保护带工程等 9 个子类型，每种子类型仅是划定了工程项目的大致落地范围和总体整治方向，这些内容距离落地可操作的工程项目尚有差距。

以福建、湖北的省级重大项目为例，分析贯穿在各目标指标中的设计方法。福建、湖北提出“十四五”生态环境保护重点领域和重点任务的各项规划指标，将各目标指标的实现手段与生态环境重大工程项目的设计紧密结合，相辅相成。《福建省“十四五”生态环境保护专项规划》基于 2020 年绿色低碳、美丽城市、美丽乡村、美丽河湖、美丽海湾、美丽园区和风险管控七大领域工作成效的现状值，有针对性地提出 30 项分项任务阶段目标和 2025 年最终目标值，坚持目标导向，强化生态保护工作措施，推动生态环保重点任务落地落实。湖北省级重大项目的设计依托环境质量改善、绿色低碳发展、生态环境保护与修复、环境风险防范、生态人居建设 5 大类指标目标，配套设计相应工程措施，以持续改善土壤和地下水环境质量目标为例，设计出土壤和地下水污染系统防控工程、土壤安全利用工程、地下水污染风险管控工程，明确各类工程项目的立项条件、重点区域、项目数量、工作内容和预期成效，但现有内容对具体项目的落地和工程开展仅具有导向意义。

6.2 调管重风险

6.2.1 加大“十四五”规划 102 项重大工程项目推进力度，推动台账内项目落地见效

一是围绕重大工程目标指标、重点任务，工程进展情况进行调度。充分发挥生态环境部推进“十四五”规划重大工程工作机制作用，做好调度工作。分别对重大工程执行情况进行中期评估和总结评估，评估结果向社会公布，确保生态环境重大工程项目“时间过半、任务过半”。

二是不断更新完善重大工程项目台账信息。并持续跟踪调度项目进展，切实体现项目污染物减排量。组织筛选一批重点项目，与相关省份开展联合会商和调研服务，扎实推动项目落地见效。

三是加强重大工程实施机制建设。研究将重大工程推进实施情况纳入生态环境真抓实干成效明显地方激励评价指标。用好金融支持重点基础设施项目对接机制，加强与有关政策性开发性银行和金融机构沟通对接。

四是扎实开展“十四五”重大工程中期评估工作。制定“十四五”生态环境重大工程中期评估方案，以“十四五”规划 102 项重大工程为重点，组织地方系统梳理“十四五”生态环境重大工程任务，全面评估实施进展及成效，找准摸透工程实施过程中存在的困难和问题提出“十四五”期间后半程工作建议。

五是重视重大工程经验交流，发挥优势省份帮扶作用。建立重大工程项目定期新闻发布制度，采取多种形式，分批、分类报道重大工程项目实施进展情况，宣传好的经验和做法，回应社会关切和人民诉求，加强对市场行为和社会预期的引导。积极推进重大工程帮扶共建，形成推

进重大工程项目实施的良好氛围。

6.2.2 由上而下逐级制定重大工程项目目标指标

一是立足当前、着眼长远，由上而下制定重大工程项目目标。既要聚焦“十四五”时期生态环境主要目标，又要兼顾 2035 年远景目标，推动实现发展质量、结构、规模、速度、效益、安全相统一，夯实全面建设社会主义现代化国家基础。深入分析生态环境重大工程实施对生态环境改善的支撑作用。

二是依据重大工程项目目标，设立省（市）级子项目考核目标。目标导向和问题导向相结合。从重大工程项目确定的目标任务倒推，逐项对照进度要求，发现问题，提出确保目标实现的对策建议。同时，从迫切需要解决的各领域各环节问题顺推，明确破解难题的路径和办法，防范化解风险隐患。

6.2.3 聚焦重大工程项目主要目标指标实现

一是优化项目前期启动手续，各省（区、市）扎实做好重大项目前期论证工作。对需要报批的重大工程项目，要加快推进前期工作，精选和优选重大工程项目建设方案。明确中央财政资金原则上对中央储备库内完成可研及以上批复的项目进行支持，确保资金到位后，项目即能启动建设。夯实中央环保投资项目前期实施基础，确保专项资金下达前项目能够完成前期准备工作，避免项目实施中反复调整和“钱等项目”的问题，加快预算执行与项目实施。加强前期环境风险管控，充分利用现有设施，探索资源利用和功能最大化，保证工程设计的生态化。开展系统的计划、组织、实施和控制，制定科学合理的管理制度，落实绿色运营管理组织结构及团队和营销管理体系。

二是以实施过程监管为主的管理模式。各省（区、市）生态环境主管部门要加强统筹协调。省级对于规划重大工程进展进行整体把握，对地方重大工程实施的加强督促指导并定期调度，各市（区）最大限度简化审批程序，加紧清理各种不规范的审批“要件”，持续优化流程设计，推行网上并联审批，探索建立多评合一、统一评审的新模式，大幅缩减审批时间。提高工作效率，明确工作目标。统一任务目标，盯紧施工关键环节，加大现场巡查抽查力度。保证重大工程技术路线合理、项目实施总体质量以及总体目标顺利实现，对重大工程项目监管更加侧重于建设过程管理，专项资金支持也以建设补助为主。通过科学管理和技术进步保障项目实施。实现环境状况调查—健康风险评估—修复治理或风险管控工程实施—效果评估—决算审计等全生命周期管理。

专栏五　“十四五”重大工程推进建设要求

2022 年 8 月 17 日，国家发展改革委举行 8 月新闻发布会发布 7 月共审批核准固定资产投资项目 8 个，总投资 582 亿元，主要集中在交通、能源等领域。为更好发挥有效投资的关键作用，巩固投资持续恢复增长态势，下一步，将会同有关部门和地方，重点从以下 5 个方面抓好补短板稳投资工作。

一是积极推进实施“十四五”规划确定的重大工程项目。“十四五”规划提出了 102 项重大工程项目，这是保持经济运行在合理区间，加快构建新发展格局的重要支撑。要发挥其牵引带动作用，抓紧建立重大工程项目实施推进机制，将 102 项重大工程进一步细分落实到具体建设项目上，形成清单，强化要素保障，有序推进项目实施，做到开工一批、投产一批、储备一批。

二是多措并举稳定制造业投资。一方面，积极支持先进制造业投资，不断完善和用好“揭榜挂帅”“赛马”等机制，加快补齐产业链供应链短板弱项；另一方面，引导企业加大技术改造投资，加强传统制造业碳减排政策的引导和激励，推进绿色低碳投资。

三是扎实做好项目前期工作。重点是督促各地方加大项目前期工作投入，把前期工作做深、做细、做实。依法合规加快办理项目审批核准备案和用地、规划、环评等手续，加快推进征地拆迁、市政配套等准备工作，推动一批项目尽快具备开工条件。同时，深化投资领域“放管服”改革，提高项目前期工作效率。

四是发挥政府投资引导带动作用。在中央预算内投资方面，将加快计划执行进度，提前组织明年中央预算内投资计划编制工作，集中力量办大事、难事、急事。在地方政府专项债券方面，国家发展改革委将指导督促各地高质量做好 2022 年下半年和 2023 年上半年专项债券项目准备，确保专项债券发行后能够及时投入项目建设、尽早形成实物工作量。

五是进一步调动民间投资积极性。为更好地发挥有效市场作用，将不断完善支持社会资本参与政策，吸引民间资本参与市政、交通、生态环境、社会事业等补短板领域建设。规范推广政府和社会资本合作（PPP）模式，稳妥开展基础设施领域不动产投资信托基金（REITs）试点，盘活存量资产，形成投资良性循环。

6.3 考评重“颜值”

6.3.1 准确定位生态环境重大工程

将“美丽中国”的“高颜值”目标愿景实实在在落在生态环境重大工程的评估要求中，准确定位生态环境重大工程。深入学习贯彻党的二十大报告精神，紧密围绕“尊重自然、顺应自然、保护自然”，将建设人与自然和谐共生的美丽中国作为当前和很长时期的目标，将习近平生态文明思想作为理论基石，坚持深入打好污染防治攻坚战目标导向，建立健全有利于生态环境重大工程实施的干部考核评价机制；健全生态环境重大工程管理制度体系，树立正确的政绩观，进一步转变发展观念、创新发展模式、提高发展质量，定期开展重大工程的实施成效评估，完整、准确、全面评估重大工程项目实施的环境效益、社会效益、经济效益。科学研究重大工程成效与考核目标、环境改善目标的贡献度关系，出台精细化的重大工程项目评估方法技术性文件，评价内容上更加注重项目实施的整体性、系统性、技术创新性，评估结论重视实施过程中政策机制创新、投资和资金筹措方法、对区域生态环境问题改善的贡献程度以及项目实施经验模式可复制、可推广等，把重大工程作为生态环境质量改善和生态文明建设的总抓手，并将“美丽中国”的“高颜值”目标愿景实实在在落在生态环境重大工程的评估要求中。

6.3.2 强化环境绩效目标导向

完善建考联动、落实规划目标为核心的考核评价体系，强化环境绩效目标导向。必须坚持把资源消耗、环境损害、生态效益纳入考核评价范畴，切实提高生态环境效益指标在重大工程成效评估中的比重；改进考核评价方式，实行生态环境治理考核通报和定期督查制度；定期组织开展重大工程实施成效自评估，掌握工程实施进度，把握工程质量；开展重大工程实施全过程生态效益、环境效益变化情况监测；将生态质量状况监测评估结果、区域生态功能提升效果作为优化资金配置的重要依据，建立资金使用与环境绩效并重的项目绩效考核体系。

6.3.3 以人民群众的切身感受为参考

升华社会效益本质内涵，深刻认识重大工程的“高颜值”是建设美丽中国、提高人民幸福指数的具体表现，坚持以人民为中心，把人民群众最真切的感受、最真实的评价作为重要参考。以百姓切实感受环境民生福祉、提升环境幸福品质为总目标，引入生态环境满意度民意调查方式，落实人民群众在重大工程项目考核评价中的知情权、参与权和监督权；落实重大工程在扩大就业机会，促进社会进步，改善人民群众生活水平方面的激励作用。健全重大工程项目公众参与机制，强化公众监督与参与。

6.3.4 发挥资金的指挥棒作用

深化经济效益评估要求，继续发挥资金高效使用在全流程管理中的指挥棒作用。明确重大工程项目资金管理使用的具体政策规定，掌握资金使用管理和绩效情况，提出完善资金管理容错调整机制，为进一步加强资金使用效果、提升资金管理水平、提高资金使用绩效决策参考依据。工程经济效益的静态评价与动态评价相结合，综合评估资金到位情况、资金使用情况、资金管理情况，评估重大工程在增加社会收入、维护社会稳定方面的支撑性意义。

6.3.5 综合应用现代统计学方法

研究和构建更加科学的指标体系，采用现代统计学分析方法，为重大工程决策提供依据。构建更加科学的指标体系，在工程整体验收后开展项目综合成效评估，对项目决策、项目管理、产出，以及工程实施对自然资源保护利用、生态环境治理改善、生态系统服务功能提升等方面的成效进行综合评估。采用相关系数、聚类分析、主成分分析等统计学分析方法，找出适用性、代表性、独立性的评估指标，通过定量分析与定性分析相结合的有效方法为生态环境保护与生态文明建设的重大决策问题提供科学依据。

6.3.6 开展试点探索与实践

结合“双碳”实现目标要求，以 EOD 项目为试点示范，探索重大工程生态产品价值实现的绩效评估体系。具象“推进绿色生产生活方式”重大工程考评方式，探索“双碳”目标实现和生态环境重大工程项目产品价值转化机制、作用及可行性。运用 GEP 核算等手段，以 EOD 项目为试点示范，强化生态产品价值实现全过程监管和反馈优化生态产品价值实现的路径。加强生态环境遥感与地面观测相结合的监测网络标准化建设，发挥生态环境监测评估在生态产品价值实现中的管控作用。充分利用生态环境综合管理信息化平台、生态保护红线监管平台等，开展生态产品总量、类型、时间、空间等方面的监测工作，为生态产品定价以及交易提供数据支持。

6.3.7 全面评估工程实施进展

工程分解任务务求完整到位，定期组织入库项目并开展调度。单体重大项目逐项梳理项目的形象进度、投资完成额、开（竣）工投产时间等；打捆项目类任务明确总体推进情况（含任务完成比例）、分解项目数量、工程总投资、投资完成额等；重大推进工作类任务逐项评估任务推进情况和实施效果等。梳理总结重大工程对《纲要》及生态环境保护规划实施的服务支撑作用发挥情况，评估其产生的经济社会效益，对承担的各项工程任务进展是否符合预期做出明确判断。

专栏六　各类专项资金绩效评估内容

《水污染防治专项资金绩效评价办法》（财建〔2017〕32号）：绩效评价的主要内容包括专项资金支持项目完成情况、专项资金管理、年度方案绩效目标设定及完成情况等方面，并将绩效评价结果作为资金安排的重要因素。

大气污染防治专项资金绩效评价内容包括项目申报、项目资金使用管理、项目实施管理、项目效益4个方面。综合各地专项资金使用、大气污染治理工作量、污染减排量、环境空气质量改善状况等因素，对专项资金使用开展绩效考核，资金清算与考核结果挂钩，对成绩突出的给予奖励，对治理效果不好的扣减专项资金，真正实现奖优罚劣。

《关于印发〈土壤污染防治专项资金绩效评价管理暂行办法〉的通知》（财资环〔2020〕11号）：绩效评价应当针对各省年度防治资金分配、管理、使用情况进行整体评价，实施期内侧重于过程性进度指标与产出指标，完成后侧重于产出指标和效益指标，评价对象为本地区防治资金年度整体支出。绩效评价报告作为防治资金制度完善和防治资金安排的重要依据。

《山水林田湖草生态保护修复工程指南（试行）》：工程整体验收后，要开展项目综合成效评估，从项目决策、项目管理、产出，以及工程实施对自然资源保护利用、生态环境治理改善、生态系统服务功能提升等方面的成效进行综合评估草原生态修复项目综合评价按项目任务完成情况、项目建设质量情况、资金到位及使用情况、项目管理情况、建后效果与管护情况、促进农民增收情况6项内容，采取分项打分的方法进行。

6.4 实施保障措施

6.4.1 政策引导：研究编制“加强生态环境重大工程项目实施管理的指导意见”

作为顶层设计的管理性文件，建议生态环境部尽快组织研究和制定该指导意见，确定“十四五”期间我国生态环境重大工程项目管理改革创新的指导思想、制度体系建设、能力建设、保障措施等主要内容，自上而下推动生态环境重大工程管理体系的建立，切实推动“十四五”全国生态环境重大工程项目组织管理的改革和深化。

6.4.2 组织保障：建立生态环境重大工程项目组织领导体系

建立国家级、省级、市级生态环境重大工程项目组织管理领导小组和办公室机构，建立重大工程项目全过程管理的专门队伍，制定相应的管理制度，坚持清单推进、定期监督、工作例会、典型案例等工作机制，落实有序、高效的项目管理要求。规划项目中生态建设与修复工程、污水处理设施补短板工程、“无废城市”建设工程、安全清洁低碳能源工程等类型项目的牵头组织实施单位在其他部门，不在生态环境部门，为此应将此类项目切实分解落实到其他相关部门进行调度和考核。建立部门联席会议工作机制。选择实施意义重大的代表性重大工程项目，建立省、市、县三级垂直协调机制和分领域协调机制，健全高效协同、综合集成、闭环管理的工作运行机制。

6.4.3 技术保障：产学研用联合及促进技术绿色可持续发展路径

科技部牵头印发的《“十四五”生态环境领域科技创新专项规划》进一步明确了国家对生态环境领域绿色低碳可持续技术的战略需求，为促进工程技术循环利用和可持续发展提供了总体思路，尤其在重大工程项目实施过程中要加强科学研究，将产学研用进行有效结合，实现重大工程技术创新及绿色可持续发展。一方面，要求生态环境规划和重大工程设计要对减污降碳协同增效一体谋划、一体部署、一体推进、一体考核，要积极探索以降低环境治理成本为主的多要素环境协同治理模式，通过物质在不同要素治理工程之间的资源优化利用，实现水气固以及生态修复等领域一种或多种污染物的全过程多要素协同治理，从而实现降低污染减排成本、提高区域环境效益的一种生态环境保护工程实施与管理模式；另一方面，要求在开展生态环境重大工程中，建立综合技术评估指标体系，从技术的目标可达性、经济成本投入、资源能源消耗情况、二次污染问题、绿色可持续性等方面进行综合评估，在重大工程中筛选并应用高效、绿色可持续的工程技术，实现重大工程中涉及的工程技术向绿色可持续方向发展。

生命周期评估（Life Cycle Assessment，LCA）可定量评估环保工程全过程的绿色低碳性，且生命周期管理有助于选择对生态系统和人类健康影响最小的工程方案。然而 LCA 评估所需数据量大、数据获取不确定性高，直接将传统 LCA 应用于重大工程中会产生较大的不确定性。因此，需要针对不同环保要素领域重大工程开展全生命周期碳排放测算的理论与方法研究，形成碳排放评价技术，并选取典型工程技术开展碳排放核算，引导重大工程技术的低碳化。

环境技术验证评价（Environmental Technology Verification，ETV）是综合运用分析测试、数理统计以及专家辅助评价等方法，对环境技术的环境效果、环境影响、经济性等方面进行科学、客观、公正地测试、分析与评价的方法，是一种以定量化评价为主的方法。以美国、加拿大为代表的发达国家于 20 世纪 90 年代中期开始，致力于建立并实施 ETV 评价制度，以助力环保创新技术的推广应用。我国在大气超低排放领域、土壤修复领域以及农村生活污水治理领域开展技术验证评价的基础上，需要针对重大工程开展工程技术绿色可持续性全过程评估与实证研究。构建突出绿色可持续性的技术评估指标体系，研究评估指标所需数据的获取方式以及评价方法，探索建立评估数据模型或评估软件系统，实现技术评估的智能化，对重大工程技术的全过程综合评估，形成重大工程技术筛选总体指导方案，引导我国重大工程技术创新及绿色可持续发展。

6.4.4 资金保障：以组织实施模式创新吸引更多的资金投入生态环境重大工程项目（强调资金保障，不仅仅是 EOD）

探索并创新生态环境治理商业模式。推行一体化以实现生态环境可持续发展为目的的 EOD 模式，以生态文明建设为引领，以新时代“生态+”为理念，以可持续发展为目标，以生态保护和环境治理为基础，以特色产业运营为支撑，以区域综合开发为载体，采取产业链延伸、联合经营、组合开发等方式增加环保项目收益，从单一功能目标向多元功能目标转变，强调“生态环境治理+产业开发”复合价值的实现，强化区域流域生态环境治理与社会经济发展联系，优化各要素资源配置。

一是高度重视全过程咨询服务模式的发展并开展生态环境重大工程项目全过程咨询服务国家试点。各级生态环境部门应高度重视全过程咨询服务在深入打好污染防治攻坚战中的重要作用，在相关规划、工程项目管理办法等中明确要大力发展全过程咨询服务，大力鼓励和推动该模式的发展与实践，不断创造良好的政策导向与政策环境。尽快组织开展生态环境全过程咨询服务技术指南等系列标准的编制，以及在水生态环境保护与开发、矿山污染防治与生态修复、体量较大的污染场地修复与开发建设等典型工程项目中开展分领域的全过程咨询服务相关系列标准的制定，通过标准制定全面引导和规范生态环境领域全过程咨询服务模式的发展。组织开展生态环境重大工程项目全过程咨询服务试点，一方面，在东、中、西不同区域选择系统推进生态环境整治任务较为突出、工程建设基础较好的省份（如江苏、湖南、四川等）开展重大（重点）生态环境整治工程项目全过程咨询服务模式试点；另一方面，就生态环境部重点关注的、直接组织实施的若干重大（重点）工程项目直接组织开展全过程工程咨询服务项目试点。通过两种方式的试点工作，尽快积累生态环境领域全过程咨询服务的经验，培养综合性较强的专业咨询服务机构和复合型人才，力争通过两年努力，打开生态环境领域全过程工程咨询服务的局面，形成良好的政策环境和标准环境。

开展省级重大项目全过程管理国家试点。为切实推动生态环境保护重大项目全过程管理的成效，建议在国家层面上开展省级全过程管理试点工作，鼓励现有项目管理基础较好的，东、中、西部不同的代表性省级行政区（如江苏、湖南、青海、广西、四川等）开始试点。鼓励试点省份切实探索和建立省级重大项目全过程管理制度体系，国家层面要加强技术指导和帮扶，逐步带动和引领其他各省加强省级重大项目的管理。

二是创新项目组织实施模式并不断拓宽资金渠道。通过模式创新加大生态环境投融资力度应是重大工程项目实施中的重点内容，旨在解决生态环保项目过度依赖各级财政专项资金，社会资金投入积极性不高的现实问题。小城镇环境综合治理托管服务、环境治理整体解决方案、区域一体化服务模式、园区环境污染第三方治理、生态环境导向的 EOD 项目模式（与生态旅游、城镇开发等产业融合发展；推动生态环境基础设施建设全面融入区域产业发展、城镇建设）试点、能源环境系统治理等尤其是 EOD 项目模式是有效的工程项目组织实施模式。健全生态产品价值实现机制；制定实施生态保护补偿办法；大力发展绿色金融，探索建立污染防治基金；健全环境治理付费机制。统筹策划实施一批生态环境重大工程示范项目，建立“理念创新+模式集优+项目示范+成果推广”的环境治理路径，是生态环境重大工程项目不断努力探索的重要内容。

6.4.5 人员保障：建立重大项目谋划设计与组织实施专业管理和技术团队

建立省级生态环境保护重大项目组织管理领导小组和办公室机构，同时建立重大项目全过程管理专业技术支撑队伍，制定相应的专班管理制度，坚持清单推进、分解落实、定期监督、工作例会、典型案例等工作机制，落实有序、高效的项目管理要求。重大项目中生态建设与修复工程、污水处理设施补短板工程、“无废城市”建设工程、安全清洁低碳能源工程等类型项目的牵头组织实施单位不在生态环境部门，为此可将此类项目切实分解落实到其他相关部门，生态环境部门进行定期调度和考核。建立部门联席会议工作机制。选择实施意义重大的代表性重大项目，建立省、市、县三级垂直协调机制和分领域协调机制，健全高效协同、综合集成、闭环管理的运行机制。各部门主要负责人应积极推动谋划重大项目建设并具体负责某个（或者几个）重大项目的落地实施，分管领导具体协调推进本地区、本行业的重大项目，将各级生态环境部门的招商任务与重大项目的落地实施密切联系起来。

7 生态环境重大工程典型案例

陕西省汉丹江流域是南水北调中线工程中重要的涵养区，承担着“一泓清水永续北上”的政治任务。《陕西省汉江丹江流域涉金属矿产开发生态环境综合整治规划（2021—2030 年）》是我国首个针对金属矿区污染编制的生态环境综合整治中长期规划、首个流域大尺度以风险管控思想为核心的矿山生态环境综合整治规划，是生态环境重大工程项目全过程管理的重要探索和实践。本章详细介绍了汉丹江流域涉金属矿区生态环境综合治理在统筹考虑后期项目实施和特点的条件下建立项目管理体系的过程，以期为国内其他流域涉重金属矿区的生态环境治理提供思路、指引与借鉴。

7.1 重大工程规划设计

7.1.1 规划背景与意义

陕西省汉丹江流域是我国重要的生态安全屏障，属于国家重点生物多样性保护功能区，也是南水北调中线工程上游水源涵养区，生态环境脆弱。该区域矿产资源丰富，长期的矿产资源开发造成大量的废渣无序堆放，矿硐酸性废水排放较为突出，部分河道水质质量超标，河道观感差，造成较为严重的生态环境破坏。2020 年 7 月 4 日，《澎湃新闻》报道了陕西省白河县硫铁矿开采污染问题，习近平总书记作出重要批示，韩正副总理也作出批示要求。为全面深入贯彻习近平总书记关于秦巴山区硫铁矿区污染的重要指示精神，陕西省委、省政府迅速成立了硫铁矿水质污染专项整治工作专班，组织编制《陕西省汉江丹江流域涉金属矿产开发生态环境综合整治规划（2021—2030 年）》（以下简称《规划》）。《规划》基准年为 2021 年，近期到 2025 年，中期到 2030 年，展望到 2035 年，分区域、分层级、分阶段开展系统治理。2022 年 11 月 8 日《规划》正式印发，现处于实施阶段。

《规划》涉及范围广，包括汉中、安康、商洛、宝鸡和西安 5 个地市 31 个县（市、区），流域面积 6.27 万 km^2。涉金属矿山包括铜矿、铅锌矿、钼矿、钒矿、锰矿、金矿、汞锑矿、镍钴矿、铁矿等有色金属矿和黑色金属矿，以及硫铁矿、石煤矿等典型多金属伴生的非金属矿。《规划》针对规划范围内废渣、矿硐、尾矿库、企业 4 种风险源开展环境综合整治，同时还涉及地表水/沉积物环境、土壤/地下水环境、地质环境和地质灾害防治等。《规划》以习近平生态文明思想为指导，全面贯彻落实习近平总书记在陕西考察时的重要讲话和重要指示精神，以改善流域水环境质量、降低水环境风险、确保“一泓清水永续北上”为目标。坚持风险管控和减污修复协同增效的总体思路，落实“技术可靠、经济可行、环境改善”要求，确定规划实施 3 个方面的建设定位；划定 26 个不同等级的风险防控区、5 个综合整治示范区、28 处优先治理区域、4 类优先治理对象，提出质量控制断面特征污染物达标率、风险管控断面特征污染物风险管控率、“一河一策一图”完成率、技术标准规范编制数量、试点（示范）工程完成数量 5 个规划指标；确定推动重点区域详细调查和方案编制、矿区源头防控和污染综合整治、矿山多要素系统修复、多层级风险管控体系构建等 5 个方面建设任务；根据废渣造成的不同环境污染和风险程度，确定 7 种不同类型的整治技术路线；设计汉丹江流域涉金属矿产开发生态环境损害赔偿和责任追究制度等 3 项重点政策制度要求、制定涉重金属矿区生态环境调查与评估技术指南等 5 项技术标准文件、开展废渣经新材料改性处理后的回填矿硐处理等若干新技术示范工程等建设任务。分为 2025 年和 2030 年两个阶段实施，设计 5 大类工程项目，工程总投资近 110 亿元。

《规划》的制定和实施将对汉丹江流域涉重金属矿山生态环境综合整治重大工程项目的实施发挥重要的指导作用，是规划范围内开展进一步详细调查评估和整治方案制定、开展工程项目可行性研究报告编制和工程实施的重要指导性文件，必将推动汉丹江流域涉重金属矿山生态环境综合整治重大工程项目和配套的政策制度、技术经济、工程管理等全面、系统、有序地实施。

7.1.2 规划定位与目标

（1）规划定位

国家典型矿区环境风险管控与减污修复协同增效的实践样板。贯彻精准治污、科学治污、依法治污，统筹实施矿产开发行业的污染防治与风险管控。注重生态环境整治和地质环境治理的有机衔接，筛选和推广经济适用技术，充分体现“源头减量—过程控制—生态修复”的风险管控和减污修复协同增效集成技术。

国家流域环境风险管控综合管理示范地。以源头防范化解、强化隐患排查、健全监测预警体系、夯实应急准备为重点，充分发挥“南阳实践”经验，构建分级监测预警网络，落实分级分类风险防控措施，打造我国流域环境风险监测预警与应急管理的示范地。

落实社会资本投资生态修复政策的试验田。通过模式创新、工程组织实施创新、政策激励等手段，吸引社会资本积极参与矿产开发生态环境综合整治，成为落实社会资本投资生态保护修复政策的试验田。

（2）规划目标

《规划》基准年为 2021 年，主要实施期为 2022—2030 年，分为第一阶段（2022—2025 年）和第二阶段（2026—2030 年）。部分工程项目的实施延续至 2035 年前完成，以确保“十五五”期间启动的项目全部建设完成并持续发挥作用。

第一阶段：2022—2025 年。完成典型区域环境调查和综合整治方案编制；启动优先整治区域和优先整治对象的污染源综合整治与生态修复；推动综合整治示范区建设；逐步形成一批可推广的整治修复技术和工程项目管理模式；局部区域水环境风险进一步降低。

第二阶段：2026—2030 年。全面启动中、低风险防控区和防控区外其他污染源综合整治与生态修复；流域生态保护与修复治理体系和治理能力明显提高；全面消除局部区域水环境风险。

7.1.3 实施目标分区防控

7.1.3.1 划定风险防控区

规划范围内废渣堆、尾矿库、开采企业等污染源分布在相对集中的局部范围内。为突出防控重点，《规划》将污染源分布较为集中的区域确定为风险防控区域，确定出不同区域的风险等级，设计不同的风险防控整治总体策略。

流域风险评估方法在我国实际应用案例较少，《规划》结合我国发布的相关技术文件，创新性构建流域多污染源环境风险评估技术方法。利用 ArcGIS 的空间分析功能将研究区划分为 60 000 余个网格，综合考虑规划范围内废矿渣、尾矿库、企业风险 3 种主要类型的风险源，按照源头—风险受体易损性等设置相应的指标和权重，计算各处网格的环境风险值。充分考虑网格风险评估结果、汇水单元、污染控源、独立的行政区域等原则，提取流域潜在环境风险防控区、环境风险防控区与子流域叠加、环境风险防控区与行政区叠加、合并连片环境风险防控区等步骤，划定环境风险防控区域。另外，考虑风险评估结果、汇水单元、污染控源、行政区原则、连片原则等，最后划定 26 个风险防控区域。需要说明的是，每个风险防控区域的边界划定主要考虑了相关的汇水单元而进行划定，与“生态红线”的边界概念不同。

在此基础上，《规划》综合考虑流域网格化环境风险评估结果、防控区断面超标情况、河流敏感性、下游断面跨界情况以及所在行政区域环境应急能力等因素，构建了风险高低评判的指标体系。为确保风险评估方法、指标体系及指标权重更加合理有效，《规划》先后征集了国内近 30 名对风险评估有专业研究且熟悉汉江丹江流域矿山环境问题的专家意见，2021 年 11 月该风险评估技术方法体系通过了专家论证。完成方法构建后，对 26 个风险防控区域逐一进行计算，得出每个防控区域的风险值，按照风险值高低进行排序。同时充分结合污染现状和未来需求，在汉丹江流域确定了 9 个高风险区域、8 个中风险区域和 9 个低风险区域。

从废渣堆存数量（处）来看，75.20%数量的废渣分布在防控区范围内，其中 73.64%数量的高风险废渣分布在防控区范围内。从废渣体积（立方米）来看，82.72%体积的废渣分布在防控区范围内，其中 92.20%

体积的高风险废渣分布在防控区范围内。

7.1.3.2 划定防控区两种类型断面

为充分体现风险防控和水质安全底线达标控制要求，《规划》在防控区内设置了质量控制断面和风险管控断面。

质量控制断面，是指风险防控区主要河流流出风险防控区的边界断面，若防控区内部有一条以上的河流流出防控区，则该防控区将每条流出防控区域的河流边界均作为质量控制断面。规划目标是应实现每个质量控制断面关注污染物的水质达到其相应的水功能区划或其他相关要求确定的水质目标，这是下游汉丹江干流及主要支流所属市控、省控和国控断面达到相应水质目标的重要前提和基础。

风险管控断面，是指高、中风险防控区内，污染源（矿硐、废渣、尾矿库、采选企业等）分布较为集中区域的下游支沟或河流在汇入上一级河流前一定距离（如 50～200 m）的断面，当汇入点部位存在一定数量的污染源时，则将风险管控断面的位置调整到汇入上一级河流后一定的距离的断面。该断面位置的确定还充分兼顾了附近敏感人群的分布和农业用地分布状况，充分体现保护敏感目标的需要。风险管控断面的水质状况受污染源的影响较大，同时从已有监测数据来看，《地表水环境质量标准》表 2 中的铁、锰污染物，以及表 3 中的锑、铊等污染物指标均是参照集中式饮用水水源地水质标准来制定的，这些指标达标要求较严，达标难度大。由于特征污染物达标难度较大且该断面位于污染源下游，其水质与污染源的关联性大，一旦对污染源采取一定的综合整治和管控措施，该断面特征污染物的浓度便会随之下降。为了充分体现风险管控目标并充分利用河流的自净能力，风险管控断面在整治进程中不以水质达标为要求，因为若要实现水质达标，需要很大的经济代价，且从风险管控的角度和经济适用技术的要求来看，没有必要投入太大。此类断面应主要突出主要污染物的浓度呈现下降趋势，或者河道水环境影响距离不断缩短，这些变化一方面展示了污染源工程整治的成效；另一方面也保障了下游的质量控制断面水质达标。

根据《规划》，通过风险管控断面重金属主要特征污染物水质改善状况（特征污染物浓度的明显下降、河道色度的下降等）或者水质逐步达标，以及质量控制断面重金属特征污染物达标，即可认为该防控区域的风险管控和整治工程措施有效。

根据两类断面的概念，26 个风险防控区共计划定 56 个质量控制断面，17 个高、中风险防控区（低风险防控区域不划定风险管控断面）共划定 70 个风险管控断面。15 个质量控制断面和风险管控断面重合，分别是大林河略阳和宁强交界处、竹筒河口、旬河口（国控）、蜀河口（市控）、关子沟口、火烧沟口、泥沟口、安坡、李家沟河汇入汉江前、李家沟西侧沟道汇入汉江前、李家沟东侧沟道汇入汉江前、观音河、小篆沟青泥河交汇处下游、汪家店村、窑沟。

7.1.3.3 确定优先整治区域和对象

规划范围内污染源量大面广，为此科学合理确定优先整治区域和对象是非常重要和关键的。《规划》首先确定优先整治区域，然后基于优先整治区域进一步确定优先整治对象。

专项调查对质量控制断面、风险防控断面和污染源下游相关断面共计 284 个断面的水质进行了采样监测，同时结合 2020 年 10 月陕西省生态环境厅开展的流域水质专项监测和各区县开展的断面水质监测结果，根据断面水质特征污染物超标情况，将超标较多的断面所对应的区域化为规划的优先整治区域。

分析结果表明，规划范围内有 8 个质量控制断面和 26 个风险管控断面的水质超标较为突出，结合这些超标较为严重的断面，对应划出 28 处污染超标的区域需要优先开展治理，其中 24 处位于高风险防控区域内，4 处分布于中、低风险防控区内。

在优先整治区域划定的基础上，《规划》将以下 4 个方面的对象确定为优先整治对象：

一是优先整治区域内的优先整治污染物对象。28 处优先治理区域内包括 232 处、768.6 万 m^3 废渣，占废渣总体积的 25.15%。此外，还包括 27 家企业和 10 座尾矿库。

二是高风险废渣。1 262 处废渣中有高风险废渣 129 处、占比 10.22%；堆存体积 903.22 万 m^3、占比 29.56%。

三是汉江丹江干流、一级支流周边 1 km 范围内高、中风险废渣和尾矿库。高风险废渣 29 处、308.47 万 m^3；中风险废渣 28 处、28.26 万 m^3；尾矿库 40 座。

四是地方管理部门认为应优先整治的对象，包括汉中市汉江流域 7 处硫铁矿污染区域和商洛市月西沟硫铁矿区域。

7.1.4 各环境要素的综合整治

《规划》提出在风险管控总体思想的指导下，将精准治污、科学治污、依法治污作为主线，坚持污染防治与生态修复的源头性、系统性、综合性。这是《规划》在整治策略和技术路线上的突出特点。

（1）源头性

《规划》在“有序推进污染源头防控与综合整治”部分主要提出了涉金属废渣综合利用、矿硐整治、废渣整治、尾矿库整治的任务和技术要求，每种污染类型的整治都突出从污染源头上下功夫，无论是污染成因、水文地质勘察，还是技术上提出的源头减污、源头综合利用等，都充分体现了源头把握污染成因、源头减量的思想。

（2）系统性

《规划》在“有序推进污染源头防控与综合整治”的基础上，在“统筹实施矿区生态系统修复”部分提出了矿山地质灾害隐患整治、矿山生态修复与土壤和地下水环境风险防控、河道生态环境整治，以及探索推进生态产品价值实现途径等任务。上述任务的设计充分按照“山水林田湖草”系统理念和矿山各环境要素的内在要求，统筹考虑了各种环境要素的相互关系，将污染防治技术措施与生态修复技术措施进行了充分融合，提出坚持“一体设计、一体施工、一体验收、一体评价”，以期落实“标本兼治、远近结合、先行先试”的要求，同时又体现“保证安全功能、突出生态功能、兼顾景观功能”的要求。需要特别说明的是，因地制宜对废渣采用人工、人工与自然结合、自然修复 3 种类型的技术途径，充分利用河道对污染物的自我修复能力，作为污染源风险管控的重要内容，以实现风险管控断面主要污染物浓度的削减，以及质量控制断面的达标的总体要求，降低不必要的工程投资。

（3）综合性

实现生态环境综合整治与生态修复，需要技术、管理、监管、科技、政策、投资等各方面的力量，为此《规划》在任务设计中既充分设计了整治工程方面的内容，又在“完善流域环境风险预警与应急体系”中充分开展了管理体系、监管体系、制度创新、能力建设等方面的任务设计，体现了任务的综合性。

7.1.5 因地制宜采取污染源修复模式

《规划》提出不同类型的矿硐、废渣、尾矿库等污染源应因地制宜采取不同策略，且注重自然恢复的作用。

《规划》将废渣总体分为高、中、低等不同风险等级。在就地或就近处置的总体情况下，总体考虑废渣风险等级、过水情况、是否具备施工条件 3 个方面的主要因素，设计了 7 种情形，对渣体因地制宜分类确定 7 种污染防治与生态修复技术路线。其中产生酸性渗水、具备施工建设条件的 204 处高中风险废渣总体采用人工修复方法；无渗水或渗水显中性、具备施工建设条件的 841 处高中低风险废渣总体采用人工修复+自然恢复方法；呈自然恢复趋势或总体不具备施工建设条件的 217 处高中低风险渣总体采用自然恢复方法。

持续产生酸性涌水或涌水重金属超标的矿硐的整治是陕西汉丹江区域的重点和难点。《规划》提出了应在开展精细化勘察前提下实施有效封堵；提出了相应的勘察内容和技术要求；提出了实施源头疏排、关键通道精确封堵、采空区（井巷）充填、帷幕阻断等阻断水力联系的组合技术，最大限度减少源头酸性废水产生数量。

7.2 重大工程实施过程管理

7.2.1 强化工程项目实施过程关键环节管理

（1）落实整治工程实施的责任主体和生态修复责任

落实《关于加强矿山地质环境恢复和综合治理的指导意见》（国土资发〔2016〕63 号），历史遗留或责任人灭失的矿山污染防治与地质环境历史遗留问题由各级地方政府承担。地方人民政府出具的政策性关闭矿山的文件应明确生态环境整治与修复责任。对生态环境污染严重、整治需求迫切、责任主体确实无力承担生态环境整治任务的，地方人民政府及其有关部门可以根据实际情况和生态环境风险防控需求，由地方政府先期承担调查评估、生态环境整治与修复责任，加强行政与司法程序联动，按照生态损害赔偿有关责任和程序后续对企业进行资金追偿。在建和生产矿山造成的问题应由矿山企业负责实施污染防治与治理恢复措施。

（2）加强工程项目实施的过程管理

一般情况下污染防治与修复工程项目周期（从开展工程招投标到完成工程建设内容）一般不超过两年。2022 年，制定生态环境部门和自然资源部门联动配合的污染防治与生态修复工程项目联合会审制度，生态环境部门侧重污染调查与污染防治工程项目设计，自然资源部门侧中地质破坏、地质灾害调查与相应工程项目设计，切实实现污染防治与生态修复措施的同步设计和生态环境绩效的融合。强化工程项目的审批权限管理，市级相关管理部门负责组织［或委托所在区（县）生态环境分局］区域性调查评估与综合整治方案编制，市级生态环境部门牵头开展试点（示范）工程项目全过程管理（含招投标）；县级部门负责项目实施过程中的日常监督管理，重点工程项目由市级相关部门负责日常监督管理。鼓励各地级市通过政府采购途径实施管家式服务模式。

（3）鼓励工程项目实施模式创新

鼓励引入第三方全过程咨询服务机构对高风险防控区域（综合示范区域）规划任务落实和重点工程项目实施全过程工程咨询服务。鼓励技术试点项目和重点工程项目中开展勘察设计与施工一体化的工程总承包组织实施方式，引入项目技术、工程组织能力、资金能力较强的综合性机构牵头组织实施工程项目，切实落实勘察设计与施工联动反馈机制。鼓励具有综合设计与施工能力、组织实施经验较为丰富的大型机构积极发挥工程建设作用。鼓励重点工程项目施工过程中加强科技支撑，与科研院所、技术支持单位联合共同攻克矿山污染综合整治中的共性与关键技术难题。试点示范工程项目完成后应按照相关要求编制完成技术总结分析报告，作为项目绩效评价的重要内容。

7.2.2 工程项目与分期实施设计

为支撑各项任务和目标指标的实现，将汉丹江流域所面临的突出环境问题开展实施以下 5 种类型的项目或工程。

（1）区域性调查评估与综合整治方案编制项目

开展安康市白河县硫铁矿区、紫阳—汉滨—岚皋蒿坪河石煤矿区、旬阳市汞锑和铅锌矿区、汉中市汉江流域硫铁矿区等重点区域调查评估与综合整治方案编制；积极推进汉丹江流域（或秦巴山区）山水林田湖草一体化保护与修复综合整治工程实施方案编制。

（2）污染风险管控与生态修复综合整治工程

开展规划范围内涉金属废渣、废弃矿硐、典型“磺水”河道等综合整治与生态修复，开展存在环境问题与风险隐患的尾矿库环境风险整治工程。合理有序安排整治工程项目的实施。

（3）流域水安全监管及应急能力建设项目

实施环境监测能力建设、水环境监测预警、环境执法能力建设、环境应急能力建设、白河县硫铁矿环保科普警示教育基地建设等项目。

（4）综合整治试点（示范）工程

实施略阳县长沟寺沟硫铁矿矿山环境综合治理、紫阳县洞河镇米溪梁废弃露天矿山废渣场污染综合治理、紫阳县蒿坪镇陈家沟废弃矿硐酸性水封堵综合治理、白河县硫铁矿布袋沟废弃矿硐酸性水封堵综合治理、丹凤县锑矿区及老君河流域重金属污染调查评估与综合整治、旬阳市典型汞污染农用地安全利用、典型重金属污染矿区背景值调查研究、涉金属矿山综合整治示范技术验证评估等项目。

（5）科技支撑与生态环境恢复成效评估工程

制定涵盖涉金属矿区调查、评估、方案编制、勘察、整治技术和效果评估等在内的技术文件；制定损害鉴定、规划实施评估等管理文件；开展酸性涉重废渣重金属污染迁移转化和污染成因机制研究、矿硐酸性涌水迁移转化机制及风险管控技术研究、“磺水”“白水”演化机制及防控关键技术研究等重点科技攻关；实施规划跟踪评估和动态调整。

其中针对量大面广的废渣整治工程，规划工程项目总体按照原地原位或者就近集中（同一条沟内的无主废渣集中整治、同一企业内不同风险等级的废渣一并整治）的方法进行工程项目设计。白河风险防控区、紫阳—汉滨—岚皋防控区、旬阳汞锑与铅锌防控区项目设计与各专项整治方案提出的整治项目进行了衔接。《规划》在实施过程中，可结合实际需求进行进一步整合打包后实施；可行性研究过程中应进一步加强整治策略的比选，分析综合利用、废渣集中处置、废渣回填处置等处置方法的可行性，若综合利用、废渣集中处置、废渣回填处置更具有可行性，可采用综合利用、集中处置、回填处置等方案，这时视同规划项目在实施。并且结合优先整治对象的确定，针对废渣规划提出了对应的整治时序（表 7-1）。

表 7-1　不同类型废渣整治时序设计

类型	2021—2025 年启动整治	2026—2030 年启动整治	延续至 2035 年前完成
政府承担整治任务的废渣	对优先整治区、地方政府提出应优先实施、试点（示范）的废渣启动整治工程	其余废渣启动整治工程	2026—2030 年启动的整治工程应在 2035 年完成整治工程（含自然恢复的废渣）

类型	2021—2025 年启动整治	2026—2030 年启动整治	延续至 2035 年前完成
企业承担整治任务的废渣中的在产企业	56 家在产企业所属废渣全部启动整治工程	2021—2025 年启动的整治工程应在 2030 年完成整治工程	—
企业承担整治任务的废渣中的停产企业	对优先整治区内的停产企业所属废渣启动整治工程	其余废渣启动整治工程	2026—2030 年启动的整治工程应在 2035 年完成整治工程（含自然恢复的废渣）

7.2.3 项目考核指标

根据可监测、可统计、可考核的原则，体现约束性和指导性相结合，《规划》从质量控制断面主要污染物达标率、风险管控断面主要污染物风险管控率、“一河一策一图”完成率、技术标准规范编制数量、试点（示范）工程完成数量的 5 个指标规划。各个指标在不同阶段的指标值见表 7-2。

表 7-2 《规划》指标

序号	指标	现状值	2025 年	2030 年	牵头责任部门
1	质量控制断面主要污染物达标率	62.5%	85.7%	100%	断面所在区（县）人民政府
2	风险管控断面主要污染物风险管控率	38.6%	100%	100%	断面所在区（县）人民政府
3	“一河一策一图”完成率	—	100%	100%	地市生态环境局
4	技术标准规范编制数量	—	完成 6 个	—	省生态环境厅
5	试点（示范）工程完成数量	—	完成 4 个	—	工程项目所在区（县）人民政府

（1）质量控制断面主要污染物达标率

指标含义和计算方法。该指标是指划定的质量控制断面主要污染物中，达到相应水质功能目标或者浓度显著下降后趋于稳定的断面数量占《规划》划定的 56 个质量控制断面总数量的占比。

指标值现状。《规划》设置了 56 个质量控制断面，同时确定出每个断面的主要污染物名称。根据分析，2021 年有 35 个质量控制断面的主要污染物已经达标，有 13 个断面轻度超标、8 个断面超标较为严重，由此 2021 年的达标率（达标断面数量占比）为 62.5%。

指标值测算过程。根据《规划》实施计划，2021 年已经达标的 35 个断面需要持续稳定达标，2025 年年底前 13 个主要污染物轻度超标的断面应全部实现达标（主要污染物达到对应的水质目标要求或者浓度显著下降后趋于稳定）。由此，2025 年年底前共计实现 48 个质量控制断面的达标，达标率为 85.7%。2030 年年底前，超标较为严重的 8 个断面的主要污染物实现全面达标，由此计划 2030 年年底前 56 个质量控制断面全部实现达标。

支撑工程项目的设置。根据本规划安排的 2025 年前应启动、2030 年前应启动的废渣综合整治工程和矿硐整治工程，应能实现质量控制断面达标率在 2025 年达到 85.7%和 2030 年达到 100%的要求。

（2）风险管控断面主要污染物风险管控率

指标含义和计算方法。该指标是指《规划》划定的风险管控断面主要污染物中，浓度下降、“磺水”污染长度缩短或者达到相应的水质功能目标的数量占《规划》划定的 70 个风险管控断面总数量的占比。

指标值现状。《规划》设置了 70 个风险管控断面，2021 年有 27 个断面主要污染物已经达标、17 个断面轻度超标、26 个断面超标较为严重，由此 2021 年风险管控率为 38.6%。

指标值测算过程。根据《规划》实施计划，2025 年年底前，已经达标的 27 个断面的主要污染物要持续稳定达标，17 个轻度超标的断面实现全部达标（达到断面对应的水质功能要求），26 个超标较为严重的断面实现主要污染物浓度下降、“磺水”污染长度等代表污染长度的指标相应缩短（可认为风险可控）。由此，2025 年年底前要实现全部断面的风险可控，风险管控断面风险管控率为 100%。2030 年年底前，26 个超标较为严重的断面在实现主要污染物浓度下降基础上，继续保持下降趋势，其余断面应继续保持持续稳定达标。由此，2030 年年底前，风险管控断面风险管控率为 100%。

支撑工程项目的设置。根据《规划》安排的 2025 年前应启动、2030 年前应启动的废渣综合整治工程和矿硐整治工程，应能实现风险管控断面在 2025 年和 2030 年 100%的风险管控率的要求。

（3）“一河一策一图”完成率

指标含义和计算方法。该指标是指流域内涉饮用水源地及跨界河流“一河一策一图”环境应急响应方案编制的完成率。

指标现状值。无。

指标值测算过程：根据《规划》任务安排，在流域开展相关河流“一河一策一图”环境应急响应方案的编制。根据《陕西省“十四五”流域突发水污染事件环境应急“南阳实践”工作方案（2021—2025 年）》任务和时限要求，各市应在 2025 年前分阶段分步骤完成汉丹江流域涉饮用水水源地及跨界河流“一河一策一图”环境应急响应工作方案。

支撑工程项目的设置。流域内主要河流“一河一策一图”环境应急响应方案编制项目。

（4）技术标准规范编制数量

指标含义和计算方法。该指标是指《规划》实施过程中需要发布的技术标准、规范和指南的数量。

指标值现状。无。

指标值测算过程。《规划》计划编制 6 个技术规范标准。计划在2025 年前完成涉金属矿区生态环境调查与评估、生态环境综合整治实施方案编制，废弃矿井（硐）勘察设计、生态环境综合整治工程和效果评估，以及遗留固体废物污染防治与生态修复综合整治等技术文件，在2025 年年底前全部完成征求意见稿。

支撑工程项目的设置。《规划》设置了涉金属矿区污染防治与生态修复标准规范体系建设项目，专门推动该指标所指的各项规范标准的制定和发布任务。

（5）试点（示范）工程完成数量

指标含义和计算方法。该指标是指《规划》实施过程中需要启动开展的试点（示范）工程数量。

指标值现状。无。

指标值测算过程。《规划》计划实施 4 个试点（示范）工程。根据项目清单，2025 年前根据进度安排，4 个试点（示范）项目全部完成主体工程建设内容。

支撑工程项目的设置。规划设置了 4 个试点（示范）工程项目，专门推动该指标所指的试点（示范）工程项目完成任务。

7.3 重大工程评估方法

7.3.1 防控成效的评判标准

《规划》提出在流域内建立水生态环境监测评价体系，从而建立起风险管控的评判标准。分别是：

（1）一类断面

一类断面即工程项目绩效评价断面。污染防治与生态修复工程项目实施中，在项目层级上设置工程项目绩效评价断面，在工程项目实施位置河道下游一定位置，设置该断面，作为反映和体现该工程项目的实施绩效，实现源头防控的预定目标。该断面设置位置由各工程项目具体确定。

（2）二类断面

二类断面即风险防控区域的风险防控断面。该类型断面要实现水质风险逐步下降，同时通过自然恢复的力量，逐步实现水质达标，为水生态环境恢复创造条件。

（3）三类断面

三类断面即风险防控区域的质量控制断面。该类型断面要实现水质的稳定达标目标，为水生态环境的恢复创造条件。

（4）四类断面

四类断面即流域风险预警断面。该断面要求水质稳定达标，发挥预警作用，水质一旦异常则作为启动应急措施的主要依据，共确定流域风险预警断面共计 17 个。

通过上述一类断面、二类断面和三类断面水质的改善，即实现达标断面的水质达标和风险防控断面水环境风险逐步下降，作为整治工程项目实施的重要目标和重要的成效判断标准。通过四类预警断面的水质监测结果，确保流域水环境安全的底线要求。

7.3.2 风险防控区达标进度

质量控制断面达标进度计划的设计非常重要。为此根据当前水质监测结果，将 56 个质量控制断面的达标进程确定为：

15个防控区保持质量控制断面特征污染物持续稳定达标。包括凤县铅锌矿—金矿风险防控区、山阳县钒矿—金矿风险防控区、柞水县铁多金属矿风险防控区、宁强县铁矿风险防控区、商南县钒铁矿风险防控区、勉县金矿—铁矿风险防控区、商州区金矿—钨钼矿风险防控区、汉阴县金矿风险防控区、柞水县金矿风险防控区、洋县钒钛磁铁矿风险防控区、镇安县铅锌矿—钒矿风险防控区、宁陕县铁矿风险防控区、镇坪县石煤矿风险防控区、镇巴县硫铁矿风险防控区、西乡县花岗岩（伴生铁钛）矿风险防控区。

5个防控区力争在2025年前实现防控区内所有质量控制断面特征污染物全面稳定达标。包括白河县硫铁矿风险防控区、西乡县硫铁矿风险防控区、镇安县铅锌矿—硫铁矿风险防控区、山阳县铅锌矿风险防控区、勉县铅锌矿风险防控区。

6个防控区在2030年前实现防控区域内所有质量控制断面特征污染物全面稳定达标。包括略阳县铁多金属矿风险防控区、紫阳县—汉滨区—岚皋县石煤矿风险防控区、丹凤县锑矿—铜矿风险防控区、旬阳市汞锑矿风险防控区、旬阳市铅锌矿风险防控区、商州区锑矿—铅锌矿风险防控区。

7.3.3 重点政策制度

结合各项任务和工程项目实施需要，《规划》提出了制定2项重点政策制度，包括汉江丹江流域涉金属矿产开发生态环境损害赔偿和责任追究、汉江丹江流域涉金属矿产开发综合整治规划实施评估等管理文件。

与此同时，为建立健全涉重矿山污染防治与生态环境修复技术标准体系，《规划》提出了配套制定6项技术标准文件，包括涉金属矿区生态环境调查评估、涉金属矿区生态环境综合整治实施方案编制，涉金属矿区废弃矿硐生态环境综合治理勘察设计、涉金属矿区废弃矿硐生态环境综合治理、涉金属矿区废弃矿硐生态环境综合治理效果评估，以及涉金属矿区历史遗留固体废物生态环境综合治理等技术文件。

从重点政策制度角度开展生态环境回复成效评估工作，将政策制度作为工程项目实施过程中评估体系的重要环节之一。

7.4 实施保障措施

7.4.1 强化组织协调

（1）高度的责任感和使命感承担起历史使命

充分认识汉江丹江流域涉金属矿山生态环境整治是一项重大的民生工程和政治工程，充分认识历史遗留矿山污染治理和生态修复对于确保南水北调中线工程水源区水质安全、提高水源涵养生态功能和国家生态安全的重要意义，增强加紧治理修复的历史责任感和紧迫感。客观认识矿山污染治理和生态修复的复杂性、艰巨性和长期性，尊重客观规律、示范先行、积累经验，有序推进，久久为功，保持足够的韧劲和耐心，切不可急功近利、盲目建设。

（2）建立起有效的工作专班和职责分工

陕西省生态环境、自然资源、应急管理、工业和信息化、发展改革等部门成立汉江丹江流域生态环境综合监管省级工作小组，协商组织召开联席会议，协调解决跨行政区域生态环境保护重大事项。各地级市硫铁矿整治专班调整为涉金属矿山生态环境整治专班，从工作程序、运转机制、人员管理、资金管理等方面制定一套完整有效的工作专班管理制度。落实各级地方政府治理主体责任，建立省级统筹组织和组织成效评估、市人民政府工作专班抓区域性调查评估与总体整治方案编制、试点示范工程项目全过程组织实施和示范经验总结，县级人民政府抓工程项目实施过程管理和竣工验收的工作分工机制，省级生态环境部门牵头、自然资源部门配合共同开展规划范围内矿山环境整治与生态修复工程项目库建设和动态的维护与更新。制定规划任务责任分工表，明确不同任务的责任部门。

（3）加快政策制定，引导流域治理和产业发展

加快制定矿山生态损害鉴定赔偿、责任追究、产业企业退出、优化空间布局等有关迫切政策。积极推动生态环境修复基金、固体废物资源化、绿色矿山建设、减污降碳和绿色转型发展等有关政策研究。

7.4.2 强化科技引领与帮扶

（1）突出科技引领和支撑

设置一批核心与关键技术研发列入省级战略性科技重大“揭榜挂帅”项目，省级科技专项资金给予支持。重点开展典型矿种类型下注重结合水文地质特点和丰水期、枯水期等不同季节开展污染迁移转化、污染形成环境和污染成因的机制研究，开展矿硐封堵后酸性水在基岩裂隙中运移动力学机制及风险管控技术研究；开展石煤矿“酸性水—磺水—白水”演化机制及防控关键技术研究。鼓励高等院校、科研机构、社会企业等科研力量开展矿山污染防治与保护修复相关科学研究和技术创新。陕南硫铁矿污染治理专项资金加强对示范工程建设的支持，支持开展关键技术开发。通过省级科技计划，鼓励高等院校、科研机构、社会企业等科研力量开展矿山污染防治与保护修复相关科学研究和技术创新。

（2）加快推进标准规范体系的建设

2022 年启动涉重矿山调查评估、方案编制、工程勘察、地质勘察、

方案编制、工程设计、工程技术、效果评估等标准体系建设的研究；启动涉金属矿区生态环境调查与评估技术规范、综合整治实施方案编制指南等技术性文件。结合试点（示范）工程项目实施经验，启动矿硐勘察设计与整治工程技术规范、废渣污染防治与生态修复技术规范的制定。加快弥补矿山生态环境全过程修复中的标准规范缺失的突出问题，增强关键修复技术和措施的针对性、系统性、长效性。

（3）鼓励产学研用一体化实施模式

鼓励技术创新和产学研用一体化实施模式，鼓励科研院所等技术和研发实力较强的单位在工程建设过程中加强研究指导和成果转化，鼓励科研单位提供全过程技术支持，及时开展工程技术模式的总结。鼓励地方政府设立公益岗位开展工程日常维护管理。

（4）成立科技创新和交流平台

鼓励国家各类矿山环境整治实验室在陕西设立分平台或者实验基地。鼓励多学科、多专业的科研院所、高等院校、地质勘察等机构共同组建矿山环境综合整治联盟，定期开展技术和管理的交流论坛。组建规划实施技术帮扶专家团队，为高风险防控区综合整治提供连续的技术支持。每年组织一次全国性涉重矿山生态环境综合整治与生态修复专业论坛，以会带训，开展全面的技术培训，不断提高各级管理人员管理和技术能力。

7.4.3 提高项目与资金管理绩效

（1）加强项目储备与管理

在规划工程项目表的基础上，依托陕西省生态环境工程项目库，建立本规划工程项目库。按照陕西省生态环境工程项目项目库管理要求确定入库项目类型，鼓励和积极组织各地大力开展生态环境工程项目库的申请与项目储备。鼓励一批第三方经验丰富的咨询服务机构开展储备项目设计与入库储备，为落实建设资金、加快项目实施进度奠定坚实基础。《规划》中不能入库的项目类型，按照目前管理和审批程序要求有序推进项目实施。

（2）多途径多渠道落实建设资金

在落实责任主体出资整治的基础上，多途径、多渠道申请各类财政专项资金，积极申请国家开发银行贷款。结合国家级和陕西省级专项资金支持范围和要求，大力开展项目储备和资金申请。将资金申请与落实情况作为对各地级市规划落实评估考核的重要内容之一。加强项目资金整合，将历史遗留矿山综合治理与水污染防治、土壤污染防治、农村环境整治、山水林田湖草生态保护修复工程、地质灾害防治、工矿废弃地复垦利用、乡村振兴战略实施、生态移民搬迁等有机结合，提高工作成效。支持汉中市积极申报国家“无废城市”建设试点，推动矿山固体废物环境问题有序解决。按照“谁修复、谁受益”原则，鼓励社会资本通过自主投资、与政府合作、公益参与等模式参与汉丹江流域涉金属矿山污染防治与生态保护修复，充分发挥资金导向和撬动作用。

7.4.4 营造良好社会氛围

（1）规范信息公开和宣传教育

强化风险管控意识和认识的宣传，正确认识“磺水”“白水”的污染与风险，消除谈磺色变的恐惧心理。加强和新闻媒体的沟通和衔接，正确引导舆论方向。深化环境信息已发披露制度改革，建立矿区生态环境综合整治信息发布机制，每年定期召开年度实施进展新闻发布活动。在陕西省生态环境厅网站上建立《规划》实施动态和矿山环境综合整治新闻专栏，公开整治进展、工作动态、示范进展、交流研讨等方面的信息，定期公布矿区生态环境质量状况、生态恢复进展情况等相关信息。2025 年建成“汉丹清流”生态修复科普宣传与展示教育基地。

（2）鼓励公众参与和社会监督

完善公众参与程序和制度，开辟有效的意见表达和投诉渠道，搭建公众参与和沟通的对接平台。完善监督举报处理机制，积极引导环保公益组织和社会公众多渠道、多形式广泛参与，监督政府及其有关部门的生态环境保护行为。加大矿区生态环境治理宣传力度，加强宣传和成效推介，充分发挥多媒体宣传舆论导向作用，提高公众参与意识，营造全社会共同参与环保的良好氛围。

8 数字化全过程管理应用

近年来，随着生态环境重大工程建设工作要求的不断提高，传统工程管理模式已难以满足工作要求，管理覆盖度不足、覆盖过程不全面等问题已日趋显现，数字化全过程管理可以有效破解这一难题。实现生态环境重大工程数字化全过程管理需要从战略定位、能力建设和价值实现角度出发，综合打造数字化全过程管理能力。本章主要从数字化全过程管理的需求和目标出发，扼要介绍“天空地”一体化数字化监管体系和生态环境重大工程全过程管理体系，提出全过程管理数字化平台框架和基本功能，完善和创新生态环境重大工程数字化全过程管理能力，不断推进重大工程管理现代化。

8.1 数字化发展机遇

党的十八大以来，以习近平同志为核心的党中央准确把握时代大势，紧紧抓住信息化、数字化发展的历史机遇，做出了一系列重大决策部署，推动网络强国、数字中国建设取得重要进展和显著成效。数字化系统已经成为政府和企业业务、监督、执法、办公、教育的主要支撑平台。

2023 年 2 月 27 日中共中央、国务院印发《数字中国建设整体布局规划》，强调了数字中国建设的重要地位，明确了数字中国建设在 2025 年、2035 年两个时间节点的总体目标，同时提出了数字中国“2522”的整体框架，《数字中国建设整体布局规划》也指出要加强整体谋划、统筹推进，把各项任务落到实处，建立健全数字中国建设统筹协调机制，及时研究解决数字化发展重大问题，推动跨部门协同和上下联动，抓好重大任务和重大工程的督促落实。

信息技术创新日新月异，以数字化、网络化、智能化为特征的信息化浪潮蓬勃兴起，也贯穿我国现代化进程始终。我国信息化的进程是从 20 世纪 80 年代初国家大力推动电子信息技术应用开始，开启信息化办公时代。随着一系列技术和产业发展，在 2017 年我国提出“数字中国”的概念，数字中国建设的重要地位逐步加强。将数字孪生技术与流域及城市管理等行业逐步融合，形成了数字孪生技术体系下的数字孪生城市等一系列新概念，对管理决策起到了尤为重要的支撑作用。尤其是 2021 年水利部先试先行，正式启动数字孪生流域建设工作，指出要按照“需求牵引、应用至上、数字赋能、提升能力”要求，以数字化、网络化、智能化为主线，以数字化场景、智慧化模拟、精准化决策为路径，以算据、算法、算力建设为支撑，加快推进数字孪生流域建设，实现预报、预警、预演、预案功能。同时在探索数字孪生在水利工程建设管理方面的作用，以上海水务方面建设的吴淞江工程（上海段）新川沙泵闸枢纽工程数字孪生平台为例，基本实现了不同层级参与者信息有效交互与业务协同，解决了参建方多、管理难度大等问题，保障了整个工程管理的高效有序。同时以 BIM 为媒介，将工程建设与工程监管进行深度融合，在提升工程数字化、精细化管理水平方面初显成效，为后续类似工程管理提供可借鉴、可推广、低成本、高效的全生命周期管理模式。

数字化技术所具备的数字化、智能化以及自动化的管理功能对传统粗放型重大工程的管理模式带来了巨大改变，数字化管理模式能够保障各环节有效的运行，有效解决监管力度不够、手段落后的问题，实现对工程建设和运行的全方位、全过程监控，很大程度上可以解决传统粗放型工程管理模式所存在的效率低下、管理效果不强等问题。政府、企业管理人员通过科学利用数字化技术以及相关管理工具，基本上可以实现对重大工程现场作业流程、专业工程内容和工程成效评估的规范管理和应用。

为适应当前生态环境保护和重大工程实施的新形势，积极探索生态环境重大工程项目全过程数字化管理模式，利用“天空地”一体化监管技术和数字化技术，改变传统项目管理的方式、手段和路径，将生态环境重大工程全过程管理与数字化建设深度融合，实现管理方法的标准化、自动化和规范化，以精细化和动态化的方式对生态环境重大工程全过程管理。

（1）提升管理水平。在生态环境重大工程全过程管理中应用数字化技术，能够提升生态环境重大工程建设的整体管理水平。传统的项目工程管理模式人工工作量大、效率低，加之很多建设单位对工程管理重视不够，管理流程混乱，导致出现各种问题，造成不必要的损失。采用数字化技术进行生态环境重大工程管理，可以更全面地了解施工进度、施工情况等工程建设的具体内容，并根据实际情况，及时调整生态环境重大工程建设中的目标偏移，有效规避各类隐患问题。数字化技术也能够对管理目标和内容进行细化，构建合理的管理计划和方案，从而较好地解决可能出现的各类问题，实现管理流程的标准化，大幅提升生态环境重大工程全过程管理水平。

（2）促进工作效率。与传统工程管理模式相比，运用数字化技术进行生态环境重大工程管理，能够充分提升工作效率。数字化有利于信息共享，可加强政企内外部之间的有效沟通，从而提高工作效率，保障重大工程质量。应用数字化技术实现全过程管理内容和基本环节的数字化处理，充分提升重大工程全过程管理效率，及时传递相关过程信息，让管理人员及时了解工程施工进度和质量，保证工程施工的顺利进行。通过数字化系统协调建设人员在施工各方面的流程和关系，针对存在问题，及时进行调整和反馈，提升施工管理信息的交流频次，在实现生态环境重大工程优质、节省的目标的同时，优化资源配置，最大限度地减少窝工和返工，提升施工效率，控制施工工期。

（3）提高工程质量。在建设工程项目的实施过程中，因为各类不当行为的存在，很容易造成生态环境重大工程出现质量缺陷，运用数字化技术能够较好地监督项目建设过程，规避这些风险因素，避免各个方面可能带来的损失，确保经济效益以及社会效益。采用数字化手段，从项目立项开始，就可以做到信息的公开透明化，减少信息不对称问题，为生态环境重大工程建设提供重要指导和帮助，明确工程质量标准，消除潜在的质量问题和安全隐患，保证工程施工质量。

（4）调整工作流程。采用数字化技术进行生态环境领域重大工程全过程管理，基于“天空地”一体化实时监测和工程建设评估模型的评估结果，可以更好地开展工作流程的调整，使工作流程更加标准化、规范化和目标化。这对于生态环境重大工程的建设来说，将使其各项工程进度和资源得以优化配置，达到建设目标。

（5）有效传递信息。数字化平台的应用能够解决以往的生态环境重大工程项目管理中，沟通成本普遍较高，管理人员难以及时传递到有效信息，建设部门虽然清楚地了解工程进度，但通过传统沟通方式，管理人员无法了解现场情况，通过数字平台和监管体系，使用信息化系统，能够直观地了解现场情况、进度汇报、建设进度和建设效果等内容。

（6）有效管控项目成本。在数字化管理过程中，通过数字技术的应用，将人力成本转为技术力量，可以有效降低人力成本，同时将人力资源进行更加合理地配置，避免人为因素造成的问题，降低了人为管理造成的不确定，在一定程度上减小了项目风险。

综上所述，通过数字化手段，对于生态环境重大工程制定科学可靠管理措施，全过程精细化管理，对有效传递建设信息、增加建设效率和减少项目风险有着重大意义，数字化技术已经成为生态环境重大工程全过程管理的重要手段。

8.2 数字化发展方向

8.2.1 建设需求

生态环境重大工程建设是实现生态环境保护中长期规划目标的主要途径和重要抓手。当前生态文明建设和生态环境保护工作已逐步向整体化、多目标协同、系统性工程治理转变，以数字化手段推进落实重大工程全过程管理和项目考核评估，能够为实现深入打好污染防治攻坚战目标、生态产品价值转化提供有力保障。依托数字化管理手段，推动生态环境重大工程全过程管理由“整体弱”到“全面强”，将行业与社会监管相结合、专业与综合监管相结合，创新监管方式，形成行业自律、社会共治的管理格局。同时充分利用遥感、物联网等先进技术，对生态环境重大工程重点监管事项进行管理，实现管理工作中问题发现预警和上报、筛选分类、情况核实、整改反馈、跟踪复查、责任追究、统计分析、预测决策等环节，为生态环境重大工程全过程管理提供支撑。同时推动横纵向管理方式的提升，纵向上，向上为国家“互联网+监管”系统各项数据的汇集实现信息化手段建设，向下与地方生态环境建设部门管理系统实现数据的互推互拉；横向上，充分考虑数据的共享和监管任务的协同，打通全过程管理事项之间的数据和业务壁垒。

8.2.2 建设目标

围绕生态环境重大工程全过程管理的核心业务，依托生态环境重大工程全过程管理数字化平台，全面整合生态环境重大工程建设和管理两大核心业务，实现重大工程管理部门业务的“一张图”管理。即一方面以重大项目建设过程管理主线为核心，实现生态环境重大工程项目的全生命周期管理；另一方面，通过整合重大工程基础数据、专题数据、矢量数据、业务数据等监管数据，实现生态环境重大工程监测评估与全过程管理的协同联动，从而形成以“一张图”为管理核心，以三个“一体化”为支撑的总体设计目标。

对于具备条件的项目，研究提出拟建项目数字化应用方案，包括技术、设备、工程、建设管理和运维、网络与数据安全保障等方面，提出以数字化交付为目的，实现“设计—施工—运维”全过程数字化应用方案。

（1）“一张图”管理

生态环境重大工程全过程管理业务是一个复杂的管理体系，“一张图”管理体系是一个集所有管理业务于一体的综合性应用。将通过搭建统一的地理信息或数字孪生基础的数字化平台，以生态环境重大工程地理图为基础，整合生态环境重大工程管理中各种不同的专业数据，构建全局数据模型并形成统一的数据库，按照管理需要组织成“一张图”，从而实现数字化监测与管理建设发展的“一张图”管理。

（2）业务应用一体化

生态环境重大工程全过程数字化管理的“瓶颈”主要是生态环境重

大工程各类业务数据库建设没有形成系统规范以及共享平台。通过建设全过程管理数字化平台，一方面实现生态环境重大工程内部各业务应用整合，另一方面通过统一的应用接口与各级部门实现无缝对接，从而实现整体业务应用的多级联动及交互共享。

（3）空间数据一体化

统一管理生态环境重大工程相关的各种空间数据，包括栅格地图数据、矢量地图数据、数字高程数据、遥感影像数据、生态环境重大工程基础数据等，通过搭建统一的地理信息或数字孪生基础的数字化平台，对各种空间数据进行录入、编辑、转换、分析、输出等操作，做到“以图管建”，图文一体化，能进行便捷的属性到图形、图形到属性、属性到属性、图形到图形的相互查询与分析，加强空间分析功能和空间数据处理功能，为生态环境重大工程提供专题空间数据服务。

（4）基础设施一体化

由于生态环境重大工程建设周期和管理时间较长，数字化工程基础设施资源可能会面临运维资金不足，技术力量缺乏以及基础硬件老化等问题，随着云计算时代的到来，以计算技术为基础，整合生态环境重大工程中全过程管理各业务应用的基础资源，有效解决硬件冗杂所带来的资源浪费、运维复杂等问题，实现基础资源的灵活调度及动态管理。同时，将业务人员从繁复的硬件运维工作中解放出来，使其能真正回归到生态环境重大工程项目管理工作上。

8.3 数字化平台建设规划

8.3.1 “天空地”一体化重大工程监测体系建设

“天空地”一体化监测体系是围绕生态环境重大工程全过程管理业

务，利用天空地遥感技术手段，实现生态环境重大工程全区域、全要素感知，采用 5G、窄带物联网（NB-IOT）、卫星互联网等通信网络实现感知数据快速传输，构建物联网感知平台，实现感知数据规范接入、统一管理。按工作平台的不同，“天空地”一体化遥感技术可分为航天遥感、航空遥感和地面遥感，其中航天遥感把传感器设置在航天器（如人造卫星、宇宙飞船、空间实验室等）上；航空遥感把传感器设置在航空器（如气球、航模、飞机及其他航空器等）上；地面遥感把传感器设置在地面平台（如车载、船载、手提、固定或高架平台等）上。卫星遥感和无人机遥感分别是当前应用最多的航天遥感和航空遥感技术，地面遥感主要用于近距离测量地物波谱和摄取供工程建设管理评估用的地物细节影像，在生态环境重大工程监测中应用相对较多。从成本和实效性方面考虑，在生态环境重大工程监测管理中可较多应用卫星遥感、无人机遥感，以及工程建设监测常规手段地面站点和一体化内外业核查终端，三者共同构成“天空地”一体化监测体系（图 8-1）。

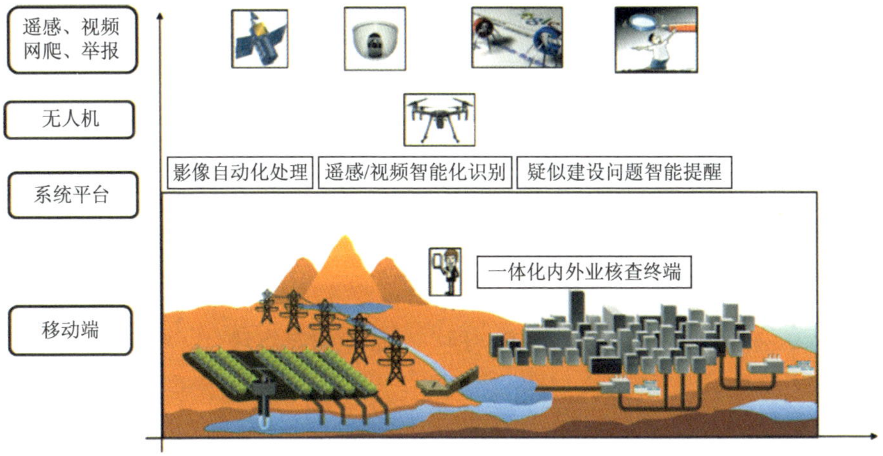

图 8-1 “天空地”一体化监测体系

“天空地”一体化监测体系在生态环境重大工程全过程管理的实际应用中，主要由遥感卫星对生态环境重大工程的本底及变化信息进行大范围普查，按照重大工程措施布局情况和卫星图斑进行比对，查看项目建设情况、变化情况，初步评估项目建设工程量和项目建设成效；如果遥感影像分辨率不足以支撑精确判断，则由航空飞机、无人机、飞艇等搭载各种相机、传感器，对卫星发现的变化进行核实和确认，判定项目建设情况或存在问题；对于无人机无法掌握的情况或者隐蔽工程，则由北斗支撑的地面监测设备和手段进行现场实地核查和鉴别。在有条件的地区，地面布控智能摄像头，精准识别项目生态环境重大工程建设中的问题，并触发地面移动巡查，形成管理闭环（图 8-2）。

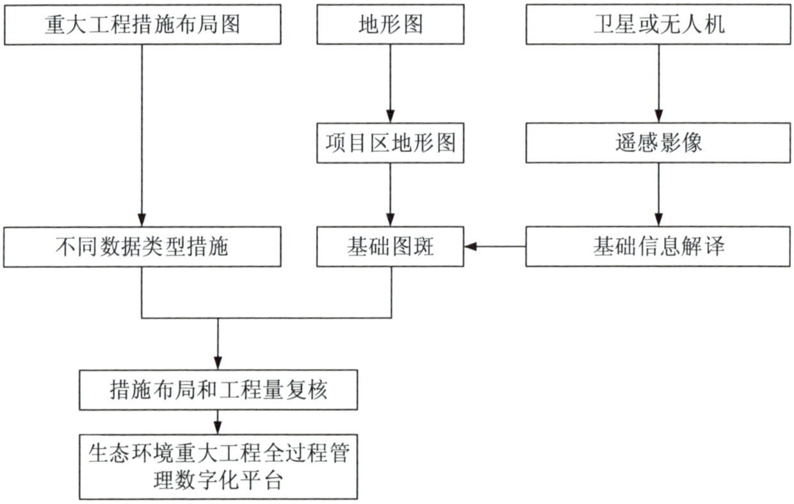

图 8-2 “天空地”一体化监管路线

8.3.2 生态环境重大工程全过程管理体系

生态环境重大工建设水平提升的重要保障是实现生态环境重大工

程过程监测和管理目标。由于重大工程项目设计和建设单位可能存在多家的情况，在项目谋划阶段，首先，各设计单位利用数字化技术的优势功能完成对项目阶段进行协同与深化设计处理。在协同建设过程中，对工程参数以及信息等重要资源的共享分析，增加重大工程建设成效，并根据分析结果，对项目各施工阶段流程所涉及的重难点内容进行深度研究与分析。在建设阶段，参与到项目施工建设的相关单位和人员可通过借助轻量化协同平台，对关键数据进行重点研究与共用分享，增加建设效率，达到建设目标。同时管理人员通过“天空地”一体化监测成果，对项目进行实时成效评估，纠正工程建设中存在的问题，提前处理各专业施工相互交叉所涉及的风险和问题，尽量减少专业施工矛盾问题出现。在后期运营管理阶段，相关人员可利用数字化技术重大工程进行全面监测和深化调整，通过不断提高信息化监管水平，保障项目运营质量服务水平得以全面提升。除此之外，基于“天空地”一体化监测体系和数字孪生技术的生态环境重大工程可以提前对关键施工节点流程内容进行模拟分析，对实时建设情况进行分析评估，根据分析和实际评估结果，对关键施工节点所涉及的重难点施工问题进行提前把握，尽量减少现场风险问题，促进生态环境重大工程建设成功。

8.3.3 生态环境重大工程全过程管理数字化平台架构

基于数字化的基本原则，引入遥感、数字孪生、协同模型等新技术，实现对物理工程在虚拟环境中的映射，在虚拟空间中还原和反映现实生态环境重大工程建设情况，并进行全过程管理。建设有针对性的生态环境重大工程全过程数字化管理平台，建立生态环境重大工程数据库，有利于深度挖掘建设过程数据，整合重大工程设计规划、工程监测、工程建设管理等能力，综合提升生态环境重大工程全过程监管能力。数字化管理平台主要实现生态环境重大工程信息的采集、申报、管理、展示和统计，以及重大工程管理中生态治理、保护措施数据、检查考核以及管理机构、设施、人员等信息。按照生态环境各类重大工程项目和工程的综合展示、工程概览、申报管理以及检查、考核、评估等方式来提高生态环境重大工程全过程管理水平。

按照生态环境重大工程系统的应用需求，采用分层模式进行设计与规划，以统一的标准规范为依据，以安全体系为保障，按照高效、灵活、可移植的框架体系，形成开放的体系结构、灵活的组配方式，为全过程管理工作提供全流程的系统支撑。系统架构分为基础设施层、平台层与应用层。生态环境重大工程全过程管理数字化平台架构如图 8-3 所示。

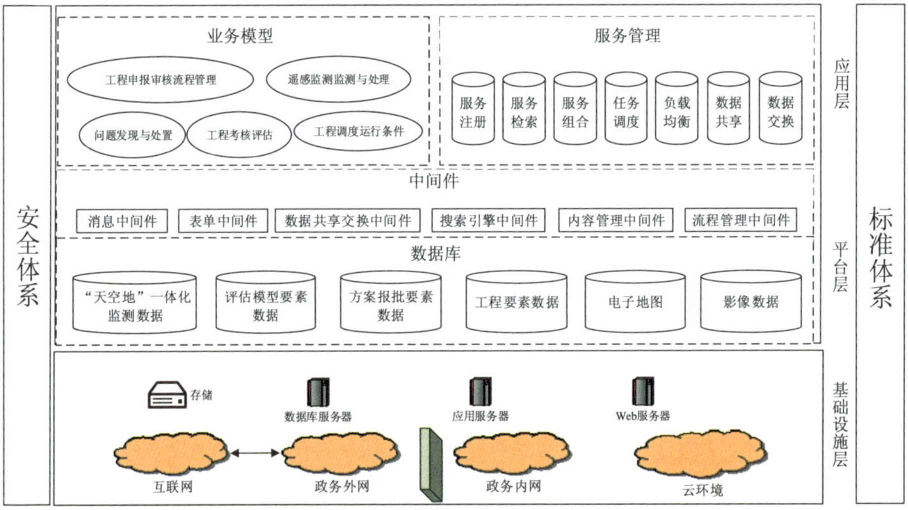

图 8-3　生态环境重大工程全过程管理数字化平台架构

（1）基础设施层

基础设施层是整个平台所依赖的软硬件环境，包括系统运行的环境以及计算机的硬件环境和网络环境，是系统基础运行的支撑平台。需要从伸缩性和可用性的长远角度特别考虑互联网及政务外网、政务内网、云环境的基础环境，也需要考虑数据库、应用服务器、Web 服务器的集群及存储环境。

（2）平台层

平台层分数据源和中间件两大部分：数据源整合“天空地”一体化监测数据、评估模型要素数据、方案报批要素数据、工程要素数据、电子地理空间数据以及影像数据；中间件层对自定义组件和第三方中间件进行封装和二次开发，以支持应用系统的建设，主要包括消息中间件、表单中间件、数据共享交换中间件、搜索引擎中间件、内容管理中间件、流程管理中间件。

该系统架构把生态环境重大工程全过程管理业务模型的管理和服务的管理统一纳入平台支撑部分，以实现上层的业务专题应用。业务模型将“天空地”一体化监测数据、工程方案数据、工程要素数据、工程调度运行等业务条件和重大工程建设评估模型进行统一管理，以便对要素和文件进行增删改操作、便于上层应用计算的快速处理。服务管理是将应用层所涉及的系统应用的所有服务纳入管理范围，以服务的形式提供全系统共享的信息资源的集合，包括服务的注册、服务的检索、服务的组合、任务的调度、负载均衡、数据的共享、数据的交换等的管理，其作为整个系统的服务中心，提供对于服务的管理，如系统配置、服务管理、安全管理和运行保障。

（3）应用层

根据生态环境重大工程全过程管理的基本技术思想和综合体系结构，应用系统按“数据与发布分离、绘制与审核分离、应用与服务分离、业务逻辑与表现逻辑分离”的技术原则，对业务应用功能进行架构。应用层提供服务层主要结合提供各类生态环境重大工程全过程管理的数字化应用，实现对各类相关数据信息和分析成果的直观、立体化数据展示和生态环境重大工程报批流程、文件存档，通过“天空地”一体化体系，实现对生态环境重大工程建设中的问题发现与处置、工程考核评估和工程调度运行等功能，整体实现生态环境重大工程在建设期和运营期的全过程管理。

同时建设相应的平台安全体系和标准化体系，在整个系统上提供安全保障，包括系统总体的安全、硬件网络层的安全、操作系统的安全、数据库的安全、服务的安全和业务应用的安全，同时避免因为标准和规范不统一而引起的维护问题。

8.3.4 生态环境重大工程全过程管理数字化平台功能

生态环境重大工程全过程管理数字化平台是围绕生态环境重大工程运行管理、工程运维、项目建设管理、建设监管等重点工作，强化工程建设综合管理、全生命周期监管，推进项目建设全流程管理，加强建设市场监管，构建生态环境重大工程智能应用，支撑工程安全运行、工程建设等业务。生态环境重大工程全过程管理数字化平台，从生态环境重大工程报批文件中提取重大工程建设关键措施和数据，作为建设管理评价指标，依据评估模型，评估重大工程建设现状，并以数字孪生作为重大工程进行“一张图”地图展示，辅以“天空地”遥感监测、手段对工程建设状况进行取证、核查，发现问题并进行整改，最终对工程建设进行相关调度。通过遥感、视频、现场发现等手段获取信息，各级管理部门可对整改情况进行监控，并反馈整改意见，再进行新一轮评估。对完成整改、评估等级低于预警级别不再进行预警，对未完成整改、评估等级依然达到预警级别给予更高等级预警和处罚，最终对生态环境重大工程建设形成闭合管理。在运营期间，对生态环境重大工程进行监测，对工程成效、运行状态等，实现“一张图”展示，并及时发现问题，依托决策支持系统，对工程中的问题进行整改或工程运维管理。同时建设综合办公系统和移动应用系统，解决即时问题处理和综合办公难题，发挥生态环境重大工程全过程管理数字化平台在建设和运维中的决策支撑作用。生态环境重大工程全过程管理数字化平台功能如图 8-4 所示。

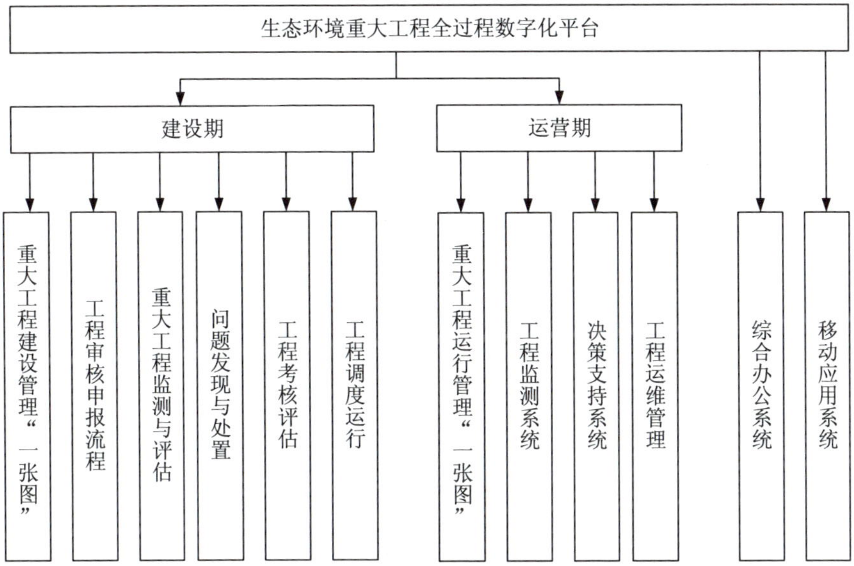

图 8-4　生态环境重大工程全过程管理数字化平台功能

9

发展展望

党的二十大报告提出：中国式现代化是人与自然和谐共生的现代化，以中国式现代化全面推进中华民族伟大复兴。完整、准确、全面贯彻党的二十大提出的新思路新举措新要求，强化推进美丽中国建设的整体部署，加快发展方式绿色转型，生态环境重大工程建设恰逢前所未有的发展机遇。未来，生态环境重大工程项目全过程管理将以深入打好污染防治攻坚战为目标，以系统性、前瞻性、全局性、整体性思维，建立健全生态环境重大工程全过程管理制度体系，创新全过程咨询管理体系与管理模式，完善以生态环境颜值提升为重点的重大工程实施成效综合体系，推动生态环境重大工程技术绿色可持续，助力绿色低碳高质量发展，努力建设美丽中国，实现中华民族永续发展。

9.1 管理制度完善方向

9.1.1 切实增强系统观念整体推进生态环境重大工程

加强生态环境保护、建设人与自然和谐共生的现代化是一个系统工程，需要统筹兼顾、系统谋划、整体推进。必须善于用普遍联系的、全面系统的、发展变化的观点观察事物、把握规律，把生态环境保护融入党和国家事业大局，将系统观念贯穿生态环境保护工作各方面、全过程。我们要不断对标对表党中央、国务院重大决策部署，学深悟透，结合实际研究提出新思路、新举措，用改革创新的办法，推动解决制约生态环境保护事业发展的深层次矛盾和问题。深入打好污染防治攻坚战，扎实推进净土保卫战，强化土壤污染源头管控重大工程项目实施成效；深入推进强化危险废物监管和利用处置能力改革，推动危险废物重大工程建设取得实质性进展，大力推进危险废物信息化环境管理；着力推动生态环境基础设施建设等重大工程项目实施，大力发展生态环保产业，积极推动减污降碳协同。

坚持系统全面、突出重点，聚焦“十四五”生态环境重大工程项目推进实施进展，立足更好发挥重大工程牵引支撑作用，切实提高站位、打开视角。坚持问题导向、实事求是，讲成绩和摆问题并举，客观公正反映情况，注重挖掘深层次矛盾和风险隐患，精准找出难点堵点。坚持科学严谨、守正创新，积极借鉴历次五年规划中期评估的经验做法，结合新形势新要求改进评估方法，完善评估工具体系，确保评估的专业性、科学性和严肃性。有关重大工程实施是否达到“时间过半、完成过半”的进度要求，并对后续的重大工程项目等实施情况进行预测分析和展望，提出相应实施建议。

9.1.2 系统构建生态环境重大工程管理制度体系

以已有的生态环境部门项目管理制度要求为底色，建立健全跨部门生态环境重大工程项目管理制度，实现“十四五”生态环境重大工程的全生命周期绿色管理。强化制度管理代替人和部门管理的思维模式，尽快制定一套符合生态环境需求的重大工程全过程管理制度体系。当下，各级生态环境部门已发布的项目管理制度特别是中央生态环保储备库的一系列项目管理制度已经作为多部门生态环境重大工程管理的重要参考依据，要发扬已有环境项目管理的优势，强化对生态环境重大工程建设的项目前期研究和决策，科学预判工程项目实施和运行的全生命周期管理需求，提出一套生态文明顶层设计框架下涉及组织、管理、经济和技术等各方面全过程制度体系，重点解决局部或整体环境问题，并力求系统达到规划目标指标要求。在已有中央生态环境专项资金项目库和中央生态环保金融项目储备库管理制度的基础上，在组织保障、工程管理、质量进度成本控制、工程技术保障等方面不断完善生态环境重大工程管理制度体系（图 9-1）。

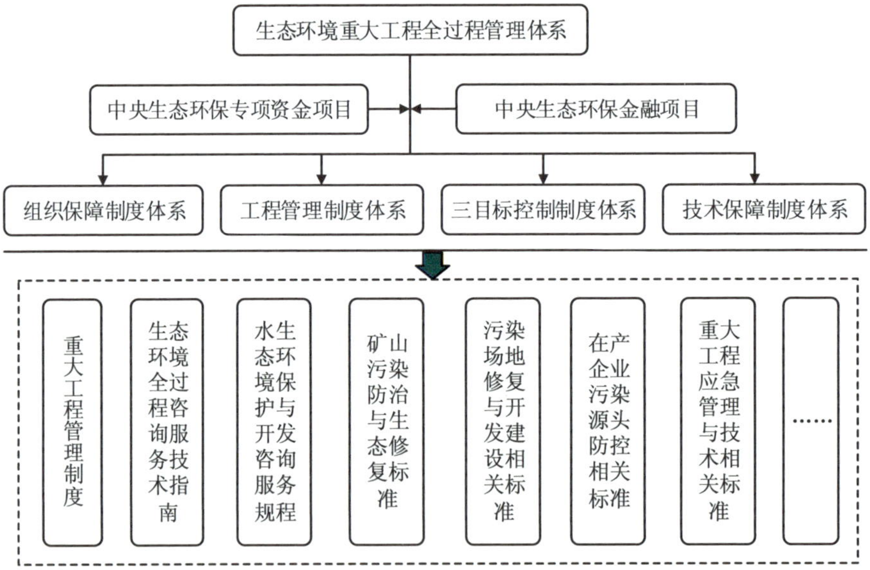

图 9-1　全过程咨询管理制度体系建设

从目前阶段来看，重大工程管理制度仍不完善，重大工程管理制度、生态环境全过程咨询服务技术指南，以及在水生态环境保护与开发、矿山污染防治与生态修复、体量较大的污染场地修复与开发建设、在产企业污染源头防控、重大工程应急管理等典型工程项目中开展分领域的全过程咨询服务相关标准等将陆续发布，通过标准制定全面引导和规范生态环境全过程咨询服务模式的发展。

9.2 全过程管理手段创新

9.2.1 充分重视生态环境重大工程全过程管理模式创新

各级生态环境管理部门高度重视全过程管理模式在深入打好污染防治攻坚战中的重要作用，全过程管理模式将逐渐发挥出创新优势。生态环境重大工程不同于普通的工程项目，对管理模式要求高，更加注重模式创新，生态环境部和各省级生态环境部门充分重视全过程咨询服务模式在相关规划、工程项目管理中的作用，鼓励和推动全过程咨询服务模式的发展与实践，不断创造良好的政策导向与政策环境。不同于建设项目生产和运营管理体系，全过程管理模式要求在建设全过程中把生产和运营管理的流程、方式、特点纳入前期策划、规划设计以及施工建造的各个环节，这就对建设方、咨询方、施工方等提出精细化、规范化、科学化的要求（图 9-2）。

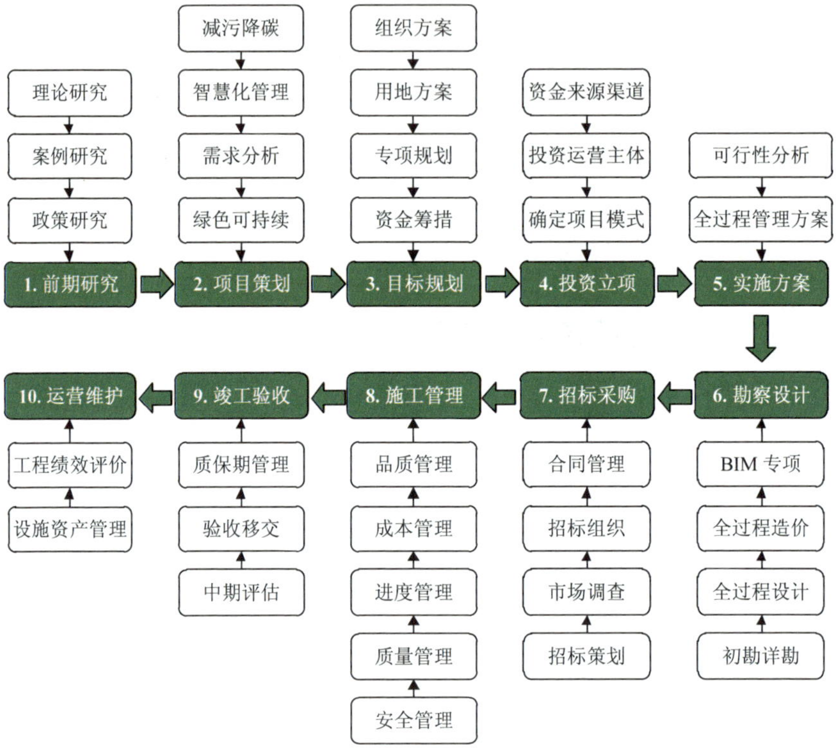

图 9-2　全过程管理模式工作内容及流程

通过生态环境重大工程全过程管理有效促进重大工程项目建设质量、进度和成本。全过程项目管理模式具有很强的实践性、专业性，对业务水平要求很高，要求管理和考核人员具有丰富的实践经验和认真仔细的工作态度。针对复杂的环境工程项目，可帮助建设单位对工程进行全面的管控，加强成本咨询，极大降低投资风险，有效控制成本，帮助投资者在成本决策阶段进行评估，从投资管理、进度管理、合同管理等方面把控工程建设过程，有效控制风险，减少不必要的支出，并使资金得到最大化利用，从而提高建设项目施工的经济效益，进而增强建设企业的市场竞争力。项目管理咨询服务企业要提高管理咨询水平，加强对成果文件的归纳、整合，强化成果文件工程量指标、工程造价指标、相关性指标等分析，编制适合企业自身运营方向的工程指标数据库，使工程管理工作越来越数字化、系统化，从而提高企业的竞争力。

梳理重大工程实施中采取的创新性举措、阶段性成效较好的重大工程项目案例、具有参考借鉴价值的典型管理经验，总结重大工程实施过程中的政策支持、资金渠道、模式创新、监督管理、体制机制、激励措施、协调联动等方面的经验、突出问题和困难，收集一批优秀典型案例，编制重大生态环境保护重大工程项目案例集。

9.2.2 基于数字化手段创新手段助力重大工程全过程管理

随着《数字中国建设整体布局规划》的出台，生态环境重大工程数字化全过程管理亟须加强整体谋划、统筹推进，研究解决数字化发展中的重大问题，抓好重大任务和重大工程的督促落实。引入数字化思维，借助数字化技术，完善数字化监管体系，设计与建设工程项目相适应的数字化全过程管理方案，开发便捷高效的生态环境重大工程项目数字化全过程管理平台，是推进生态环境重大工程项目数字化进程的重要手段。

数字技术为重大工程项目实施的全过程提供了监管手段，全面提升重大工程项目监测水平。打造“天空地”一体化重大工程监测体系，谋划生态环境重大工程全过程管理体系，增加“非现场”管理手段，结合遥感、感知设备和环境监测设备等，构建“数据分析—视频巡查—快速研判—现场处置”全链条数字化管理模式。依托各类评估模型，综合分析，精准识别项目风险，提高重大工程全过程管理手段和水平。

数字手段为重大工程项目实施的全过程提供了管理支持，打造项目协同管理模式。通过建设生态环境数字化全过程管理系统，新建和整合分散管理的业务系统，同时将各项目进度及项目各参建方纳入统一系统进行管理，提高数据共享效率，拓宽了发现问题线索渠道，提高了管理效率，降低了管理成本，解决项目管理难题。特别是对项目的投资、建设、进度、风险、运维等结合技术创新实行高度量化，支撑重大工程项目管理的精细化、协同化的管理创新思路，巩固加强管理效能。

数字手段为重大工程项目实施的全过程增加了监管维度，全面提升重大工程管理效能。通过新一代数字化手段，如数字孪生技术的应用，采用立体协同化视角，打造重大工程全过程管理全新的三维视角管理模式，将不同项目参与方的知识资源整合成项目共同价值，统筹项目相关方资源，实现项目进度、投资的综合管控；实现以进度控制为龙头，带动投资、合同控制的全面提升；实现安全管理和质量管理的过程监控，有效提升作业合规率，确保整体项目质量，增加项目治理成效。

随着生态领域重大工程投资和建设力度不断加强，政府机构和国内外优秀的数字化管理企业越来越重视对生态环境重大工程全过程数字化管理的分析研究，特别是对当前数字化管理的市场环境和需求趋势的深入研究，以期提前谋划，取得先发优势。正因为如此，提前建立政府机构、管理机构、金融机构、数字化公司的良性互动与合作发展的平台，促进各方资源形成合力，加快提升数字化管理的整体性、系统性和协同性，以数字化赋能生态环境重大工程全过程管理，提高重大工程建设、管理和运营能力，加强生态治理成效，以数字化开创高质量发展新局面。

9.3 绿色可持续技术创新

9.3.1 着力实现生态环境重大工程的环境效益最大化

更加注重环境效益的最大化，并将其作为生态环境重大工程的重要考核标准，完善以生态环境颜值提升为重点的重大工程实施成效综合体系。加快构建生态环境重大工程成效评估顶层设计和总体框架，为推进“十四五”生态环境重大工程实施成效评估提供有力保障。以生态环境重大工程实施成效评估为指导，统筹协调生态文明建设和生态环境保护工作，全方位支撑生态环境重大工程监督，统一规范体系，明确评估方法，促进区域生态环境质量改善和生态功能提升、维护国家和区域生态环境安全、建设美丽中国。

坚持以深入打好污染防治攻坚战为目标导向，构建路径合理、积极稳妥的生态环境重大工程成效评估体系。在注重项目完成情况、资金管理情况、绩效目标完成情况等的基础上，强化项目环境绩效管理，以绿色、低碳为引领，建立科学合理、综合全面的考核体系。聚焦生态环境重点领域，实现生态环境要素全覆盖，在体现优美生态环境“颜值”上多下功夫，系统设计和构建生态环境重大工程成效评估标准体系，增强实施成效的整体性和系统性，逐步制定和发布实施与生态保护修复成效评估有关的各项技术规范和标准，助力生态环境持续改善、民生福祉不断增强、生活品质不断提高。

立足于生态环境部门职责，在强化目标完成情况的基础上，更加重视项目实施过程中的成效考核，满足不同阶段生态环境重大工程实施成效评估需求。在工程实施过程中同步开展项目综合成效评估，从项目决策、项目管理、产出，以及工程实施对生态文明建设、自然资源保护利用、生态环境治理改善、生态系统服务功能提升等方面的成效进行综合评估。全面评估工程实施成效，工程分解任务要求完整到位，定期组织入库项目并开展调度。单体重大项目逐项梳理项目的形象进度、投资完成额、开（竣）工投产时间等；打捆项目类任务明确总体推进情况（含任务完成比例）、分解项目数量、工程总投资、投资完成额等；重大推进工作类任务逐项评估任务推进情况和实施效果等。梳理总结重大工程对《纲要》及生态环境保护规划实施的服务支撑作用发挥情况，评估其产生的经济社会效益，对承担的各项工程任务进展是否符合预期作出明确判断。

9.3.2 持续推动生态环境重大工程技术绿色可持续发展

与住房和城乡建设部、农业农村部、水利部等部门的重大工程相比，我国生态环境重大工程基础仍较为薄弱。目前我国处于深入打好污染防治攻坚战的攻坚期，如何在兼顾环境、社会、经济效益的前提下，提高工程技术的效率、绿色可持续性是实现美丽中国战略目标的重要保障。在科技部牵头印发的《“十四五”生态环境领域科技创新专项规划》中，进一步明确了国家对生态环境绿色低碳可持续技术的战略需求，为促进工程技术循环利用和可持续发展提供了总体思路，尤其在重大工程项目实施过程中要加强科学研究，将产学研用进行有效结合，实现重大工程技术创新及绿色可持续性发展。一方面，要求生态环境规划和重大工程设计要对减污降碳协同增效一体谋划、一体部署、一体推进、一体考核，要积极探索以降低环境治理成本为主的多要素环境协同治理模式，通过物质在不同要素治理工程之间的资源优化利用，实现水气固以及生态修复等领域一种或多种污染物的全过程多要素协同治理，从而实现降低污染减排成本、提高区域环境效益的一种生态环境保护工程实施与管理模式；另一方面，要求在开展生态环境重大工程中，建立综合技术评估指标体系，从技术的目标可达性、经济成本投入、资源能源消耗情况、二次污染问题、绿色可持续性等方面进行综合评估，在重大工程中筛选并应用高效、绿色可持续的工程技术，实现重大工程中涉及的工程技术向绿色可持续性方向发展。

加强生态修复与污染治理技术创新，形成不同要素领域绿色低碳技术名录，同时，突破不同环境要素间协同治理的技术屏障，以降低治理成本为动力，延展资源循环利用链条，构建环境治理共生网络；开展环境综合治理托管模式试点，先行先试，创新协同治理模式管理思路；培育综合服务龙头企业，依托强大经济实力、丰富工程经验和先进科研平台，开展多要素协同控制和全过程污染防控技术与模式创新，提供多要素协同治理系统性解决方案，最终实现工程技术循环利用和可持续发展。

9.4 全过程咨询服务保障

生态环境部在“十四五”中后期以及“十五五”将重点推动生态环境重大工程建设。在已有工作基础上，构建国家生态环境重大工程项目预储备库，分步骤、分类别建立国家生态环境重大工程项目库。强化对生态环境重大工程项目的全过程管理，从谋建到实施再到竣工验收，扎实推进前期论证、中间评价和后评估工作，打造全过程管理的理念。细化生态环境重大工程项目筛选标准，并制定出台一系列生态环境重点工程标准和管理规范。

生态环境重大工程建设需要规划先行，可以预见在不久的将来，国家层面、各省（区、市）、各市（州、县）将发布生态环境重大工程规划。规划有利于摸清底数，有计划推动重大工程建设，切实有效地改善生态环境，满足人民群众日益增长的美好生活需要。与此同时，各级生态环境主管部门应高度重视全过程咨询服务在重大工程管理和深入打好污染防治攻坚战中的重要作用，注重模式创新。生态环境重大工程全过程管理能够有效促进重大工程项目建设质量，针对复杂的环境工程项目，可帮助建设单位对工程进行全面管控，加强成本咨询，极大降低投资风险，可以有效控制成本；还可以帮助投资者在成本决策阶段进行评估并编制可行性研究报告，从投资管理、进度管理、合同管理等方面把控工程建设过程，有效控制风险，减少不必要的支出，使资金得到最大化利用。各省（区、市）、各市（州、县）可通过开展生态环境重大工程试点和全过程咨询服务试点，尽快积累生态环境全过程咨询服务的经验，培养综合性较强的专业咨询服务机构和复合型人才。

生态环境重大工程建设需要资金作支撑。进入“十四五”以来，深入打好污染防治攻坚战面临很多新任务，但减费降税、财政资金收紧已是大势所趋，各级财政必须全面落实“过紧日子”的要求。在财政资金收紧的客观情况下，必须充分发挥现有财政资金的杠杆作用，引导更多社会资本投入，推动重大工程建设，更好地保障生态文明建设。推进重大工程融资向效果导向和依效付费机制转变。加强生态环境按效付费模式全过程研究，建立生态环境部门与财政、发展改革委等部门联审机制，推行按效付费模式试点工作，加强对实施按效付费项目政策引导和支持力度。在具体项目实施过程中，建立健全以绩效或效果为导向的全过程管理模式，建议以绩效目标为核心，在项目实施不同阶段侧重不同的绩效管理重点。探索并创新生态环境治理商业模式。加大资金投入与规划的衔接。进一步强化中央专项资金对环境保护的调控导向与重大规划目标的支撑，加大对跨区域、跨流域等重大规划实施、重大工程建设、重大政策实施、环境保护薄弱环节和领域等方面的引导。通过建立政府监管的常态化管理机制和项目绩效考核机制，引导和“倒逼”社会资本从过去偏好工程建设向重视项目全生命周期的建设运维绩效的转变。

专栏七　指南编制建议

一、国家已发布的全过程管理文件

2017 年 2 月，《国务院办公厅关于促进建筑业持续健康发展的意见》（国办发〔2017〕19 号）；

2017 年 5 月，住建部发布《关于开展全过程工程咨询试点工作的通知》（建市〔2017〕101 号）；

2017 年 12 月，国家发展改革委发布《工程咨询行业管理办法》；

2018 年 3 月，住建部发布《关于征求推进全过程工程咨询服务发展的指导意见（征求意见稿）和建设工程咨询服务合同示范文本（征求意见稿）意见的函》（建市监函〔2018〕9 号）；

2019 年 3 月，《国家发展改革委、住房城乡建设部关于推进全过程工程咨询服务发展的指导意见》（发改投资规〔2019〕515 号）；

2019 年 6 月，北京市发展和改革委员会等三部门转发国家发展改革委、住房城乡建设部《关于推进全过程工程咨询服务发展指导意见》的通知；

2019 年 3 月开始，全国各省相继发布文件，开展推行全过程工程咨询试点。

二、建议从规划统筹、顶层设计，考核评估多流程完善标准指南编制

（1）《国家生态环境重大工程任务清单建立及更新机制》；

（2）《省市生态环境重大工程项目筛选指导意见》；

（3）《生态环境重大工程建设项目储备入库指南》；

（4）《生态环境重大工程项目全过程管理规范》；

（5）《生态环境重大工程项目监理实施细则》；
（6）《生态环境重大工程项目环境影响评价法》；
（7）《生态环境重大工程项目质量管理条例》；
（8）《生态环境重大工程实施成效评估考核技术规范》；
（9）《生态环境重大工程全过程管理考核评估技术规范》；
（10）《生态环境重大工程绩效考核管理办法（含干部考核机制）》；
（11）《生态环境重大工程资金管理办法》；
……

附 录

附录 1 《关于启动中央生态环境资金预储备项目清单编制试点工作的通知》

（环办科财函〔2022〕448 号）

河北省、福建省、山东省、湖北省、湖南省、广东省、广西壮族自治区生态环境厅，中国环境科学研究院、中国环境监测总站、环境发展中心、华南环境科学研究所、环境规划院、环境工程评估中心、土壤与农业农村生态环境监管技术中心：

为进一步提高中央生态环境资金项目储备质量，增强支撑深入打好污染防治攻坚战的精准性，提高资金使用效益，我部编制了《中央生态环境资金预储备项目清单编制试点工作方案》（见附件 1，以下简称《工作方案》），组建了部工作专班（见附件 2），选择部分省份开展中央生态环境资金预储备项目清单（以下简称预储备项目清单）编制试点工作，建立自上而下与自下而上相结合的项目预储备制度。现将有关事项通知如下。

一、提高认识，高度重视。预储备项目清单编制是落实中央精准、科学、依法治污要求的重要举措，是全面推进预算绩效管理的有效手段，也是支撑深入打好污染防治攻坚战的有力保障。各有关单位要提高思想认识，把提高中央生态环境资金使用的精准性、有效性作为学习落实党的二十大精神的重要举措，积极配合，充分调动各方面的积极性，共同做好预储备项目清单编制工作。

二、组建省级工作专班。各试点省份参照部工作专班结构尽快组建省级工作专班，并做好工作衔接，相关人员要熟悉资金和项目管理相关政策，有相对稳定工作时间投入。请各试点省份于 2022 年 12 月 5 日前将省级工作专班分组情况及人员名单反馈我部，电子版同时发送联系人邮箱。

三、试点省份及领域。基于各地污染防治攻坚战任务量和工作基础，本次选择在福建、山东、湖北、广东、广西 5 个省份开展水、大气、土壤污染防治和农村环境整治及生态环境导向的开发（EOD）模式领域试点，在河北省开展农村环境整治领域试点，在湖南省开展土壤污染防治领域试点。

四、加强人员投入保障。各试点省份预储备项目清单编制工作应于 2023 年 4 月底前完成，时间紧、任务重。为高质量完成相关工作，各试点省份、有关单位应加强工作统筹，务必确保工作专班人员的时间投入和条件保障。

五、强化工作纪律要求。各试点省份、有关单位及工作专班人员应严格按照《工作方案》要求，本着严谨、认真、负责的态度完成有关工作，加强项目信息管理，严格执行党风廉政建设的有关规定。

联系人：科技与财务司　刘昱涵、陈胜

电　话：（010）65645399、65645385

传　真：（010）65645400

邮　箱：touzichu@mee.gov.cn

附件：1. 中央生态环境资金预储备项目清单编制试点工作方案

2. 中央生态环境资金预储备项目清单编制部工作专班和小组人员名单

生态环境部办公厅

2022 年 11 月 25 日

（此件依申请公开）

附件 1

中央生态环境资金预储备项目清单编制试点工作方案

为进一步提高中央生态环境资金项目储备质量，增强支撑深入打好污染防治攻坚战的精准性，提高资金使用绩效，试点开展中央生态环境资金预储备项目清单（以下简称预储备项目清单）编制工作，探索建立自上而下与自下而上相结合的项目预储备制度，具体工作方案如下。

一、总体要求

（一）工作目标

紧扣深入打好污染防治攻坚战的重点任务，以解决突出问题为导向，以生态环境质量改善为核心，以重点工程为载体，选取典型省份开展试点，精准识别试点省份 2023—2025 年污染防治攻坚战重点任务、重点流域/区域的问题及重点项目，通过自下而上和自上而下相结合，建立“国家重大工程—省级重大项目布局—市县重点项目”三级预储备项目清单。通过建立预储备项目清单，强化支撑深入打好污染防治攻坚战的精准性，使其成为将项目储备要求与各地生态环保重点任务紧密衔接的重要载体。结合供需、统筹缓急，加强项目的适度储备，提高获得资金的预期和地方的积极性。

（二）清单定位

预储备项目清单是央地双方经过充分论证和前期准备，在立项必要性、重要性、实施可操作性、绩效目标可达性等方面达成共识的高质量项目清单，根据项目类型、资金管理要求等纳入中央生态环境资金项目储备库、生态环保金融支持项目储备库，并优先给予支持。

其中，一级清单为国家级重大工程清单，以《关于扎实推进“十四五”生态环境领域重大工程实施的通知》（环综合〔2022〕61 号）中重大工程任务为基础，结合项目类型和资金渠道等进行凝练。

二级清单为省级重大项目布局清单，结合试点省份主要任务和环境目标，突出重点流域/区域和重点任务，凝练形成重大项目布局清单。

三级清单为市县重点项目清单，依据属地职责，在省级重大项目清单下进行任务分解，细化形成具体的、可操作的重点项目清单。

二、编制依据与原则

（一）编制依据

1.《中共中央 国务院关于深入打好污染防治攻坚战的意见》；

2. 国家“十四五”生态环境保护规划、计划、专项规划以及污染防治攻坚战行动方案；

3. 生态环境部、省级生态环境部门监测、执法检查数据；

4. 大气、水、土壤污染防治资金和农村环境整治资金管理办法；

5.《中央生态环境资金项目储备库入库指南（2021 年）》；

6.《生态环保金融支持项目储备库入库指南（试行）》。

（二）编制原则

规划引领，突出重点。预储备项目清单依据《中共中央 国务院关于深入打好污染防治攻坚战的意见》、“十四五”规划纲要、国家及试点省份“十四五”生态环境保护相关规划、计划及有关攻坚战行动方案，并结合污染防治现状与问题确定，突出“十四五”期间重点任务、重点区域/流域和突出问题。

上下联动，逐级细化。自上而下谋划指导与自下而上夯实项目基础有机结合，精准识别重点任务、重点布局与重点项目，逐级细化，形成三级项目清单。

统筹谋划，有序推进。试点先行，统筹项目实施的轻重缓急与资金支持规模等，明确预储备项目的时间进度，指导各地有针对性、分步骤地开展项目储备。

协同推进，发挥合力。统筹中央生态环境资金和金融资金，试点工作以水污染防治、大气污染防治、土壤污染防治和农村环境整治为重点，同步提高中央生态环境资金项目与金融支持项目“两库”储备质量。

三、组织安排与分工

成立部、省预储备项目清单编制工作专班。

（一）部工作专班

根据中央生态环境资金和生态环保金融支持项目入库范围，由科财司会同综合司、水司、大气司、土壤司组建部工作专班。部工作专班下细分为综合组、水组（含地下水）、气组、土壤组、农村组、EOD组。综合组负责预储备项目清单编制统筹协调。水组（含地下水）、气组、土壤组、农村组、EOD组分别负责水污染防治、大气污染防治、土壤污染防治、农村环境整治、EOD模式的预储备项目清单编制。

（二）省工作专班

试点省份成立省工作专班，与部工作专班协同开展工作。省工作专班可参照部工作专班分组情况设立分组。

四、工作任务与步骤

（一）重大工程凝练。部工作专班根据“十四五”规划纲要和国家生态环境保护有关规划计划等，结合“十四五”生态环境领域重大工程实施要求，分别凝练水污染防治、大气污染防治、土壤污染防治、农村环境整治、EOD项目等各领域的重大工程，形成一级项目清单。

（二）重点区域识别。工作专班按照一级项目清单，自上而下明确重点工程涉及区域范围和突出问题，细化至重点省区。

（三）重点项目细化。结合各地实际，部工作专班与省工作专班共同建立各自二级项目清单，明确各项重点工程空间布局与行业布局，并细化至市县。

（四）预储备项目清单征集。结合各地实际与意愿，组织市县有针对性地报送具体项目清单，或结合相关司局现有工作梳理、补充具体项目清单。

（五）预储备项目清单审核。部工作专班会同省级工作专班，结合资金使用管理要求等审核各地市上报的预储备项目清单，形成三级预储备项目清单。

（六）预储备项目清单优化。结合项目实施的轻重缓急与资金支持规模等，明确预储备项目的时间进度，优化三级预储备项目清单，指导各地有针对性、分步骤地开展项目储备，提高各地获得资金支持的预期和项目储备的积极性。

（七）预储备项目清单建立。按照有关程序经部领导审议同意后，以《中央生态环境资金项目储备库入库指南》《生态环保金融支持项目储备库入库指南》细化要求的形式印发或纳入预储备库，作为试点省份 2023—2025 年项目储备的依据。

五、进度安排

2022 年 11 月底前，完成试点省份工作专班组建，识别重点区域和重点问题，凝练形成一级、二级项目清单；

2022 年 12 月—2023 年 1 月，细化重点项目，预储备项目清单征集与梳理；

2023 年 2—3 月，预储备项目清单审核与优化；

2023 年 4 月，预储备项目清单审定印发或纳入预储备库。

附录2 生态保护和修复支撑体系重大工程建设规划（2021—2035年）

前 言

党的十八大以来，以习近平同志为核心的党中央站在中华民族永续发展的战略高度，作出了加强生态文明建设的重大决策部署。为深入学习贯彻习近平生态文明思想，全面贯彻党的十九大和十九届历次全会精神，根据中央统一部署，国家发展改革委、自然资源部会同科技部、财政部、生态环境部、水利部、农业农村部、应急管理部、中国气象局、国家林草局等有关部门，按照统筹山水林田湖草沙一体化保护和修复的思路，研究编制了《全国重要生态系统保护和修复重大工程总体规划（2021—2035年）》（以下简称《"双重"规划》），于2020年4月27日经中央全面深化改革委员会第十三次会议审议通过，作为当前和今后一段时期推进全国重要生态系统保护和修复重大工程的指导性规划，以及编制和实施有关重大工程专项建设规划的主要依据。

《"双重"规划》明确，将实施青藏高原生态屏障区生态保护和修复重大工程、生态保护和修复支撑体系重大工程等9大工程，并要求编制各重大工程专项建设规划，形成全国重要生态系统保护和修复重大工程"1+N"规划体系。其中，《生态保护和修复支撑体系重大工程建设规划（2021—2035年）》（以下简称《规划》）主要涉及科技支撑、自然生态监测监管、森林草原保护、生态气象保障等四个重点领域，是推进其他各项重大工程顺利实施的重要保障，是维护国家生态安全、推动高质量发展的重要基础。

国家发展改革委会同科技部、财政部、自然资源部、生态环境部、水利部、农业农村部、应急管理部、中国气象局、国家林草局等部门开展了《规划》研究编制工作。《规划》在系统梳理我国生态保护和修复支撑体系建设取得成就、面临形势和存在问题的基础上，着眼于建设人与自然和谐共生的现代化对生态治理能力的相关要求，立足尽快补齐相关领域的突出短板，着力提升重点领域生态保护支撑能力，提出了当前和今后一段时期生态保护和修复支撑体系建设的总体目标、主要任务、重点项目，并明确了相关保障措施。

《规划》与各重点领域相关专项规划作了充分衔接，是《“双重”规划》部署的 9 项重大工程专项建设规划之一，是新时期优化生态保护和修复支撑体系、推进相关重大工程建设的重要依据。

第一章　生态保护和修复支撑体系建设面临的形势

一、我国生态保护和修复支撑体系建设成效

党中央、国务院高度重视生态保护和修复支撑体系建设。党的十八大以来，我国不断提升生态保护领域基础保障能力，在基础理论和适用技术研究、生态保护监测监管能力、生态灾害应急保障和综合防控等方面都取得了长足进步，对促进我国生态保护和修复事业发展起到了重要支撑作用。

（一）科技支撑水平显著提升

科研平台建设成效显著，建成生态保护和修复领域国家级重点实验室 8 个，省部级重点实验室 104 个，国家野外科学观测研究站 98 个，为生态保护和修复基础科研和技术攻关发挥了巨大的支撑作用。重大课题研究深入推进，组织实施“典型脆弱生态修复与保护研究”重点专项，设立了国家生态安全保障技术体系等 8 项重点任务、78 个重点项目。相关研究取得丰硕成果，如在生态评价方面，构建了基于“天—地—空”立体观测的生态工程和生态参数反演技术体系；在草原修复方面，提出了退化草地系统修复理论，构建了北方草甸退化草地系统性修复技术体系，通过克隆繁殖显著提高了示范区羊草盖度（或优势度）66%～85%，通过土壤定向培育技术使草产量增产达到 80%～160%；在岩溶石漠化治理方面，揭示了石漠化演变过程与机制，研发了适宜性水—土—植被—产业技术，形成了西南喀斯特石漠化综合治理技术体系，相关成果在全国 87 个石漠化治理重点县推广

应用；在生物多样性和野生动植物保护方面，发现大熊猫和小熊猫适应性趋同 3 的基因，提出因食性变化导致灵长类动物濒危的“进化漩涡假说”，建立濒危动物保育与恢复示范基地 7 个。

（二）标准规范体系逐步建立

生态保护和修复领域标准体系建设步伐显著加快，其中自然资源行业先后制（修）订各类生态修复技术标准 143 项，生态环境行业制定了生态环境状况评价技术规范、生态保护红线、全国生态状况遥感调查等各类技术规范 40 余项，林草行业围绕森林资源、营造林等重点领域先后制（修）订了各类行业标准 295 项，水利行业以河湖生态保护、河湖健康评价、水土保持等领域为重点出台相关技术标准 50 余项，农业行业出台外来物种入侵相关标准 30 余项。生态保护和修复用种标准化水平不断提高，已建成国家林木种质资源库 99 处、国家草品种区域试验站 30 处，促进生态保护和修复良种生产供应能力稳步提高，主要造林树种的林木良种使用率从“十二五”期间的 51%提高到“十三五”末的 65%。

（三）生态调查监测体系日臻完善

构建了自然资源统一调查监测体系，形成了国家—省—市—县四级自然资源调查组织架构，调查人员 26 万余人，建成自然资源综合观测站 14 个、国家级专用地下水监测站点 20 469 个、海洋生态基础状况监测站位 1 100 余个、海洋生态环境质量监测站点 1 359 个、全国土壤环境质量地球化学监测点 995 个、北方典型滨海湿地区野外科学观测站 4 个。自然资源及生态状况调查监测基本实现常态化，确立生态状况定期遥感调查评估制度，先后完成第九次全国森林资源清查、第二次全国湿地资源调查、第五次全国荒漠化和沙化监测、岩溶地区第三次石漠化监测、第二次全国野生动植物调查、第四次大熊猫调查工作和第一次珊瑚礁生态现状调查，持续开展了年度全国水土流失动态监测、生产建设活动水土保持遥感监管、重点地区生物多样性本底调查和评估、海岸带生态系统现状调查和评估等工作。完成第三次全国国土调查，组织完成 2020 年度全国森林资源调查和草原资源调查，建成覆盖全国的自然资源“一张图”，构筑了国土空间基础信息平台以及国家森林资源智慧管理平台、草原监测信息系统、湿地遥感影像和基础数据库、荒漠化和沙化监测体系、石漠化调查监测体系和应用系统、全国水土保持监测网络，建成重要控制断面水资源监测体系和国家地下水监测工程，近海水质、生物多样性等方面也已具备较为成熟的监测能力。“十三五”期间，每年完成480余万平方公里国土生态环境质量综合监测，以及全国林地、草地、水域湿地、耕地、建设用地等6大类26亚类生态类型现状与动态变化监测，开展以县域为单位的全国生态质量状况评价，并发布《中国生态环境状况公报》。

（四）生态管护服务能力持续提高

生态保护红线划定（评估调整）工作基本完成，将纳入国土空间规划“一张图”进行严格监管。基层生态管护站点建设成效显著，全国共建立地、县、乡三级林业站所24 189个，覆盖全国83.3%的乡镇，全面完成国有林区（林场）管护用房建设试点任务，有效提升了关键节点自然生态资源管护能力。全国水土保持监测站点体系初步建成。部、省、市、县四级农业环境监测体系基本建立。生态气象服务体系初步建立，全国已建成自动土壤水分站2 200个、太阳辐射观测站100个、酸雨观测站376个、沙尘暴观测站29个、大气本底观测站7个、大气成分观测站28个，8颗风云系列气象卫星在轨业务运行，全国森林草原火险、沙尘暴等动态监测及全国植被生长状况、生态质量逐月监测有序开展，气候变化影响评估能力逐步提升。人工影响天气作业向生态领域拓展，在三江源、祁连山、天山等重点区域持续开展人工增雨（雪）作业，累计增加降水约750亿米^3。

（五）生态灾害防控能力稳步增强

全国森林草原火灾预防、扑救、保障体系更加健全，预警响应、火源管理、火灾扑救、队伍建设、基础设施和装备水平显著提高，年均发生森林火灾、受害森林面积、人员伤亡等大幅下降，森林、草原受灾率连续多年分别控制在0.9‰、3‰以内。有害生物防治能力有所提升，建立林业有害生物监测预警、防控重点实验室6个，以各级防治检疫机构为基础的监测预警体系、检疫御灾体系、防治减灾体系和服务保障体系初步建立，主要林业有害生物扩散蔓延趋势得到一定控制，松材线虫病成灾率为8.21‰，其他林业有害生物成灾率保持在4‰以下，主要有害生物常发区监测覆盖率达到100%。黄海浒苔绿潮灾害治理取得一定进展，与近五年均值相比，2020 年浒苔绿潮最大覆盖面积下降 54.9%，单日最大生物量从 150.8 万吨减少至 68 万吨，持续时间缩短近 30 天。野生动物疫源疫病监测防控能力明显提升，已建立以 742 处国家级野生动物疫源疫病监测站为主体、省（市、县）级监测站为补充的野生动物疫源疫病监测防控体系，监测队伍约 1.8 万人，构建了较为完整的野生动物病原体库。

二、生态保护和修复支撑体系存在的主要问题

（一）生态保护修复科技支撑作用尚需加强

生态保护和修复治理技术及模式单一，生态修复系统性和整体性不足。跨平台、多尺度、多学科信息融合力度不足，部分自然生态系统修复的主要机理和核心技术问题尚未根本解决。国家、地方和企业协同攻关模式尚未取得实质性、突破性进展。技术研发与成果转化、适用技术推广应用不够广泛，对生态保护和修复工程建设的支撑作用不足。

（二）生态领域监测监管能力亟待提升

各类生态系统及野生动植物日常监测和定期调查水平不一，自然生态系统基础数据更新不及时甚至相互矛盾等情况依然存在，生态安全风险预测预警能力相对欠缺。重点生态工程建设监管手段较为缺乏，事中事后监管能力明显不足。生态保护联防联控监管机制尚未形成合力，监测监管技术水平难以满足需求。生态保护领域数据和资源共享不足，也对生态保护和重点工程建设监测监管造成一定影响。

（三）自然生态系统保护管理体系短板突出

一些地区非法侵占林地、草原、河湖、湿地、荒漠等自然生态空间和破坏生态资源现象依然存在，基层管护基础设施落后、生态系统保护管理能力不足等问题较为突出。外来物种入侵压力和林草有害生物防治难度越来越大，松材线虫病疫情仍处在快速扩散阶段。物种资源保护能力仍显不足，野生动物疫源疫病监测防控能力有待提高，林草种质资源保存尚有空缺。因气候变化造成森林草原高火险天气增多，野外火源管控压力不断加重，森林草原火灾预警监测、扑救能力、

通信指挥、航空消防、防火道路和阻隔带、火灾防范、物资储备等体系亟待完善。

（四）气象保障服务生态支撑功能不完善

重点区域生态气象观测体系欠缺，针对性不强，关键区域存在观测空白，对典型生态类型的垂直观测和遥感监测能力不足。应对气候变化气象保障服务能力不强，气候变化对生态系统综合影响评估能力薄弱，极端气候事件影响定量化预警不够。生态修复型人工影响天气潜力亟待进一步挖掘。

三、新时代生态保护和修复支撑体系建设面临的形势和要求

党的十八大以来，党中央将生态文明建设统筹纳入“五位一体”总体布局、新时代基本方略和新发展理念，不断深化生态文明建设理论与实践创新，持续推进重点生态工程建设和突出环境问题治理，有效促进了我国生态环境质量持续好转。党的十九大和十九届五中全会进一步将推动绿色发展、促进人与自然和谐共生作为开启全面建设社会主义现代化国家新征程、基本实现现代化的重要目标，并明确要求坚持山水林田湖草沙系统治理，实施全国重要生态系统保护和修复重大工程。中央全面深化改革委员会第十三次会议审议通过的《“双重”规划》，则从国家层面对今后一段时期重要生态系统保护和修复工作进行了系统谋划，明确提出以九大工程为基本框架的重大工程总体布局、重点任务和支持政策。

生态保护和修复支撑体系建设是《“双重”规划》部署的 9 项重大工程之一，涉及生态保护和修复基础理论研究、关键技术攻关及适用技术推广应用，自然生态资源和重大工程建设监测监管，重点生态灾害综合防控等重点任务，对切实提高重大工程的科学性、系统性，强化工程建设事中事后监管，提高自然生态资源保护管理能力，巩固生态保护和修复建设成果具有重要意义，是推进其他各项重大工程顺利实施的重要保障，是维护国家生态安全、推动高质量发展的重要基础。必须牢牢把握发展机遇，切实谋划和实施好重大工程建设，加快推进自然生态领域治理能力和治理体系现代化进程，为加快建设生态文明和美丽中国、促进人与自然和谐共生提供有力支撑。

第二章 总体要求

一、指导思想

以习近平新时代中国特色社会主义思想为指导，全面贯彻落实党的十九大和十九届二中、三中、四中、五中全会精神，深入贯彻习近平生态文明思想，按照党中央、国务院决策部署，围绕统筹山水林田湖草沙一体化保护和修复要求，着力夯实重要生态系统保护修复关键技术基础，着力提升自然生态系统和重大工程建设监测监管能力，着力强化基层基础设施建设，着力补齐自然生态系统保护管理突出短板，为夯实国家生态安全屏障体系、促进生态保护修复治理体系和治理能力现代化、加快生态文明和美丽中国建设提供有力保障。

二、基本原则

——坚持问题导向，着力解决关键突出矛盾。围绕自然生态系统保护和修复能力建设的主要问题和突出难点，优先解决当前紧迫需求，统筹考虑长远发展要求，进一步提高相关措施和政策的针对性，在抓重点、破难点上持续发力。

——坚持夯实基础，着力提高一线保障能力。立足我国生态系统保护和修复工作实际，加强上下贯通，优化网络布局，重点提升基层自然生态系统监测、自然资源管护、生态灾害应对等方面能力，逐步夯实生态保护和修复工作基础。

——坚持科技创新，着力引领行业发展方向。统筹考虑生态保护修复治理体系和治理能力现代化要求，以及重点生态区域经济社会发展趋势，大力推动生态保护修复重要机理和关键技术研发、成果转化应用和适用装备升级，全面提高生态保护修复信息化、智能化水平。

——坚持统筹谋划，着力推进资源共建共享。认真贯彻统筹山水林田湖草沙一体化保护和修复要求，建立健全行业和区域协作机制，合理布局和优化资源配置，全面提高生态保护支撑体系建设的科学性、整体性、系统性。

——坚持生命至上，着力筑牢防灾减灾安全底线。牢固树立以人为本理念，全力抓好自然生态领域安全生产和灾害防治工作，提高防灾减灾救灾能力，化解重大风险，切实维护人民群众生命财产安全。

三、总体目标

（一）近期目标

到 2025 年，重要领域、重点区域生态保护和修复科技创新取得明显进展，服务于生态保护和修复的基础研究和技术创新平台进一步完善，科技保障服务能力明显增强；“天空地”一体化自然生态监测监管网络基本建立，自然生态系统保护和重大工程建设监管能力显著提升，森林、草原、河湖、湿地、海洋、水资源、水土保持、荒漠化、石漠化、外来物种入侵等相关领域调查监测体系更加完善；重点区域森林草原火灾综合防控能力、林草有害生物防治能力稳步提高，基层生态管护站点更加优化；气象服务生态保护和修复能力逐步增强，生态保护和修复支撑体系基本满足全国生态保护和修复重大工程建设需求。重点支持生态保护和修复领域国家级科技支撑项目 100 项，森林、草原火灾受害率分别控制在 0.9‰、2‰以内，林业有害生物成灾率控制在 8.2‰[①]以下，人工增雨雪率提高到 12%～15%。

（二）远期目标

到 2035 年，完成生态保护和修复领域国家级科技支撑项目 200～300 项，森林、草原火灾受害率分别控制在 0.8‰、2‰以内，林业有害生物成灾率控制在 7.2‰[②]左右，人工增雨雪率稳定在 12%～15%，生态保护和修复基础研究和关键技术达到全球领先水平，适用技术得到广泛应用，全国综合性生态监测监管和评价体系较为完备，生态保护管理设施装备水平和综合能力基本满足现代化需求，工程建设长效监管机制和保障服务体系高效有力，为生态保护修复治理体系和治理能力现代化提供有效支撑。

---

① 2020 年起，国家林草局对松材线虫病成灾面积的统计口径作了调整，由以往按感染病株数量折算面积，调整为按发生即成灾的原则统计感染病株所在小班面积。故与《“双重”规划》相比，林业有害生物成灾率目标作了相应调整。

② 同上。

第三章 大力提升科技支撑能力

推进生态保护和修复重点实验室、技术创新平台建设。切实提升生态保护和修复领域科技创新能力，加强生态保护和修复基础研究、关键技术攻关、装备研制、标准规范建设以及技术集成示范推广与应用，大力推进森林、草原、河湖、湿地、荒漠、海洋等自然生态系统保护和修复技术创新，促进生态保护和修复科技支撑能力明显提升。

一、科研平台建设

科学分析发展形势，强化顶层设计，聚焦创新目标，优化资源配置，从学科布局、建设水平、运行管理、创新能力等方面推进国家重点实验室、国家级科研示范基地等科研平台建设，服务生态保护和修复工作。

（一）重点实验室和技术创新平台

推动建设国土生态保护修复技术创新平台，充分发挥平台对重大工程支撑作用；完善森林、草原、河湖、湿地、荒漠、海洋等生态系统和珍稀濒危野生动植物重点实验室的布局，促进国土绿化、重点河流湖泊保护修复、水土保持、荒漠化防治、生物多样性保护、外来入侵物种防控、流域综合治理与保护、地下水保护治理、海洋生态系统保护修复、海洋生态保护监管、人工影响天气生态保障、气候变化与生态保护修复、生态气象能力监测等方面科研能力建设。建设若干国家重点实验室和省部级重点实验室。

（二）科研示范基地

布设体现学科需求、区位特色，突出综合性、典型性和战略性，覆盖森林、草原、河湖、湿地、荒漠和海洋等自然生态系统的长期科研示范基地。在防护林体系构建、草原生态修复、河湖保护治理修复、湿地保护恢复和科学利用、地下水超采治理、水土流失、荒漠化、石漠化治理、珍稀濒危动植物扩繁和迁地保护、盐碱地治理、外来入侵物种防控等领域建立工程中心，集成和创新现有技术，组装和推广先进实用的科技成果。开展湿地研究、河湖生物完整性研究、野生动物疫病检测和预警技术、草原研究、林草植物新品种测试、海洋生态环境监测、外来入侵物种监测防控等专项科研平台建设。在重点生态功能区建立人工影响天气生态保障示范基地，依托现有国家气候观象台新建生态与气候科研示范基地。分类开展冬季增雪补冰、夏季暖云增雨和突发应急服务等人工影响天气研究试验，加快重点突破关键技术、建立精准作业指标与概念模型，形成业务适用的成套技术。

专栏 3-1　科研平台建设重点项目

1. 生态保护修复重点实验室和技术创新平台建设

在生态系统保护与修复等方面建设若干国家重点实验室；以流域综合治理与保护、国土空间生态保护修复、青藏高原生态保护修复、野生动物疫病检测监测、各类生态系统保护修复等领域为重点建设省部级重点实验室。建设国土生态保护修复技术创新平台。

2. 科研示范基地建设

分步骤建立覆盖森林、草原、河湖、湿地、荒漠和海洋等自然生态系统的综合性、专题性科研示范基地。

二、生态保护和修复关键技术攻关

加强相关行业生态保护和修复领域科技创新，开展生态保护修复基础研究、技术攻关、装备研制、标准规范建设。对重大科研攻关项目，探索实行揭榜挂帅制，吸引顶尖专家团队参与科技创新。

（一）基础研究和技术攻关

1. 自然生态系统保护和修复基础理论研究。推进重要生态系统结构功能、演替规律和内在机理研究，开展山水林田湖草沙一体化保护和修复模式、生态保护和修复工程效果评估技术规范、生态调查监测评价预警和生态系统模拟、生态系统退化趋势和风险评估、不同尺度与层级生态保护修复成效评价、气候变化对我国自然生态系统的影响等方面研究。

2．国土绿化及林草保护修复关键技术研究。积极开展森林生态保护与修复、森林质量精准提升、困难立地造林、城市森林服务功能优化提升、退化草原修复、退化湿地修复、乡土珍稀树种草种扩繁、自然保护地功能提升、生物多样性保护、重点保护野生动物生境恢复等关键技术研究。

3．水土保持、荒漠化、石漠化综合治理研究。积极推进水土保持率、黄河流域水土流失与水沙变化、黄土高原植被适宜性分析评价、长江经济带坡耕地水土流失综合治理、东北黑土区侵蚀沟治理技术体系、“流路—陆地—近海”三位一体的生态调度技术、沙化土地治理与植被恢复技术体系、岩溶关键带生物地球化学循环过程与石漠化演变机制、石漠化治理技术体系等重大问题和关键技术研究。

4．河湖生态保护修复研究。统筹开展典型河湖、重要鱼类栖息地保护和修复、地下水超采区修复、水平衡与生态系统、水工程生态效应研究，推进流域水安全、地下水系统治理保护技术、小流域综合治理技术创新等领域研究，重点突破湖库生态系统失衡与水华暴发机理、开放水域水生植被恢复等技术难点。

5．基于陆海统筹的海洋生态保护修复研究。持续推进红树林、珊瑚礁、海草床、盐沼湿地和砂质岸线等海洋生态系统保护修复技术，以及生态系统减灾功能和效益研究，开展重大海洋生态修复工程效果评价与监管技术研究。

6．生态保护和修复气候可行性关键技术研究。推进国土绿化精细化气候区划研究，开展不同气候区适宜的林草种类、生态质量提升气候可行性、河湖湿地生态保护修复气候可行性、生态灾害综合治理气候可行性、气象灾害监测预警、气候变化风险评估以及生态保护与修复的气候效应等方面研究。

7．防灾减灾重点技术与产品研究。围绕森林草原防火、雷击火监测、林草有害生物防治、外来入侵物种防控、野生动物致害防控、沙尘暴灾害监测预警等实用技术研究，着力破解关键核心技术难题。

8．生态保护信息化应用技术研究。推进生态保护红线地面核查技术示范，建立自动识别的影像特征标志库。开展生态保护红线内允许人类活动的强度和规模研究，完善和建立生态风险预警技术体系。加强林草大数据智能采集与融合技术、水土保持监测关键技术与方法、水土保持图斑智能解译技术、地下水超采治理智慧管控模型等相关领域信息化应用技术研究。

9. 重要装备研发。大力开展生态保护和修复装备研制，着力补齐核心软件、高端设备等突出短板，提高生态保护修复装备的机械化、智能化、一体化水平，降低装备成本，提升装备保障能力。

（二）标准规范建设

1. 加强生态保护和修复技术标准制修订。以科学性、实用性、操作性为导向，完善相关领域标准体系，重点建立生态保护和修复成效评估指标体系和技术规范，制定生态保护修复监管工作指南、生态保护修复工程实施成效监督评估技术指南以及生态破坏事件分级标准。

2. 完善林草生态保护和修复标准体系。制定和完善林草资源保护、水生生物资源保护、湿地保护、森林草原防灭火、野生动植物保护和自然保护地管理监测等相关技术规程或标准，建立林草有害生物防治标准体系。完善沙尘暴监测、沙化土地封禁保护、防沙治沙、国家沙漠（石漠）公园建设、荒漠化、沙化、石漠化土地调查监测与评价等技术规范或标准。

3. 优化水资源保护和水土保持技术标准体系。补充完善地下水管控指标确定、河湖生态补水、生态流量（水量、水位）确定与保障、河湖生态复苏、水生态保护修复等方面的标准体系。针对水土保持规划、防治、监测、监管、评价等工作内容，及时开展相关技术规范标准制修订。

4. 建设海洋遥感监测标准体系。建立健全遥感监测标准和数据质量管理规范，形成可操作性强、技术标准统一、工作流程规范的标准和规范体系，提升海洋生态环境遥感监测业务的规范化和数据质量。

5. 完善生态气象监测标准体系。制定和完善遥感监测、大气成分观测、大气本底观测、生态气象观测装备及观测技术方法等相关技术规范或标准，健全生态气象监测标准体系。

专栏 3-2　生态保护和修复关键技术攻关重点项目

1. 生态保护修复基础研究和技术攻关

开展山水林田湖草沙一体化保护和修复，以及森林、草原、河湖、湿地、荒漠、海洋等重要生态系统保护修复，地下水超采、水土流失、荒漠化、石漠化治理、外来物种入侵防控等重点领域的基础研究和技术攻关工作。开展生态保护和修复装备研制，提高生态保护修复装备水平。

2. 生态保护修复标准规范建设

加强不同类型自然生态系统保护和修复相关技术指南、标准制修订，制定和完善生态保护修复监管工作指南、生态保护修复工程实施成效监督评估技术指南以及生态破坏事件分级、森林草原防灭火、林草资源保护、水生生物资源保护、湿地保护、水资源保护和水生态系统修复、林草有害生物防治、野生动植物保护和自然保护地管理监测、防沙治沙、水土保持、海洋遥感监测、生态气象监测等标准或规范。

第四章　全面提高自然生态监测监管水平

强化自然生态系统保护和修复监测监管，构建国家—地方互联互通的重要生态系统保护和修复重大工程监测监管平台，提高工程实施、动态监管、绩效评估的信息化管理能力和水平。提高森林、草原、河湖、湿地、荒漠、海洋等自然生态系统及生物多样性保护调查评估与监管能力，强化冰川、冻土监测、外来入侵物种和海洋生态监测预警工作。

一、“双重”工程监测监管平台建设

（一）构建重大工程监测监管系统

依托自然资源“一张图”与国土空间信息平台、国家生态保护红线监管平台，加强生态保护修复大数据管理，实现生态保护修复信息系统管理、集成展现和深度挖掘。以国土空间基础信息平台为基础，构建生态保护修复工程监测监管专题应用，提供生态保护修复工程信息汇集、监测预警、绩效评价、智能辅助、信息共享等核心功能模块，持续丰富信息获取和共享渠道，通过设立端口，对接各部门、各行业相关数据，推进各类数据共建共享，构建国家—地方互联互通的全国重要生态系统保护和修复重大工程监测监管平台。对《“双重”规划》确定的7个区域生态保护和修复以及自然保护地建设重大工程实施动态监测。提升生态保护修复面向社会公众的服务能力。

（二）完善行业监管平台

加强林草生态网络感知信息化建设，不断完善林草生态网络感知体系，促进实现林业、草原、国家公园等重点领域动态监测、智慧监管和灾害预测预警，推进重点项目落地上图、绩效评价等精细化管理。进一步完善水土流失、荒漠化防治数据库和信息管理设施，优化荒漠化石漠化防治、全国水土保持监测评价、监督管理等系统，完善水生态监测体系和信息平台，提高河湖、地下水监管能力。加强海洋生态保护修复监管能力建设，提升海洋生态环境智能化、精准化监管水平。加强深海极地生物资源信息管理，支撑深海极地科学考察、资源保护与可持续开发利用。加强国家和区域层面生态质量综合监测，搭建科学合理、分工明确、互为支撑的工作机制，促进统一规划布局生态保护和修复监测评价工作，建立多部门联合的国家生态质量监测网络，及时跟踪掌握生态格局、功能、生物多样性状况及生态胁迫情况，实现监测数据部门共享。充分利用生态环境监测数据、自然资源基础调查、专项调查以及其他有关调查成果，完善国家生态质量监测评价体系，以维护生态系统稳定性、保护生物多样性、推动生态功能持续向好为导向，系统开展全国、重点区域、重点生态功能区县域等不同尺度生态质量监测评估和监管。

专栏 4-1　重大工程监测监管平台建设重点项目

1. 全国重要生态系统保护和修复重大工程监测监管系统

以国土空间基础信息平台为基础，构建生态保护修复工程监测监管专题应用，提供生态保护修复工程信息汇集模块、监测预警模块、绩效评价模块、智能辅助模块、信息共享模块等核心功能模块，合理部署物联网传感器、监测站、无人机等采集监测数据，推动实现相关部门生态保护和修复重大工程管理平台的数据共享和互联互通，为生态保护和修复重大工程相关业务提供一体化服务。

2. 加强林草生态网络感知信息化建设

按照构建“天空地”一体化综合监测体系、建设林草资源“一张图”的总体思路，不断优化提升林草生态网络感知应用水平，提升各类林草业务动态感知、泛在互联、智能应用、精准服务、应急指挥能力，为林草生态保护和修复提供有效支撑。

3. 提升智慧水土保持信息管理水平

按照智慧水利建设总体思路，优化、整合、提升全国水土保持信息管理系统应用水平，提升水土保持政府目标考核评估、淤地坝工程和水土保持监管能力，实现水土保持智慧化管理。

4. 加强河湖生物完整性监管

开展河流及湖泊生物完整性监管技术支撑能力建设，提高长江、黄河以及其他重要河流和湖泊的水生生物收集及完整性评价水平。

5. 优化深海极地生物物种信息管理

强化深海极地生物资源信息管理，建立深海极地生物样品库、深海极地生物标本库、深海极地微生物菌种库、深海极地生物活体馆等，支撑深海极地科学考察、资源保护与可持续开发利用，促进深海极地战略实施。

6. 国家生态质量监测监管

开展生态质量综合监测评价，以国家生态保护红线监管平台和生态环境大数据平台为依托，整合各类生态环境监测数据，加强多部门联合国家生态质量监测，实现跨部门监测评价数据的共享共用，促进形成生态系统保护和修复监测体系和评估体系。研究建立统一的生态质量监测指标体系，完善天地一体的生态质量监测网络，覆盖全国典型生态系统和重要生态空间，获取集成多源监测数据，定期发布全国生态质量评价报告。

二、自然生态系统调查和监测评估

（一）生态状况调查监测评价预警体系

1．生态状况调查。充分利用国土“三调”、自然资源基础调查和专项调查、地理国情监测以及其他有关调查成果，以卫星遥感、物联网、大数据、人工智能等技术为支撑，健全自然资源调查监测体系，系统开展全国自然资源统一调查监测评价。统筹开展森林、草原、河湖、湿地、荒漠、海洋、冰川、冻土、生物多样性、地表基质、地下水等专项调查，掌握生态—水—土壤—风化壳—岩石等地上地下信息，全面摸清我国陆域和海域生态状况，形成多维度国土空间生态状况本底数据，分析区域生态禀赋。

2．生态状况监测评估。兼顾自然地理单元的完整性及山上山下、地上地下、流域上下游的生态耦合关系，在各类生态监测站点的基础上，灵活采用新建、改建、共建等方式建设区域生态综合监测站，实现覆盖多空间尺度以及植被、土壤、岩石、气候等多要素的协同监测。定期开展全国生态状况、重点区域流域、生态保护红线、自然保护地、县域重点生态功能区等评估，建立从宏观到微观尺度的多层次评估体系。全面掌握全国和区域生态状况及变化趋势，面上形成全国生态安全战略格局和全国、省、市、县生态状况评价成果；线上形成森林、草原、河湖、湿地、荒漠、海洋、冰川、冻土、地下水、生物多样性等生态系统评价成果；点上形成自然保护地、局部重要典型生态系统评价成果。

3．生态风险预测预警。科学评估国土空间生态系统退化程度，开展生态系统恢复力评价，研判重大生态问题和风险，监测和分析生态承载力临界点（阈值）、机理成因，建立生态模拟与反演技术，促进实现生态风险预警、报告和处置。

（二）重要生态系统生态状况监测评价

1. 林草资源及生态状况监测评价。增强森林资源监测评价数 据采集和分析评价能力，稳步提高监测时效和技术水平，提升综合服务能力。建立健全草原生态基本状况和监测评价体系，全面摸清我国草原底数，补齐草原生态监测评价短板。有序开展林草碳汇监测、陆地生态系统碳监测等专项评价监测。

2. 河湖和地下水生态监测评价。开展全国河湖生态状况普查，摸清河湖生态底数，逐步实现水生态健康状况动态监测。加强区域地下水水位动态监测预警，定期开展地下水水位变幅状况通报和超采区评价。

3. 湿地生态监测评价。构建国家级湿地生态监测体系，建立国家、省级和重要湿地三级监测体系，开展全国湿地生态监测工作，及时掌握重要湿地生态状况动态变化情况，满足湿地全面保护和国际履约需要。

4. 海洋生态监测评价。健全海洋生态监测网，提高大时空尺度监测能力及典型生态系统集中区精细化监测、配套室内测试分析能力，强化在线监测设备应用，形成以海岸带为重点、覆盖管辖海域的“岸海空天”一体化监测体系。完善海洋生态监测评价系统。开展海洋微塑料等新型污染物的长期监测，升级生态灾害监测预警能力。

5. 冰川冻土变化监测。提高对冰川冻土的监测能力，健全我国冰川冻土变化监测体系。对冰川冻土变化及影响情况进行监测评估和预测分析。

6. 水土流失状况监测评价。适时开展全国水土保持普查，摸清水土保持家底。持续开展年度全国水土流失动态监测，定期开展坡耕地水土流失、东北黑土区侵蚀沟、黄土高原淤地坝、崩岗、林下水土流失等专项调查，有序推进国家生态功能重要区域、生态脆弱区，以及农田、森林、草原、荒漠生态系统水土保持监测评价。完善水土保持监测基础数据库及数据传输集成系统，构建“天空地”一体化的水土保持监测监管体系。

7. 荒漠化状况监测评价。持续开展荒漠化土地和石漠化土地调查、荒漠化和石漠化监测评价。建立健全荒漠化和沙化、石漠化生态状况监测评价等体系，完善沙尘暴监测体系，实现荒漠化、沙化和石漠化数据的收集及成果汇总分析。

8. 生物多样性监测评价。持续开展生物多样性状况监测评价，建立生物多样性保护管理监测制度。在部分国家级自然保护地以及野生动物重要栖息地、野生植物原生境保护点等生物多样性重要区域建设“天空地”一体化监测体系，开展候鸟迁飞、滨海湿地、海洋、城市等生物多样性专项监测，以及生物多样性恢复状况等监测。开展重大林草生物灾害、野生动物疫源疫病等林草生物安全监测鉴定与损失评估工作。

9．水生生物资源监测。开展长江流域和黄河流域水生生物资源监测，争取全面掌握长江和黄河水生物资源状况，评估长江禁捕和黄河禁渔效果，为长江黄河渔业资源管理决策提供支撑。开展近海及海岸带区域渔业资源监测，掌握近海渔业资源变动趋势，满足近海可捕量评估需要，为保护海洋渔业资源、确保渔业绿色发展提供决策依据。

10．生态碳汇调查监测评价。服务碳达峰、碳中和目标，完善生态碳汇监测相关理论、方法与技术体系。提高碳汇监测与评价能力，对我国生态碳汇现状空间分布格局、动态变化规律及其驱动机制开展调查监测。

专栏 4-2　自然生态系统保护成效监测评估重点项目

1．生态状况调查监测评价预警体系建设工程

充分利用国土“三调”、自然资源基础调查和专项调查、地理国情监测及其他调查成果，统筹布局建设区域生态综合监测站，建立全国统一的生态状况调查-监测-评价-预警体系。开展森林、草原、河湖、湿地、荒漠、海洋等典型生态系统和重点区域综合性生态状况调查监测评价预警。定期开展全国生态状况、重点区域流域、生态保护红线、自然保护地、县域重点生态功能区等评估，建立从宏观到微观尺度的多层次评估体系。全面掌握全国和区域生态状况及变化趋势，面上形成全国生态安全战略格局区域和全国、省、市、县生态状况评价成果；线上形成森林、草原、河湖、湿地、荒漠、海洋、冰川、冻土、地下水、生物多样性等生态系统评价成果；点上形成自然保护地、局部重要典型生态系统评价成果。

2. 森林资源及生态状况监测评价

以国土“三调”数据为底版，按照自然资源统一调查监测要求，每年开展森林资源调查监测，实施年度更新，结合森林资源损害预警监测和专项监测，开展国家与地方一体化的森林资源及生态状况监测评价。采集高分辨率卫星遥感数据，每年覆盖全国范围至少2遍，研发遥感自动识别技术和模块，支撑森林资源实时预警监测监管和数据年度更新。

3. 草原生态状况监测评价

开展草原资源基本状况监测、草原生态评价、年度草原动态监测、专项应急性监测。在全国布设监测样地和样方，推进国家级、省级草原固定监测点建设。建立草班小班档案，将草原资源落实到山头地块。开展年度变更图斑判读，重点对草原保护修复区、重点生态功能区、放牧地区开展高时频高精度监测，加强草原类型自然保护地、草畜平衡示范区等监测。

4. 河湖和地下水生态监测能力建设

加强河湖监测监管网络体系建设，逐步实现水生态健康状况动态监测。构建区域地下水水位动态监测预警系统，完善地下水监测网络体系，加密布设地下水超采区、地下水超采治理与保护重点区、重点生态区等地下水自动监测站，定期开展地下水水位变幅状况通报和超采区评价。

5. 湿地生态状况监测评价

建设国家监测中心和省级监测中心，在部分国家重要湿地（含国际重要湿地）布局湿地监测点，开展全国湿地生态监测工作，及时掌握重要湿地生态状况动态变化情况。

6. 海洋生态预警监测和监管能力建设

建设海洋生态监测站，完善野外定点精细化监测能力和配套室内测试分析能力，强化卫星、无人机、无人艇等监测设施配备，升级船基、浮潜标与海床基监测能力，形成立体化海洋生态监测网。开发完善海洋生态监测评价和预警技术方法体系，开展海洋生态预警监测，跟踪典型生态系统动态变化，预警生态退化问题和生态灾害。以生态环境信息平台为基础，构建海洋生态保护智慧监管平台，提升海洋生态保护监管大数据决策支撑能力。综合应用遥感等新型监测手段和地面观测平台，优化典型海洋生态系统监测布局和野外观测点，在重点海湾布设在线浮标、雷达、摄像头等设施，构建实时在线监控体系。

7. 冰川冻土变化监测

建设我国冰川冻土变化监测体系，对冰川冻土变化及影响情况进行监测评估和预测分析。

8. 水土流失监测评价体系建设

开展年度全国水土流失动态监测。完善国家水土保持监测网络，优化水土保持监测站点布局，开展水土保持监测站点升级改造，建立上下协同的水土保持监测站点观测计算分析中心，开展水土保持长期定位监测。开展坡耕地水土流失、东北黑土区侵蚀沟、黄土高原淤地坝、崩岗、林下水土流失等专项调查。开展国家生态功能重要区域、生态脆弱区，以及农田、森林、草原、荒漠生态系统水土保持监测评价。

9. 荒漠化和沙化、石漠化生态状况监测评价

完善荒漠化和沙化、石漠化生态状况评价监测体系，提高信息采集、信息管理、沙尘暴灾害监测与应急管理能力。

10. 生物多样性保护管理监测

建设生物多样性保护管理监测体系，维护和完善现有的生物多样性观测样区，建立部分生态环境科学观测站，对全国生物多样性、自然保护地等状况进行监测监管。

11. 水生生物资源监测

开展长江流域和黄河流域水生生物资源监测，主要任务包括水生物种组成、群落结构及其栖息生境的长期连续定点监测，重点保护物种、洄游和外来物种的跟踪调查以及突发事件应急支撑等，争取全面掌握长江和黄河水生物资源状况，评估长江禁捕和黄河禁渔效果。在近海及海岸带区域开展近海渔业资源监测。

第五章　切实增强森林草原等重点生态资源保护能力

围绕提升森林、草原等重点生态资源保护能力，全面推进森林草原防灭火、

林草有害生物防治、种质资源保存、基层管护站点等基础设施建设，着力提高装备现代化水平，切实保障陆地生态系统完整性和稳定性。

一、森林草原防灭火体系建设

（一）火灾风险防范工程建设

全面贯彻“预防为主”的工作方针，提升森林草原火灾预防和火情早期处理能力，加强防火宣传体系、火源管理系统、人员管控系统建设，在基层单位建设专兼职防扑火队伍，为各类护林（草）员配备巡护、火情早期处理及通信设备，提升森林草原火灾预防和火情早期处理能力。加强城镇周边森林草原防火基础设施建设，坚决防范山火进城。

（二）森林草原火灾预警监测体系建设

健全森林草原火险预警系统，探索研究建立森林草原火险预报预警模型和雷击森林火灾监测预警模型。完善森林草原火灾卫星监测系统，建设国家森林草原防灭火卫星数据分析处理系统，建设和升级东北、西北、西南林火监测分中心相关地面站。加强重点区域森林草原火灾视频监控。

（三）防火阻隔系统建设

在充分利用自然阻隔带的基础上，重点在林草资源保护价值高、重要保护目标等部位以及城镇周边、山脚田边地带统筹规划和构建自然阻隔带、工程阻隔带和生物阻隔带等林火阻隔系统，在国境线因地制宜建设边境防火隔离带。

（四）防火应急道路建设

在防火重点区域，按照新建与改造相结合的原则，通过打通林区内部断头路、升级改造集材废弃路和简易路、连通林区现有外部道路，逐步构建布局较为合理、结构较为完整的森林草原防火应急道路网络。

（五）森林草原防灭火通信和信息指挥系统建设

完善国家森林草原防灭火指挥中心基础设施，建设林草防火调度、森林草原火场通信（数字超短波）等项目，提升通信指挥效能。完善卫星通信系统、机动通信系统、移动视频传输系统、单兵视频传输系统，重点加强扑火前线的远程音视频指挥调度和应急组网通信能力。制定互联互通的统一建设标准，确保互联互通。

（六）森林草原消防能力建设

组建布局均衡合理的专业防扑火队伍，推进专业队伍标准化建设。加强专业队伍营房、靠前驻防基地、野外实训基地等基础设施建设，2025 年年底前实现防火重点区域县级单位专业队伍全覆盖。加强大型现代化装备、特种灭火装备配备和以水灭火设施设备建设，对专业队伍开展“以水灭火”和“个人防护”装备现代化升级，为东北、内蒙古、华北、西南等森林草原防灭火重点地区配备一批大型装备。

（七）森林草原航空消防能力建设

加强森林草原航空消防飞机和无人机应用，引进续航能力强、载量大的大中型飞机，完善直升机起降点、飞机取水水源地等基础设施建设。拓展通用航空服务森林草原防灭火的深度和广度。完善森林航空消防飞机调度指挥，实时掌握全国范围内森林航空消防飞机动态，实现动态化指挥调度。加强航空护林基础设施和航空消防设施装备建设，开展北方、南方航空护林总站火场通信指挥系统、综合管理系统、火场侦察系统、决策辅助系统、训练设施和航空化学灭火项目建设。新建和完善一批航站，升级相关基础设施及专用设备。

（八）防灭火物资储备工程建设

切实加强防灭火应急物资保障，按照“突出重点、辐射周边、就近增援、分级保障”的原则，继续完善国家和省级防灭火物资储备网络，形成可同时应对 2 起以上特别重大森林草原火灾的装备物资应急储备网络。

专栏 5-1　森林草原防灭火重点项目

1. 火灾风险防范工程建设

在部分森林资源与城镇接驳区域建设防火阻隔带，合理规划建设消防栓、蓄水池等配套设施。通过建设大型防火宣传牌、在进山入林口增设防火语音提示装备等，完善防火宣传体系。通过建设简易卡点、流动检查点以及处置突发火情的蓄水池等，促进改善火源管理系统。完善人员管控系统，利用大数据手段及手机APP、微信小程序等新媒体方式，对重点林区的来往人员、车辆及重要设施进行精细化管控，为防火宣传、警示、火源管理及火灾责任倒查提供数据支撑。建设专兼职防扑火队伍，在具备条件的地区，为管护巡护人员按标准配备巡护和火情早期处理装备以及北斗终端等通信设备，承担森林火灾预防和火情早期处理任务。

2. 预警监测体系建设

在林区、牧区加密火险综合监测站，新建或升级改造国家级、省区级预警管理平台及配套模型和软件。提升全国林火监测卫星资源数据共享分发，推进各类卫星在火情监测应用，实现火情实时准确发现。重点在森林草原资源分布集中、政治敏感度高、火源控制难度大等区域建设或升级改造视频监控系统。适度加密及改造升级塔台，完善配套设施，改善生活及通信条件，提高瞭望监测覆盖率。

3. 防火阻隔系统建设

重点在边境线、重点林区、重要目标等部位以及城镇周边、山脚田边地带区域，因地制宜构建自然阻隔带、工程阻隔带和生物阻隔带等防火阻隔系统。

4. 防火应急道路建设

在龙江森工（含伊春）、黑龙江大兴安岭、内蒙古森工、吉林森工（含长白山）等重点国有林区新建、改造断头路连接道路。打通林牧区内部断头路，升级改造集材废弃路和简易路，与林牧区现有外部道路连通。在其他防火重点区域，新建和维修改造防火应急道路。

5. 通信和信息指挥系统

完善国家森林草原防灭火指挥中心基础设施，健全林草防火调度、业务软件平台、应用系统、综合保障系统，以及各省数据中心和森林草原防灭火业务应用软件。通过有关基建项目，在防火重点区域配置高通量卫星通信固定站和便携站、数字超短波固定基站；配置机动通信系统、数字超短波背负台、车载台、基地台、语音网关、手持台，配备北斗车载台（机载台）、北斗手持机；新建VSAT固定站、固定小站、便携站及视频图传系统。

6. 地方森林消防队伍能力建设

开展队伍营房、装备、车辆等装备和设施建设。开展“以水灭火”和个人防护装备现代化升级，增配以水灭火专用车辆、以水灭火机具装备和火场个人防护装备等现代化扑火装备。为东北、内蒙古、华北、西南等森林草原防灭火重点地区配备一批大型特种机械装备，提升重特大火灾兵力快速投送、火场侦查、战略阻隔、远程直接灭火等能力。开展专业化、系统化灭火实战培训，有条件的地区，可建立具有野外实战训练功能的训练场地。

7. 森林航空消防能力建设

开展北方、南方航空护林总站火场通信指挥系统、综合管理系统、火场侦察系统、决策辅助系统、训练设施和航空化学灭火项目建设。重点对大小兴安岭、长白山、秦岭、横断山脉、天山、阿尔泰、南岭等重点林区航站进行升级改造，在现有航站拓展建设直升机场。在森林草原火灾重点区域合理布局建设野外停机坪，配套建设飞机灭火取水点。建设森林航空消防飞机调度指挥平台，实时掌握全国范围内森林航空消防飞机动态，实现动态化指挥调度。

8. 防灭火物资储备工程建设

合理布局新建国家级物资储备库，在东北、华北、西北、西南、华中和华南地区合理配备国家级物资储备库。新建和维修改造省级物资储备库，完善市县级物资储备库，确保防火重点区域物资储备库全覆盖。

二、有害生物防治能力提升

（一）监测预警体系建设

建立健全以基层有害生物防治检疫站、测报点和林草基层工作站、自然保护地管理机构为主体，以市场化购买服务、生态护林员为补充的基层监测组织模式。优化遥感监测、大数据精细化管理和预报服务，建设反应灵敏、信息真实的国家、省、市、县各级监测预警体系，提升林草有害生物监测预警能力。加快草原有害生物灾害监测预警能力提升和草原生物灾害监测站点等基础设施建设，加强草原本底数据和植保调查数据管理，形成支撑草原生物灾害风险管理的全要素数据资源体系。

（二）检疫御灾能力建设

加强检疫执法和检查检验队伍建设，提高省级林业有害生物疫情诊断能力，构建检疫检查站网络，完善检疫检测、检疫封锁、检疫监管与追溯、除害处理等基础设备设施，建立集疫情鉴定、检疫执法、行政管理与审批服务为一体的检疫御灾体系。

（三）防治减灾体系建设

强化应急防治指挥调度。加强基层药剂药械库、标本馆建设，更新和配备现代化防治设备，加强应急防治物资储备。强化应急防控演练和技术培训，提升应急处置和防治减灾能力。开展松材线虫病等有害生物防治、疫源疫病防控等设施建设，加快草原和湿地有害生物灾害监测预警能力提升和草原生物灾害监测站点等基础设施建设。

（四）外来入侵物种监测处置能力建设

构建外来入侵物种监测网络，开展长期例行监测。提升国家级外来入侵物种监测预警水平，加强跨境、跨区域信息汇总与预警分析。加强区域性外来入侵物种监测鉴定能力建设，提升新发突发入侵物种快速鉴定能力。针对豚草、水葫芦、水花生、松材线虫、美国白蛾等外来入侵物种危害区和集中暴发区，配套建设外来入侵物种天敌繁育基地、综合防控示范工程、区域性应急防控设施及物资储备库，配置必要的应急处置设施设备，提升外来物种入侵突发事件应急处置能力。

专栏 5-2　森林草原有害生物防治重点项目

1. 监测预警体系建设

依托现有信息管理系统，加强林草有害生物灾害监测评估精细化管理，研发林草生物灾害基层监测 APP。统筹林草有害生物监测，改扩建国家级和部分省级林草有害生物灾害监测预警中心，优化中心测报点布局及设施设备，加强各级监测站点监测预报能力。

2. 检疫御灾能力建设

加强国内外林草有害生物检疫信息数据分析。提升省级林业有害生物疫情鉴定诊断能力，完善重点检疫检验实验室。加强基层检疫检查站所建设，配备检疫执法装备、除害处理设施设备。

3. 防治减灾体系建设

强化国家级和省级林草有害生物灾害应急防治物资调度。完善省级应急防治物资储备库和重点县级常规防治物资储备库，建立区域应急物资储备库，配备应急防控设施设备。支持秦岭、黄山、泰山、庐山、长白山等重点疫区、重点预防区以及国家公园、国有林区等重要生态区域外来有害生物防控能力建设。

4. 外来入侵物种监测处置能力建设

构建外来入侵物种监测网络，在边境地区、粮食主产区、生态脆弱区等区域，建设野外监测点，开展日常监测。提升外来入侵物种监测预警能力，以调查监测数据为基础，加强跨境、跨区域信息汇总与预警分析。加强7大区域性外来入侵物种监测鉴定中心设施设备建设，提升新发突发入侵物种快速鉴定能力。针对豚草、水葫芦、水花生等外来入侵物种危害区和集中暴发区，配套建设天敌繁育基地、综合防控示范工程、区域性应急防控设施及物资储备库，提升应急处置能力。针对松材线虫、红火蚁、美国白蛾等外来入侵物种，科学布局建设综合防控示范点，更新、新建天敌繁育基地。

三、林草种质资源保护

（一）完善林草种质资源保护体系

新建国家林草种质资源设施保存主库、分库及一批原地、异地保存库，逐步建立起原地、异地和设施保存相结合的林草种质资源保存体系。开展林草种质资源鉴定评价和监测预警体系建设，加强国家林草种质资源信息管理，实时汇集、处理种质资源的收集保存、鉴定评价、分发利用、监测预警等信息，补齐国家重点保护野生动植物种质资源保存空缺，进一步提升林草种质资源保护利用水平和能力，满足我国林草种质资源保护的战略需求。

（二）提升林草良种生产供应能力

新建、改扩建一批国家重点林木良种基地、林木采种基地和保障性苗圃，新建一批国家草品种区域试验站、国家重点草种原种基地和草种生产基地，健全数量充足、质量优良、结构合理的林草种苗生产供应体系，满足我国大规模国土绿化和生态保护修复对林草良种的多样化需求，促进林草良种供应结构更加合理，良种产量和质量显著提升，林木良种使用率和草种供应自给率显著提升。

专栏 5-3 林草种质资源保护重点项目

1. 林草种质资源保护体系

建设种质资源设施保存库、种质资源原地、异地保存库；建设国家林草种质资源鉴定评价体系、野生林草种质资源样地监测点。

2. 林草良种生产供应体系

实施国家林木良种基地改扩建，新建部分林木采种基地、保障性苗圃；分区域、分草种建设草种原种基地、草种生产基地；建设国家草品种区域试验站。

四、森林草原基层能力建设

（一）林草基层站点能力提升

充分发挥基层林业（草原）工作站、科技推广站在基层生态保护、资源管护中的重要支撑保障作用，加强基层林业（草原）工作站、科技推广站基础设施及能力建设。选择典型性、代表性站点实施基层林业（草原）工作站、科技推广站标准化建设示范工程，加强业务用房建设及必要设施设备配备，提高标准化水平。

稳定机构队伍，壮大队伍数量，优化队伍结构，提升队伍业务技能、综合素质和能力。规范护林（草）员日常管理，加强法规制度和技能培训，建立健全工作标准和制度。

（二）林草管护用房建设示范项目

在东北、内蒙古重点国有林区和全国重点国有林场，开展林草管护用房建设示范项目。引导各地优化管护站点布局，改善管护用房条件，提高配套基础设施、装备建设水平。

专栏 5-4　森林草原基层能力建设重点项目

1. 基层林业（草原）工作站标准化建设示范工程

实施基层林业（草原）工作站、科技推广站标准化建设示范工程，选择典型性、代表性站点开展标准化建设，新建或维修改造业务用房，配备履职需要的工作条件和工作装备，加强办公自动化、信息化建设，健全完善站务公开和内部管理，加强林业（草原）工作站能力建设。带动各地根据实际需求开展基层林业（草原）工作站标准化建设，开展站长能力测试、重点地区岗位人员专项培训和护林（草）员、林农培训。

2. 林草管护用房建设示范项目

在东北、内蒙古重点国有林区、全国重点国有林场开展管护用房建设，新建或改造管护用房，配套实施给水、排水设施设备，供电、供暖设施设备，瞭望、通信设施，管护机具设备、信息化管理系统，带动地方优化管护站点布局，配套完善林场管护站点设施设备。

第六章　逐步提升生态气象保障能力

聚焦生态保护和修复重大工程任务，依托既有平台，提升生态气象监测评估预警能力。加强重大气象灾害和气候变化对生态安全的影响监测评估和预报预警，提高生态保护和修复气象评估、生态安全气象风险预警和气候资源保护利用能力，强化森林草原火灾预防、沙尘暴预警及有害生物防治等方面气象保障服务。加强人工影响天气能力建设，提高生态修复型作业能力。加强生态气象基础支撑能力，提升生态气象数据处理和应用水平。

一、生态气象监测评估能力建设

（一）生态气象监测能力

在“三区四带”和自然保护地等重点区域以及气候关键区，结合已有气象站点，布设生态气象需求迫切、技术成熟的观测装备，开展大气、地-气通量（能量、水、碳、动量、臭氧）监测和物候期等观测，为数值模式和气候模式提供支撑。加强冰冻圈综合观测，实现积雪面积与深度、冰川面积与物质平衡量、多年冻土区活动层厚度等要素自动化连续观测，发展卫星、无人机、地面等遥感协同监测能力，构建多圈层的“天空地”一体化生态气象综合观测体系，提升生态气象观测数据应用水平。建设和发展与生态气象监测相适应的计量保障能力，提高遥感类、大气成分类观测装备计量能力。建立健全生态气象监测质量管理体系。

（二）生态气象评估能力

评估气象条件对“三区四带”和自然保护地等重点区域的影响程度，不断提升评估工作水平。在青藏高原生态屏障区，重点加强气候变化对冰川、冻土、水资源等的影响评估。在黄河重点生态区，重点加强气候变化对水资源调配、水土流失、矿区生态修复的影响评估。在长江重点生态区，重点加强气候变化对湖泊、湿地保护修复的影响评估。在东北森林带和秦岭地区，重点加强气候变化对森林固碳释氧、森林资源、湿地保护修复的影响评估。

在北方防沙带，重点加强气候变化对荒漠化治理、京津冀水源涵养、三北防护林的影响评估。在南方丘陵山地带，重点加强气候变化对石漠化治理、水土保持、森林质量提升的影响评估。在海岸带，重点加强气候变化对红树林等典型生态系统保护修复的影响评估。在自然保护地，重点加强气候变化对动植物生境的影响评估。

二、生态气象预报预警能力建设

（一）生态气象灾害预报预警能力

面向生态系统灾害防范，加强重大气象灾害生态影响预警能力建设。提升森林草原火灾预防、沙尘暴预警等关键气象条件预报预警能力，开发高温干旱、低温冰冻、暴雨洪涝、大风等重大气象灾害对生态系统安全影响的预报预警服务，制定生态气象灾害风险区划“一张图”，提升生态气象灾害风险预报预警业务协同。针对东北、华北、西南、华南等重点林区，加强森林草原防灭火全链条气象预报预警。研发沙尘暴起沙—传输—沉降预报模型，针对我国天气系统上游地区、北方地区，重点加强沙尘暴天气预报预警及溯源能力，研究沙尘与不同生态系统相互作用机理。提升有害生物扩散、成灾气象风险预报预警能力。开发鄱阳湖、洞庭湖、太湖、巢湖和滇池等重点湖泊蓝藻水华、海洋浒苔、赤潮等气象条件预报预警，提高气象服务保障能力。

（二）气候变化影响评估能力

强化气候变化对生态系统影响评估，增强应对气候变化能力。加强生态系统和关键气象因子的气候预测能力，研判气候变化趋势。加强气候变化尤其是极端条件下对我国生态系统影响机理研究，开展未来气候变化情景下生态系统功能影响和生态安全面临风险预估与评估。在青藏高原生态屏障区，重点加强气候变化对高山区冰冻圈生态要素影响评估。在黄河重点生态区、长江重点生态区、北方防沙带、南方丘陵山地带，加强气候变化对水土流失、荒漠化、石漠化、地下水超采影响评估。在东北森林带、海岸带，重点加强气候变化对森林、草原、湿地及海洋等生态系统的影响评估。在自然保护地，加强极端气候条件下对生物多样性影响评估。

三、生态气象服务能力建设

（一）生态质量监管气象服务能力

开发生态质量变化气象贡献率评价模型，为各级政府开展生态文明建设提供科学依据。围绕生态保护红线监管需求，在国省两级建立生态保护红线监管气象服务业务体系，定量区分人为和气象因素影响，为红线区生态环境准入、绩效考核、生态补偿和监管等提供气象支撑。

（二）气候资源合理开发利用能力

加强气候承载力评价服务。面向“三区四带”和自然保护地等重点区域，开展气候变化背景下气候承载力演变趋势研究，提升精细化定量服务水平。加强气候可行性评估服务能力，探索建立生态保护和修复重大工程气候可行性评估指标体系。面向碳达峰、碳中和目标需求，开展气候资源滚动评估和预报预警，建立精细化风能太阳能资源图谱。开展气候变化对生态系统碳收支影响研究，加强碳中和评估服务能力。

（三）生态修复型人工影响天气能力

提升常态化精准人工影响天气作业能力。针对重要生态系统保护和修复气象保障需求，完善人工影响天气作业区域布局，因地制宜制定作业计划。服务生态修复和森林草原灭火等应急救灾需要，重点提升“三区四带”等区域人工影响天气作业能力，为水源涵养、水土保持、植被保护与恢复、生物多样性保护、水库增蓄水等提供气象保障服务。依托区域人工影响天气能力建设项目试验示范基地，开展冬季增雪补冰、夏季暖云增雨和突发应急服务等研究试验，重点突破催化方式等关键技术，提升人工影响天气作业能力。

专栏 6-1　生态气象保障能力建设重点项目

1. 生态气象监测评估能力建设

在我国“三区四带”和自然保护地等重点区域以及气候关键区，发展卫星、无人机、地面等遥感协同监测能力，基本建成“天空地”一体化生态气象综合立体观测体系。建设和发展与生态气象监测相适应的计量保障能力。提升生态气象数据应用水平。提升生态保护修复气象影响评估水平，在重点区域开展针对性的生态气象评估。

2. 生态气象预报预警能力建设

围绕全国重要生态系统保护和修复重大工程需求，建设百米至公里级、月季年等不同时空尺度的生态气象影响评估系统。针对“三区四带”和自然保护地等重点区域灾害特点，提升高温干旱、低温冰冻、暴雨洪涝、大风等重大气象灾害及次生灾害对生态系统影响的预报预警能力。建立气候变化综合影响评估业务，开展长期气候变化趋势分析与监测评估，提升气候变化对荒漠化、石漠化、高山区冰冻圈等脆弱生态环境影响的评估水平，促进增强应对气候变化能力。

3. 生态气象服务能力建设

建立生态保护红线监管气象服务业务体系。建立气候资源综合业务服务平台，完善气候资源数据管理，提高气候资源动态监测、评估和预报预警能力，服务碳达峰、碳中和目标愿景。开展气候承载力评价、气候可行性评估，提升精细化定量服务水平。在“三区四带”加强人工影响天气现代化作业装备建设，完善作业布局，提升相关试验示范基地云水资源监测开发能力。

第七章　效益分析

一、生态效益

通过加强科研平台建设和关键技术攻关，强化重大工程和重要生态系统监测监管能力建设，有针对性地推进森林草原防灭火、有害生物防治、种质资源保护、基层管护站点等森林草原保护工程，进一步完善生态气象保障能力，将更为有效地实现对重要保护对象、重要生态系统、重大生态工程的全方位监管，为重要生态系统保护和修复提供有力理论指导、技术支撑和保障体系，是推动生态保护修复治理体系和治理能力现代化的重点任务。生态保护和修复支撑体系重大工程，与青藏高原生态屏障区生态保护和修复、自然保护地建设及野生动植物保护等其他 8 项全国重要生态系统保护和修复重大工程构成相互支撑、相辅相成的有机整体，工程的顺利实施对全面提升国家生态安全屏障质量和稳定性、促进生态系统良性循环和永续利用、维护国家生态安全具有重要意义。

二、经济效益

《规划》实施的重点区域，与老少边穷地区高度重合，有关投资有助于促进山区、林区、牧区及周边群众就业和稳定增收。同时，随着有关地区自然生态系统质量和稳定性的逐步提高，将为健全自然资源有偿使用制度、完善自然资源及其产品价格形成机制奠定良好基础，有助于促进盘活相关自然生态资源，对推动生态旅游、生态种养、生物质能源、生态康养等特色生态产业发展具有积极作用，间接经济效益较大。

三、社会效益

《规划》的有序实施，将促进生态保护修复科技支撑和综合保障水平不断提高，重要生态系统监测和管理能力持续提升，有助于进一步夯实生态文明建设基础，促进重点区域加快转变经济发展方式，是满足人民群众对良好生态环境的殷切期盼、践行绿水青山就是金山银山理念、实现人与自然和谐共生的具体举措，对提高全社会参与生态保护修复的积极性、主动性起到重要促进作用，社会效益显著。

第八章　政策和保障措施

一、加强统筹协调

国务院有关部门要根据部门职责，依托全国投资项目在线审批监管平台，强化信息互通、资源共享、动态监管和绩效评估，形成整体合力。要加强本规划与相关领域专项规划之间的衔接，确保各项规划目标一致、协同推进。要根据有关项目的中央和地方事权，明确规划重点任务、重点项目的责任主体，聚焦规划目标，优化资源配置，大力推进生态保护和修复支撑体系建设，确保政策落实到位。

省级有关部门也要建立健全规划推进协调机制，明确责任分工，建立完善项目管理制度，切实承担起有关项目建设的主体责任，统筹推动重点任务和重点项目建设。

二、拓宽投资渠道

根据《自然资源领域中央与地方财政事权和支出责任划分改革方案》要求，生态保护和修复支撑体系建设，按照有关事项的中央地方事权划分，明确支出责任。中央资金视国家财力情况在年度中统筹安排，主要通过现有渠道予以支持，并与有关专项设置、投资标准、补助政策调整情况做好衔接。地方政府要切实履行主体责任，积极筹措资金，引导和带动社会资本参与，充分发挥各项政策措施的合力，加大对生态保护和修复支撑体系建设的投入力度。鼓励各地统筹利用多层级、多领域资金，集中开展重点项目建设，充分发挥项目多重效益，提高资金使用效率。大力发展绿色金融，发挥金融在资源配置中的激励作用，引导社会资本以市场化方式投向生态保护和修复支撑体系建设领域。积极落实鼓励社会资本参与生态保护和修复的相关政策，探索通过政府购买服务等方式，吸引社会资本参与重点项目建设，推动建设资金渠道多元化。

三、完善监督评估

完善相关领域法律法规制度，强化生态保护监管和执法，严厉打击各类破坏生态环境的违法违规行为，为工程建设保驾护航。国务院有关部门要结合职责，建立健全生态保护和修复支撑体系建设实施督促检查机制和评估体系，抓好重要任务、重点项目的细化分解，督促有关地区加强项目储备，落实项目投资和开工条件，并加强生态质量监测评估和工程实施成效监督评估，防止和制止生态修复过程中的形式主义行为。省级有关部门要研究建立生态保护和修复支撑体系建设的考核监督和激励约束机制，将生态保护和修复支撑体系建设成效作为全国重要生态系统保护和修复重大工程建设的重要内容，纳入相关生态文明建设或高质量发展考核中，扎实推动重要任务和重点项目落实。

四、注重舆论引导

充分发挥传统媒体和新媒体作用，大力学习宣传习近平生态文明思想，加强自然生态系统国情宣传和生态保护法治教育。将国家重点实验室、野外生态定位站、科研示范基地、基层林业（草原）工作站、基层管护站点等作为重要阵地，以各种节日、活动为重要载体，向公众普及生态知识，定期向公众开放多层次、多结构的“天空地”一体化监测成效。发展科普志愿者队伍，开展形式多样的森林草原火灾预防、应急处置、有害生物防治、疫源疫病防控等科普教育，提高公众支持生态保护和修复支撑体系建设、爱护相关设施设备的自觉意识。提高重大工程建设成效的社会认可度，积极营造全社会爱生态、护生态的良好风气。

附录 3 国家发展改革委 住房城乡建设部关于推进全过程工程咨询服务发展的指导意见

（发改投资规〔2019〕515 号）

各省、自治区、直辖市及计划单列市、新疆生产建设兵团发展改革委，各省、自治区住房和城乡建设厅、直辖市住房和城乡建设（管）委、北京市规划和自然资源委、新疆生产建设兵团住房和城乡建设局：

为深化投融资体制改革，提升固定资产投资决策科学化水平，进一步完善工程建设组织模式，提高投资效益、工程建设质量和运营效率，根据中央城市工作会议精神及《中共中央 国务院关于深化投融资体制改革的意见》（中发〔2016〕18 号）、《国务院办公厅关于促进建筑业持续健康发展的意见》（国办发〔2017〕19 号）等要求，现就在房屋建筑和市政基础设施领域推进全过程工程咨询服务发展提出如下意见。

一、充分认识推进全过程工程咨询服务发展的意义

改革开放以来，我国工程咨询服务市场化快速发展，形成了投资咨询、招标代理、勘察、设计、监理、造价、项目管理等专业化的咨询服务业态，部分专业咨询服务建立了执业准入制度，促进了我国工程咨询服务专业化水平提升。随着我国固定资产投资项目建设水平逐步提高，为更好地实现投资建设意图，投资者或建设单位在固定资产投资项目决策、工程建设、项目运营过程中，对综合性、跨阶段、一体化的咨询服务需求日益增强。这种需求与现行制度造成的单项服务供给模式之间的矛盾日益突出。

为深入贯彻习近平新时代中国特色社会主义思想和党的十九大精神，深化工程领域咨询服务供给侧结构性改革，破解工程咨询市场供需矛盾，必须完善政策

措施，创新咨询服务组织实施方式，大力发展以市场需求为导向、满足委托方多样化需求的全过程工程咨询服务模式。特别是要遵循项目周期规律和建设程序的客观要求，在项目决策和建设实施两个阶段，着力破除制度性障碍，重点培育发展投资决策综合性咨询和工程建设全过程咨询，为固定资产投资及工程建设活动提供高质量智力技术服务，全面提升投资效益、工程建设质量和运营效率，推动高质量发展。

二、以投资决策综合性咨询促进投资决策科学化

（一）大力提升投资决策综合性咨询水平。投资决策环节在项目建设程序中具有统领作用，对项目顺利实施、有效控制和高效利用投资至关重要。鼓励投资者在投资决策环节委托工程咨询单位提供综合性咨询服务，统筹考虑影响项目可行性的各种因素，增强决策论证的协调性。综合性工程咨询单位接受投资者委托，就投资项目的市场、技术、经济、生态环境、能源、资源、安全等影响可行性的要素，结合国家、地区、行业发展规划及相关重大专项建设规划、产业政策、技术标准及相关审批要求进行分析研究和论证，为投资者提供决策依据和建议。

（二）规范投资决策综合性咨询服务方式。投资决策综合性咨询服务可由工程咨询单位采取市场合作、委托专业服务等方式牵头提供，或由其会同具备相应资格的服务机构联合提供。牵头提供投资决策综合性咨询服务的机构，根据与委托方合同约定对服务成果承担总体责任；联合提供投资决策综合性咨询服务的，各合作方承担相应责任。鼓励纳入有关行业自律管理体系的工程咨询单位发挥投资机会研究、项目可行性研究等特长，开展综合性咨询服务。投资决策综合性咨询应当充分发挥咨询工程师（投资）的作用，鼓励其作为综合性咨询项目负责人，提高统筹服务水平。

（三）充分发挥投资决策综合性咨询在促进投资高质量发展和投资审批制度改革中的支撑作用。落实项目单位投资决策自主权和主体责任，鼓励项目单位加强可行性研究，对国家法律法规和产业政策、行政审批中要求的专项评价评估等

一并纳入可行性研究统筹论证，提高决策科学化，促进投资高质量发展。单独开展的各专项评价评估结论应当与可行性研究报告相关内容保持一致，各审批部门应当加强审查要求和标准的协调，避免对相同事项的管理要求相冲突。鼓励项目单位采用投资决策综合性咨询，减少分散专项评价评估，避免可行性研究论证碎片化。各地要建立并联审批、联合审批机制，提高审批效率，并通过通用综合性咨询成果、审查一套综合性申报材料，提高并联审批、联合审批的可操作性。

（四）政府投资项目要优先开展综合性咨询。为增强政府投资决策科学性，提高政府投资效益，政府投资项目要优先采取综合性咨询服务方式。政府投资项目要围绕可行性研究报告，充分论证建设内容、建设规模，并按照相关法律法规、技术标准要求，深入分析影响投资决策的各项因素，将其影响分析形成专门篇章纳入可行性研究报告；可行性研究报告包括其他专项审批要求的论证评价内容的，有关审批部门可以将可行性研究报告作为申报材料进行审查。

三、以全过程咨询推动完善工程建设组织模式

（一）以工程建设环节为重点推进全过程咨询。在房屋建筑、市政基础设施等工程建设中，鼓励建设单位委托咨询单位提供招标代理、勘察、设计、监理、造价、项目管理等全过程咨询服务，满足建设单位一体化服务需求，增强工程建设过程的协同性。全过程咨询单位应当以工程质量和安全为前提，帮助建设单位提高建设效率、节约建设资金。

（二）探索工程建设全过程咨询服务实施方式。工程建设全过程咨询服务应当由一家具有综合能力的咨询单位实施，也可由多家具有招标代理、勘察、设计、监理、造价、项目管理等不同能力的咨询单位联合实施。由多家咨询单位联合实施的，应当明确牵头单位及各单位的权利、义务和责任。要充分发挥政府投资项目和国有企业投资项目的示范引领作用，引导一批有影响力、有示范作用的政府投资项目和国有企业投资项目带头推行工程建设全过程咨询。鼓励民间投资项目的建设单位根据项目规模和特点，本着信誉可靠、综合能力和效率优先的原则，

依法选择优秀团队实施工程建设全过程咨询。

（三）促进工程建设全过程咨询服务发展。全过程咨询单位提供勘察、设计、监理或造价咨询服务时，应当具有与工程规模及委托内容相适应的资质条件。全过程咨询服务单位应当自行完成自有资质证书许可范围内的业务，在保证整个工程项目完整性的前提下，按照合同约定或经建设单位同意，可将自有资质证书许可范围外的咨询业务依法依规择优委托给具有相应资质或能力的单位，全过程咨询服务单位应对被委托单位的委托业务负总责。建设单位选择具有相应工程勘察、设计、监理或造价咨询资质的单位开展全过程咨询服务的，除法律法规另有规定外，可不再另行委托勘察、设计、监理或造价咨询单位。

（四）明确工程建设全过程咨询服务人员要求。工程建设全过程咨询项目负责人应当取得工程建设类注册执业资格且具有工程类、工程经济类高级职称，并具有类似工程经验。对于工程建设全过程咨询服务中承担工程勘察、设计、监理或造价咨询业务的负责人，应具有法律法规规定的相应执业资格。全过程咨询服务单位应根据项目管理需要配备具有相应执业能力的专业技术人员和管理人员。设计单位在民用建筑中实施全过程咨询的，要充分发挥建筑师的主导作用。

四、鼓励多种形式的全过程工程咨询服务市场化发展

（一）鼓励多种形式全过程工程咨询服务模式。除投资决策综合性咨询和工程建设全过程咨询外，咨询单位可根据市场需求，从投资决策、工程建设、运营等项目全生命周期角度，开展跨阶段咨询服务组合或同一阶段内不同类型咨询服务组合。鼓励和支持咨询单位创新全过程工程咨询服务模式，为投资者或建设单位提供多样化的服务。同一项目的全过程工程咨询单位与工程总承包、施工、材料设备供应单位之间不得有利害关系。

（二）创新咨询单位和人员管理方式。要逐步减少投资决策环节和工程建设领域对从业单位和人员实施的资质资格许可事项，精简和取消强制性中介服务事项，打破行业壁垒和部门垄断，放开市场准入，加快咨询服务市场化进程。将政府管

理重心从事前的资质资格证书核发转向事中事后监管，建立以政府监管、信用约束、行业自律为主要内容的管理体系，强化单位和人员从业行为监管。

（三）引导全过程工程咨询服务健康发展。全过程工程咨询单位应当在技术、经济、管理、法律等方面具有丰富经验，具有与全过程工程咨询业务相适应的服务能力，同时具有良好的信誉。全过程工程咨询单位应当建立与其咨询业务相适应的专业部门及组织机构，配备结构合理的专业咨询人员，提升核心竞争力，培育综合性多元化服务及系统性问题一站式整合服务能力。鼓励投资咨询、招标代理、勘察、设计、监理、造价、项目管理等企业，采取联合经营、并购重组等方式发展全过程工程咨询。

五、优化全过程工程咨询服务市场环境

（一）建立全过程工程咨询服务技术标准和合同体系。研究建立投资决策综合性咨询和工程建设全过程咨询服务技术标准体系，促进全过程工程咨询服务科学化、标准化和规范化；以服务合同管理为重点，加快构建适合我国投资决策和工程建设咨询服务的招标文件及合同示范文本，科学制定合同条款，促进合同双方履约。全过程工程咨询单位要切实履行合同约定的各项义务、承担相应责任，并对咨询成果的真实性、有效性和科学性负责。

（二）完善全过程工程咨询服务酬金计取方式。全过程工程咨询服务酬金可在项目投资中列支，也可根据所包含的具体服务事项，通过项目投资中列支的投资咨询、招标代理、勘察、设计、监理、造价、项目管理等费用进行支付。全过程工程咨询服务酬金在项目投资中列支的，所对应的单项咨询服务费用不再列支。投资者或建设单位应当根据工程项目的规模和复杂程度，咨询服务的范围、内容和期限等与咨询单位确定服务酬金。全过程工程咨询服务酬金可按各专项服务酬金叠加后再增加相应统筹管理费用计取，也可按人工成本加酬金方式计取。全过程工程咨询单位应努力提升服务能力和水平，通过为所咨询的工程建设或运行增值来体现其自身市场价值，禁止恶意低价竞争行为。鼓励投资者或建设单位根据咨询服务节约的投资额对咨询单位予以奖励。

（三）建立全过程工程咨询服务管理体系。咨询单位要建立自身的服务技术标准、管理标准，不断完善质量管理体系、职业健康安全和环境管理体系，通过积累咨询服务实践经验，建立具有自身特色的全过程工程咨询服务管理体系及标准。大力开发和利用建筑信息模型（BIM）、大数据、物联网等现代信息技术和资源，努力提高信息化管理与应用水平，为开展全过程工程咨询业务提供保障。

（四）加强咨询人才队伍建设和国际交流。咨询单位要高度重视全过程工程咨询项目负责人及相关专业人才的培养，加强技术、经济、管理及法律等方面的理论知识培训，培养一批符合全过程工程咨询服务需求的综合型人才，为开展全过程工程咨询业务提供人才支撑。鼓励咨询单位与国际著名的工程顾问公司开展多种形式的合作，提高业务水平，提升咨询单位的国际竞争力。

六、强化保障措施

（一）加强组织领导。国务院投资主管部门负责指导投资决策综合性咨询，国务院住房和城乡建设主管部门负责指导工程建设全过程咨询。各级投资主管部门、住房和城乡建设主管部门要高度重视全过程工程咨询服务的推进和发展，创新投资决策机制和工程建设管理机制，完善相关配套政策，加强对全过程工程咨询服务活动的引导和支持，加强与财政、税务、审计等有关部门的沟通协调，切实解决制约全过程工程咨询实施中的实际问题。

（二）推动示范引领。各级政府主管部门要引导和鼓励工程决策和建设采用全过程工程咨询模式，通过示范项目的引领作用，逐步培育一批全过程工程咨询骨干企业，提高全过程工程咨询的供给质量和能力；鼓励各地区和企业积极探索和开展全过程工程咨询，及时总结和推广经验，扩大全过程工程咨询的影响力。

（三）加强政府监管和行业自律。有关部门要根据职责分工，建立全过程工程咨询监管制度，创新全过程监管方式，实施综合监管、联动监管，加大对违法违规咨询单位和从业人员的处罚力度，建立信用档案和公开不良行为信息，推动咨询单位切实提高服务质量和效率。有关行业协会应当充分发挥专业优势，协助政府开展相关政策和标准体系研究，引导咨询单位提升全过程工程咨询服务能力；加强行业诚信自律体系建设，规范咨询单位和从业人员的市场行为，引导市场合理竞争。

国家发展改革委

住房城乡建设部

2019 年 3 月 15 日

附录 4 住房城乡建设部关于开展全过程工程咨询试点工作的通知

（建市〔2017〕101 号）

各省、自治区住房城乡建设厅，直辖市建委，北京市规划国土委，新疆生产建设兵团建设局，各试点企业：

为贯彻落实《国务院办公厅关于促进建筑业持续健康发展的意见》（国办发〔2017〕19 号），培育全过程工程咨询，经研究，决定选择部分地区和企业开展全过程工程咨询试点，现就有关事项通知如下：

一、试点目的

通过选择有条件的地区和企业开展全过程工程咨询试点，健全全过程工程咨询管理制度，完善工程建设组织模式，培养有国际竞争力的企业，提高全过程工程咨询服务能力和水平，为全面开展全过程工程咨询积累经验。

二、试点地区、企业

选择北京、上海、江苏、浙江、福建、湖南、广东、四川 8 省（市）以及中国建筑设计院有限公司等 40 家企业（名单见附件）开展全过程工程咨询试点。

试点工作自本通知印发之日开始，时间为 2 年。我部将根据试点情况，对试点地区和试点企业进行调整。

三、试点工作要求

（一）制订试点工作方案。试点地区住房城乡建设主管部门、试点企业要加强组织领导，制订试点工作方案，明确任务目标，积极稳妥推进相关工作。试点工作方案于 2017 年 6 月底前报我部建筑市场监管司。

（二）创新管理机制。试点地区住房城乡建设主管部门要研究全过程工程咨询管理制度，制定全过程工程咨询服务技术标准和合同范本等文件，创新开展全过程工程咨询试点。

（三）实现重点突破。试点地区住房城乡建设主管部门、试点企业要坚持政府引导与市场选择相结合的原则，因地制宜，探索适用的试点模式，在有条件的房屋建筑和市政工程领域实现重点突破。

（四）确保项目落地。试点地区住房城乡建设主管部门要引导政府投资工程带头参加全过程工程咨询试点，鼓励非政府投资工程积极参与全过程工程咨询试点。同时，切实抓好试点项目的工作推进，落地一批具有影响力、有示范作用的试点项目。

（五）实施分类推进。试点地区住房城乡建设主管部门要引导大型勘察、设计、监理等企业积极发展全过程工程咨询服务，拓展业务范围。在民用建筑项目中充分发挥建筑师的主导作用，鼓励提供全过程工程咨询服务。

（六）提升企业能力。试点企业要积极延伸服务内容，提供高水平全过程技术性和管理性服务项目，提高全过程工程咨询服务能力和水平，积累全过程工程咨询服务经验，增强企业国际竞争力。

（七）总结推广经验。试点地区住房城乡建设主管部门、试点企业要及时研究解决试点工作中的新情况、新问题，不断总结经验和不足，提高试点工作成效，每季度末向我部建筑市场监管司报送试点工作进展情况。我部将及时总结和推广试点工作经验。

附件：全过程工程咨询试点企业名单

中华人民共和国住房和城乡建设部

2017 年 5 月 2 日

（此件主动公开）

附件

全过程工程咨询试点企业名单

1. 中国建筑设计院有限公司
2. 北京市建筑设计研究院有限公司
3. 中国中元国际工程有限公司
4. 中冶京诚工程技术有限公司
5. 中国寰球工程有限公司
6. 北京市勘察设计研究院有限公司
7. 建设综合勘察研究设计院有限公司
8. 北京方圆工程监理有限公司
9. 北京国金管理咨询有限公司
10. 北京希达建设监理有限责任公司
11. 京兴国际工程管理有限公司
12. 中国市政工程华北设计研究总院有限公司
13. 中国天辰工程有限公司
14. 同济大学建筑设计研究院（集团）有限公司
15. 华东建筑设计研究院有限公司
16. 上海市政工程设计研究总院（集团）有限公司
17. 上海华城工程建设管理有限公司
18. 上海建科工程咨询有限公司
19. 上海市建设工程监理咨询有限公司
20. 上海同济工程咨询有限公司
21. 启迪设计集团股份有限公司
22. 中衡设计集团股份有限公司
23. 江苏建科建设监理有限公司
24. 中国电建集团华东勘测设计研究院有限公司

25. 中国联合工程公司
26. 宁波高专建设监理有限公司
27. 浙江江南工程管理股份有限公司
28. 福建省建筑设计研究院
29. 深圳市建筑设计研究总院有限公司
30. 悉地国际设计顾问（深圳）有限公司
31. 广东省建筑设计研究院
32. 深圳市华阳国际工程设计股份有限公司
33. 广州轨道交通建设监理有限公司
34. 海南新世纪建设项目咨询管理有限公司
35. 林同棪国际工程咨询（中国）有限公司
36. 重庆赛迪工程咨询有限公司
37. 中国建筑西南设计研究院有限公司
38. 成都衡泰工程管理有限责任公司
39. 四川二滩国际工程咨询有限责任公司
40. 中国建筑西北设计研究院有限公司

附录 5 生态环保金融支持项目储备库入库指南（试行）

为积极引导金融资金投入，加强金融对深入打好污染防治攻坚战的精准支撑，推进适宜金融支持的重大生态环保项目谋划，建设生态环保金融支持项目储备库（以下简称项目储备库），制定本指南。

一、总体要求

建设项目储备库是引导金融资金投向、实现供需有效结合的重要措施，对改善生态环境质量、解决突出生态环境问题、推动减污降碳协同增效、促进经济社会发展全面绿色转型发挥重要作用。

要贯彻落实党中央、国务院决策部署，与国家及地方生态环境保护规划重点任务相衔接。各级生态环境部门按照《中共中央 国务院关于深入打好污染防治攻坚战的意见》，结合本地区“十四五”生态环境保护重点任务，重点对支撑污染防治攻坚战的精准性、实施的必要性、内容的真实性进行把关，储备对污染防治攻坚战支撑作用大、实施必要性强、实施基础好、环境效益显著的重大工程项目，聚焦重点，避免泛化，提高项目储备质量。

要明确金融支持项目储备库与中央生态环境资金项目储备库的差异。入库项目应适宜金融资金支持，包括治理责任主体为企业的项目，采用生态环境导向的开发（EOD）模式、政府和社会资本合作（PPP）模式及其他市场化方式运作的项目。项目实施必须严格依法依规，严禁新增地方政府隐性债务。

二、入库范围

（一）大气污染防治。包括北方地区冬季清洁取暖、挥发性有机物综合治理、工业企业深度治理、工业企业燃煤设施清洁能源替代、重点行业超低排放改造、重点行业清洁生产改造、锅炉综合治理、涉气产业园区和集群大气环境综合整治、高排放机动车淘汰换新、船及非道路移动源排放治理、典型行业恶臭治理、重污染天气应对能力建设等。

（二）水生态环境保护。包括黑臭水体治理、污水处理设施与配套管网建设改造、污水处理厂污泥处理处置、污水再生及资源化利用、工矿企业和医疗机构水污染治理、工业园区水污染治理、船舶港口水污染治理、水体内源污染治理、流域水生态保护修复、流域水环境综合治理、河湖生态流量保障、重点湖库富营养化控制、河湖生态缓冲带修复、天然（人工）湿地生态系统保护与建设、水源涵养区保护、饮用水水源地保护、入河排污口整治及规范化建设等。

（三）重点海域综合治理。以渤海、长江口—杭州湾、珠江口邻近海域为重点，包括海水养殖环境整治、入海排污口及直排海污染源整治、船舶港口污染防治、亲海岸滩环境整治、海洋生态系统保护修复、美丽海湾示范建设等。

（四）土壤污染防治。包括建设用地土壤污染风险管控、建设用地土壤污染修复、农用地工矿污染源整治、工矿企业重金属治理、历史遗留重金属污染区域治理、化学品生产企业及工业集聚区地下水污染风险管控、矿山开采区及尾矿库地下水污染综合治理、危险废物处置场及垃圾填埋场地下水污染防治、依赖地下水的生态系统保护、地下水型饮用水水源地保护、重点污染源防渗改造、废弃井封井回填等。

（五）农业农村污染治理。包括农村污水处理和资源化利用、农村垃圾治理、农村黑臭水体整治、废弃农膜回收利用、秸秆综合利用、畜禽与水产养殖污染治理和粪污资源化利用、种植业面源污染治理、农村生态环境综合整治等。

（六）固体废物处理处置及资源综合利用。以“无废城市”建设项目为重点，包括城乡生活垃圾收集与处理处置、餐厨垃圾收集与资源化利用、危险废物及医疗废物收集与处理处置、矿产资源（含尾矿）综合利用、废旧资源再生利用、农业固体废物资源化利用、工业固体废物环境风险管控、工业固体废物无害化处理处置及综合利用、建筑垃圾和道路沥青资源化利用、包装废弃物回收处理等。

（七）生态保护修复。重要生态系统保护和修复、山水林田湖草沙冰一体化保护和修复、矿区生态保护修复、采煤沉陷区综合治理、生物多样性保护及荒漠化、石漠化、水土流失综合治理等。

（八）其他环境治理。生态环境风险防控、放射性污染防治、噪声与振动污染控制、生态环境监测与信息能力建设等。

三、申报条件

（一）入库项目申报主体应为已建立现代企业制度、经营状况和信用状况良好的市场化企业，或县级（含）以上政府及其有关部门等。

（二）项目融资主体应为市场化企业，且其环保信用评价不是最低等级。

（三）治理责任主体为企业的生态环境治理项目，单个项目融资需求原则上应超过 5 000 万元；其他项目单个项目融资需求原则上应超过 1 亿元。

（四）应明确项目实施模式。PPP 项目需满足国家有关管理要求，应适时纳入财政部、国家发展改革委 PPP 项目库。鼓励推广生态环境整体解决方案、托管服务和第三方治理。EOD 项目要参考《关于推荐第二批生态环境导向的开发模式试点项目的通知》（环办科财函〔2021〕468 号，以下简称《通知》）基本要求，确保生态环境治理与产业开发项目有效融合、收益反哺、一体化实施。

为稳步开展生态环境治理模式创新，规范有序推进 EOD 模式探索，EOD 项目还需满足以下条件。

1．地市级及以上政府作为申报主体和实施主体的 EOD 项目，原则上投资总额不高于 50 亿元；区县级政府作为申报和实施主体的项目，原则上投资总额不高于 30 亿元。

2．项目边界清晰，生态环境治理与产业开发之间密切关联、充分融合，避免无关项目捆绑，组合实施的单体子项目数量不超过 5 个。

3．除规范的 PPP 项目外，不涉及运营期间政府付费，不以土地出让收益、税收、预期新增财政收入等返还补助作为项目收益。加强重大项目谋划，优化项目建设内容，力争在不依靠政府投入的情况下实现项目整体收益与成本平衡。

4．EOD 项目中生态环境治理内容需符合入库范围要求，且要有明确的生态环境改善目标。产业开发要符合国家和地方产业政策、空间管控等各项要求，项目实施中严格落实招投标、政府采购、投融资、土地、资源开发、政府债务风险管控、资产处置等各项法规政策要求，依法依规推进项目规范实施，不以任何形式增加地方政府隐性债务。

5. 各省（自治区、直辖市）每年入库 EOD 项目原则上不超过 5 个。

四、申报材料

（一）项目基本信息表（线上填报）。

（二）项目可行性研究报告或实施方案，应明确建设内容与规模、建设运营模式、融资金额、资金平衡方案等。

（三）省级生态环境部门项目论证评估意见（模板见附件 1）。

（四）EOD 项目应一并提交 EOD 项目实施方案（编制大纲见附件 2）与承诺函（模板见附件 3）。承诺函由项目申报主体和实施主体（市级及以下人民政府或园区管委会）盖章。

五、申报方式

按照“成熟一个，申报一个”的原则，由县级及以上生态环境部门通过生态环保金融支持项目管理系统线上申报，省级生态环境部门论证评估同意后由线上提交。

涉密项目要严格落实有关规定要求，不得通过生态环保金融支持项目管理系统申报。

本指南将视实施情况和有关要求适时进行修订。

附件：1. ______生态环境厅（局）关于________项目论证评估意见（模板）

2. 生态环境导向的开发（EOD）模式项目实施方案编制大纲

3. EOD 项目实施承诺函（模板）

附件 1

______生态环境厅（局）
关于________项目论证评估意见

（模板）

我厅（局）按照《生态环保金融支持项目储备库入库指南（试行）》等相关要求，紧密围绕深入打好污染防治攻坚战加强项目谋划，组织地方开展项目前期准备，并对地方提交的项目申报材料开展论证评估。经研究，________项目申报材料和信息真实，项目实施对我省实现“十四五”生态环境保护目标具有重要的支撑作用，属于现阶段急需推进的重点任务。

________（公章）

年　月　日

附件 2

生态环境导向的开发（EOD）模式项目实施方案编制大纲

一、项目区域总体情况

（一）项目区域概况

包括项目区域范围、经济社会发展概况。

（二）生态环境现状与突出问题

（三）生态环境保护与产业融合发展思路

（四）项目实施目标

EOD 项目生态环境效益目标，明确项目实施前后生态环境质量改善定量、定性目标。

二、项目建设内容

（一）项目建设内容之间的关联性

明确生态环境治理与产业开发之间的关联关系，做到两者融合共生。

（二）项目主要建设内容

分别说明生态环境治理与关联产业开发等建设内容、工程措施等。

三、项目实施方式与计划

（一）项目组织实施方式

生态环境治理与关联产业须实现一体化实施，依法依规确定 EOD 项目实施主体的方式，引入社会资本。

（二）实施期限

明确项目建设期、运维期等。

（三）项目实施进展

明确项目立项、项目实施进度等情况。

（四）年度计划

四、投资估算与资金筹措

（一）投资估算

包括编制依据与投资估算等。

（二）资金筹措

包括资本金筹集方式和比例、项目融资来源及渠道。

五、项目财务分析

（一）项目预期收益与支出

明确项目层面的成本、收益及其测算依据，增强项目收益、支出的科学性与合理性。

不以土地出让收益、税收、预期新增财政收入等返还补助作为项目收益。

项目建设、运维成本均包括生态环境治理与产业开发等内容。

（二）项目资金平衡方案

以 EOD 项目为整体开展财务测算。

项目建设和运营期间需政府资金投入的，需明确政府资金投入额度和投入方式。

除规范的 PPP 项目外，不涉及运营期间政府付费。

优化项目内容，力争在不依靠政府投入的情况下实现项目整体收益与成本平衡。

六、实施保障

EOD 项目推进实施、长效机制建立等。

生态环境导向的开发模式项目基本情况表

<table>
<tr><td>项目名称</td><td colspan="5"></td></tr>
<tr><td colspan="2">申报单位名称</td><td>联系人</td><td>联系方式</td><td colspan="2">通讯地址</td></tr>
<tr><td colspan="2"></td><td></td><td></td><td colspan="2"></td></tr>
<tr><td colspan="2">实施主体名称</td><td>联系人</td><td>联系方式</td><td colspan="2">通讯地址</td></tr>
<tr><td colspan="2"></td><td></td><td></td><td colspan="2"></td></tr>
<tr><td colspan="6">一、项目内容</td></tr>
<tr><td>项目概况</td><td colspan="5"></td></tr>
<tr><td>项目实施目标</td><td colspan="5">1.
2.
……</td></tr>
<tr><td>项目实施主体确定方式</td><td colspan="5"></td></tr>
<tr><td rowspan="8">项目建设内容与投资</td><td colspan="3">建设内容</td><td>投资金额（万元）</td><td>实施进展</td></tr>
<tr><td>1</td><td colspan="2"></td><td></td><td></td></tr>
<tr><td>2</td><td colspan="2"></td><td></td><td></td></tr>
<tr><td>3</td><td colspan="2"></td><td></td><td></td></tr>
<tr><td>4</td><td colspan="2"></td><td></td><td></td></tr>
<tr><td>5</td><td colspan="2"></td><td></td><td></td></tr>
<tr><td>项目总投资（万元）</td><td colspan="2">其中，生态环境治理投资</td><td colspan="2">产业开发项目投资</td></tr>
<tr><td></td><td colspan="2"></td><td colspan="2"></td></tr>
</table>

<table>
<tr><td colspan="5">二、建设资金筹措情况</td></tr>
<tr><td rowspan="5">建设资金来源（万元）</td><td colspan="4">其中：</td></tr>
<tr><td>中央财政资金</td><td>地方财政资金</td><td>专项债</td><td>企业自有资金</td></tr>
<tr><td></td><td></td><td></td><td></td></tr>
<tr><td>基金</td><td>银行贷款</td><td colspan="2">其他形式
（说明具体融资方式）</td></tr>
<tr><td></td><td></td><td colspan="2"></td></tr>
<tr><td colspan="5">三、项目资金平衡情况</td></tr>
<tr><td>建设运维成本</td><td colspan="4">1. 建设成本
2. 运维成本</td></tr>
<tr><td>收益来源</td><td colspan="4">1.
2.
……</td></tr>
<tr><td colspan="5">主要财务指标</td></tr>
<tr><td colspan="2">项目投资所得税后财务内部收益率（%）</td><td>所得税后财务净现值（万元）</td><td>投资回收期（年）</td><td>偿债备付率</td></tr>
<tr><td colspan="2"></td><td></td><td></td><td></td></tr>
<tr><td colspan="5">四、保障措施</td></tr>
<tr><td colspan="5"></td></tr>
</table>

填表说明：

1. 项目申报单位为负责项目组织实施的政府或有关部门；项目实施主体为负责项目建设运维一体化实施的企业，尚未确定的可不填写。

2. 项目概况为项目区域范围，拟解决的突出环境问题，生态环境保护与产业融合发展思路、实施周期等。

3. 项目实施目标为项目经济、社会、环境目标，其中，生态环境目标涉及流域、湖泊水环境治理的，明确生态环境质量改善目标。

4. 项目实施主体确定方式为依法依规确定 EOD 项目实施主体的具体方式。

5. 实施进展为完成可研批复（或备案）、初步设计、招投标、在建、设备安装调试、竣工验收、投入运营。

附件 3

EOD 项目实施承诺函

（模板）

本项目将按照 EOD 模式要求推进实施，并承诺如下：

1. 生态环境治理与产业项目在实施中作为一个整体项目，在项目层面实现产业开发项目对生态环境治理项目建设与运营的持续性收益反哺。

2. 采用合法合规方式选择具备较强产业投资运营能力的项目实施主体，由一个主体一体化实施，确保产业开发项目持续运营。

3. 项目符合国家和地方产业政策等各项要求，项目实施中严格落实招投标、政府采购、投融资、土地、资源开发、空间管控、政府债务风险管控、资产处置等各项法规政策，依法依规推进项目规范实施。

4. 不以任何形式增加地方政府隐性债务。

单位（签章）

年　月　日

附录6 关于推进全过程工程咨询服务发展的指导意见（征求意见稿）

为贯彻落实中央城市工作会议精神和《国务院办公厅关于促进建筑业持续健康发展的意见》（国办发〔2017〕19 号），进一步完善我国工程建设组织模式，推进全过程工程咨询服务发展，培育具有国际竞争力的工程咨询企业，推动我国工程咨询行业转型升级，提升工程建设质量和效益，现提出如下意见：

一、总体思路

（一）指导思想

深入贯彻落实党的十九大精神，以习近平新时代中国特色社会主义思想为指导，按照高质量发展的要求，深化工程建设组织管理模式改革，培育全过程工程咨询服务市场，推进工程咨询服务业供给侧结构性改革，增强工程咨询企业核心竞争力，实现工程咨询行业组织结构调整与资源优化组合，促进建筑业持续健康发展，全面提升工程建设质量和投资效益。

（二）基本原则

1．市场化为基础。发挥市场在资源配置中的决定性作用，鼓励有能力的工程咨询企业采取联合经营、并购重组等方式提供集成化、多样化的全过程工程咨询服务内容，形成与不同投资主体需求相适应的全过程工程咨询服务组织模式；通过投资主体的需求引领和工程咨询企业能力的提升，形成统一开放、公平竞争、主体多元、服务多样、运作有序的全过程工程咨询服务市场。

2．国际化为导向。借鉴和参照国际通行规则开展全过程工程咨询服务，结合国际大型工程顾问公司的业务特征，培育既熟悉国际规则又能符合国内建筑市场需求的高水平工程咨询服务企业和人才队伍；鼓励有能力的工程咨询企业积极参与国际竞争，推动中国工程咨询行业“走出去”，为实现“一带一路”战略服务。

3.“放管服”相结合。坚持推进“放管服”改革，不新设行政审批事项，减少约束和限制，进一步激发市场活力和社会创造力，促进市场主体公平竞争；做好对实施全过程工程咨询项目的事中、事后监管，做到公正监管、综合监管、审慎监管；优化政府服务，对实施全过程工程咨询的工程项目提供有力的支持，创造良好的政策和市场环境，鼓励企业创新和自由发展。

（三）主要目标

培育一批具有国际水平的全过程工程咨询企业，基本形成统一开放、竞争有序的全过程工程咨询服务市场，建立与市场相适应的全过程工程咨询服务管理体系；逐步建立健全与全过程工程咨询相适应的项目审批和监管制度，建立全过程工程咨询诚信评价体系；实施人才发展战略，培养与行业发展相适应的人才队伍。

二、工作重点

（四）培育全过程工程咨询市场

1. 明确全过程工程咨询服务的定义。全过程工程咨询是对工程建设项目前期研究和决策以及工程项目实施和运行（或称运营）的全生命周期提供包含设计和规划在内的涉及组织、管理、经济和技术等各有关方面的工程咨询服务。全过程工程咨询服务可采用多种组织方式，为项目决策、实施和运营持续提供局部或整体解决方案。

2. 鼓励有能力的工程咨询企业积极参与全过程工程咨询服务。工程咨询企业可根据企业自身的优势和特点积极延伸服务内容，提供项目建设可行性研究、项目实施总体策划、工程规划、工程勘察与设计、项目管理、工程监理、造价咨询及项目运行维护管理等全方位的全过程工程咨询服务。

3. 政府和国有投资项目带头推行全过程工程咨询。各地要充分发挥政府和国有投资项目的示范引领作用，引导一批有影响力、有示范作用的政府投资和国有投资项目带头推行全过程工程咨询。

4. 鼓励非政府和国有投资项目委托全过程工程咨询服务。非政府和国有投资项目的建设单位可根据项目规模和特点，本着信誉可靠、综合能力和效率优先的原则，选择优秀团队实施全过程工程咨询。

（五）建立全过程工程咨询管理机制

1. 全过程工程咨询服务的组织模式。全过程工程咨询服务可由一家具有综合能力的工程咨询企业实施，或可由多家具有不同专业特长的工程咨询企业联合实施，也可以根据建设单位的需求，依据全过程工程咨询企业自身的条件和能力，为工程建设全过程中的几个阶段提供不同层面的组织、管理、经济和技术服务。由多家工程咨询企业联合实施全过程工程咨询的，应明确牵头单位，并明确各单位的权利、义务和责任。

2. 全过程工程咨询服务的委托。建设单位应将全过程工程咨询中的前期研究、规划和设计等工程设计类服务，以及项目管理、工程监理、造价咨询等工程项目控制和管理类服务委托给一家工程咨询企业或由多家企业组成的联合体或合作体。建设单位在项目筹划阶段选择具有相应工程勘察、设计或监理资质的企业开展全过程工程咨询服务，可不再另行委托勘察、设计或监理。同一项目的工程咨询企业不得与工程总承包企业、施工企业具有利益关系。

3. 全过程工程咨询服务的酬金。全过程工程咨询服务费应在工程概算中列支。建设单位应当根据工程项目的规模和复杂程度，工程咨询的服务范围、内容和期限等与工程咨询企业协商确定服务酬金。全过程工程咨询服务的酬金可按各项专项服务的费用相叠加并增加相应统筹费用后计取，也可按照国际上通行的人员成本加酬金的方式计取。全过程工程咨询服务企业应努力提升服务能力和水平，通过为工程建设和运行增值的效果体现其自身的市场价值，避免采取降低咨询服务酬金的方式进行市场竞争，禁止采用低于成本价的恶性市场竞争行为。鼓励建设单位根据咨询服务节约的投资额对咨询企业进行奖励。

4. 提供全过程工程咨询服务企业的能力要求。提供全过程工程咨询服务的企业应当具有相应的组织、管理、经济、技术和法规等咨询服务能力，同时具有良好的信誉、相应的组织机构、健全的工程咨询服务管理体系和风险控制能力。全过程工程咨询服务企业承担勘察、设计或监理咨询服务时，应当具有与工程规模及委托内容相适应的资质条件。

5. 全过程工程咨询项目负责人及相关执业人员的基本要求。全过程工程咨询项目负责人应取得工程建设类注册执业资格或具有工程类、工程经济类高级职称，并具有类似工程经验。对于承担全过程工程咨询服务中勘察、设计或监理岗位的人员应具有现行法规规定的相应执业资格。

6. 全过程工程咨询服务的转委托。工程咨询企业应当自行完成自有资质证书许可范围内的业务，在保证整个工程项目完整性的前提下，按照合同约定或经建设单位同意，将约定的部分咨询业务择优转委托给具有相应资质或能力的企业，工程咨询企业应对转委托企业的委托业务承担连带责任。

7. 提供全过程工程咨询服务企业的义务和责任。全过程工程咨询服务企业对其咨询成果的数据真实性、有效性和科学性负责，通过勤勉工作履行合同约定的各项义务，承担相应的责任。

（六）提升工程咨询企业全过程工程咨询的能力和水平

1. 完善工程咨询企业的组织机构。全过程工程咨询服务企业应根据全过程工程咨询服务的实际需要，建立与之相适应的专业部门，加强和完善企业组织机构和人员结构；构建企业的核心竞争力，培育既能提供综合性的多元化服务，又能对系统性问题提供一站式整合服务的能力；大型工程咨询服务企业应积极吸收国际化人才，构建网络型组织，努力实现全球化服务。

2. 加强工程咨询人才队伍建设。工程咨询企业要高度重视全过程工程咨询的项目负责人及相关专业人才的培养，加强组织、管理、法律、经济及技术的理论知识培训，培养一批符合全过程工程咨询服务需求的具有项目前期研究、工程设计、工程施工和工程管理能力的综合人才和专业人才，为开展全过程工程咨询业务提供人才支撑。

3. 加强全过程工程咨询服务管理体系建设。工程咨询企业要不断建立和完善自身的技术标准、管理标准、质量管理体系、职业健康安全和环境管理体系，通过工程咨询服务的实践经验，建立具有自身特色的全过程工程咨询服务管理体系及服务标准；应充分开发和利用包括 BIM、大数据、物联网等在内的信息技术和信息资源，努力提高信息化管理与应用水平，为开展全过程工程咨询业务提供保障。

4．开展国际合作与交流。鼓励企业与国际著名的工程顾问公司开展多种形式的合作，通过合作与交流，拓展视野，提高业务水平，提升企业国际工程咨询服务竞争力，积极参与国际竞争，扩大我国工程咨询企业在国际上的知名度。

（七）建立全过程工程咨询服务技术标准和合同体系

研究建立全过程工程咨询服务技术标准体系，促进全过程工程咨询服务科学化、标准化和规范化；发布全过程工程咨询合同示范文本，保障合同各方的合法权益；鼓励具备相应能力的行业协会、研究机构和企业等，加强全过程工程咨询理论研究，为全过程工程咨询服务发展提供理论指导。

三、保障措施

（八）组织领导

各级政府主管部门要高度重视全过程工程咨询服务的推进和发展，创新建设工程管理机制，完善相关配套政策，加强对全过程工程咨询服务活动的宏观引导和支持服务，加强与发改委、财政、税务、审计等有关部门的沟通协调，切实解决制约全过程工程咨询项目实施中的实际问题。

（九）示范引领

各级政府主管部门要引导和鼓励工程建设项目采用全过程工程咨询模式，从试点项目和参与企业入手，通过示范和引领，逐步培育一批全过程工程咨询骨干企业，提高全过程工程咨询的供给质量和能力；鼓励未列入试点的地区和企业积极探索和开展全过程工程咨询，及时总结和推广经验，扩大全过程工程咨询的影响力。

（十）发挥行业协会组织作用

行业协会应当充分发挥政府与企业间的桥梁纽带作用，积极反映企业诉求，协助政府开展相关政策研究，引导企业提升全过程工程咨询服务能力；通过市场调研及综合评估发布全过程工程咨询服务酬金或人员薪酬等信息，加强行业诚信自律体系建设，规范企业和从业人员的市场行为；开展团体标准研究，为全过程工程咨询服务规范化和科学化提供依据。

附录 7　生态保护修复工程实施生态环境成效评估技术指南（试行）（征求意见稿）

1　适用范围

本标准规定了生态保护修复工程实施生态环境成效评估的原则、技术流程、评估内容与指标、评估方法及报告编写等要求。

本标准主要适用于山水林田湖草沙一体化保护和修复工程实施的生态环境成效评估，森林保护修复、湿地保护修复、草原保护修复、防沙治沙、矿山生态修复、流域综合治理、石漠化综合治理、水土流失治理等其他类型生态保护修复工程实施的生态环境成效评估可参照执行。

2　规范性引用文件

本标准引用了下列文件或其中的条款。凡是注明日期的引用文件，仅注日期的版本适用于本标准。凡是未注日期的引用文件，其最新版本（包括所有的修改单）适用于本标准。

GB 3095　环境空气质量标准

GB 3838　地表水环境质量标准

GB 15618　土壤环境质量标准

HJ 91　地表水和污水监测技术规范

HJ 166　土壤环境监测技术规范

HJ 192　生态环境状况评价技术规范

HJ 664　环境空气质量监测点位布设技术规范

HJ 915　地表水自动监测技术规范（试行）

HJ 1143　生态保护红线监管技术规范 保护成效评估（试行）

HJ 1171　全国生态状况调查评估技术规范——生态系统格局评估

HJ 1172　全国生态状况调查评估技术规范——生态系统质量评估

HJ 1173　全国生态状况调查评估技术规范——生态系统服务功能评估

《山水林田湖草生态保护修复工程指南（试行）》（自然资办发〔2020〕38 号）

《关于坚决防止生态保护修复中形式主义行为的通知》（环生态〔2021〕89 号）

《关于印发〈区域生态质量评价办法（试行）〉的通知》（环监测〔2021〕99 号）

3　术语和定义

下列术语和定义适用于本标准。

3.1　生态保护修复工程 ecological conservation and restoration project

指在一定区域范围内，为提升生态系统自我恢复能力，增强生态系统稳定性，促进自然生态系统质量的整体改善和生态产品供给能力的全面增强，遵循自然生态系统演替规律和内在机理，对退化、受损、服务功能下降的生态系统进行恢复、重建和改善的过程和活动。

3.2　生态环境成效 eco-environmental performance

指生态保护修复工程实施在优化生态格局、提升生态环境质量、增强生态功能、减缓人为干扰、维护工程效益持续发挥等方面取得的效果。

3.3　生态系统格局 ecosystem patterns

指各类不同生态系统在空间上的排列和组合，包括生态系统类型、数目及空间分布与配置。

3.4　生态系统质量 ecosystem quality

指生态系统自然植被的优劣程度，反映生态系统内植被与生态系统整体状况。

3.5　生态系统功能 ecosystem services

指生态系统为人类提供的水源涵养、土壤保持、防风固沙、生物多样性维护等方面的功能。

3.6 人为干扰 artificial disturbance

指人类对生态系统正常结构和功能的干扰，这些干扰超出了生态系统恢复力，可能导致生态系统发生不可逆的变化甚至退化或崩溃。

3.7 评估基期 base period

指被评估区域生态保护修复工程实施的前一年，作为与评估期各项评估指标进行对比的初始时间。

4 评估原则

4.1 科学性

以提升生态系统质量和稳定性为目标，遵循自然规律，科学确定评估内容和指标，客观反映工程实施的生态环境成效，确保评估结果真实准确。

4.2 可操作性

通过定量和定性相结合的方式开展评估，结合实际明确评估标准，确保评估数据可获取、结果可量化，易于操作。

4.3 规范性

明确评估技术流程，对评估内容、评估方法、数据来源、成果产出等统一标准，确保评估的规范性。

5 技术流程

生态保护修复工程实施生态环境成效评估技术流程包括确定评估内容、准备资料数据、评估计算分级、编写技术报告等环节。具体如下：

5.1 确定评估内容

根据工程实施前、实施中、实施后、实施后长期成效等不同阶段，确定评估内容及相应的评估指标。

5.2 准备评估资料

针对各项评估指标，通过资料收集、实地调研等方式，收集评估所需的基础资料与数据，建立评估资料数据集，获取指标评估依据和数据。各指标评估依据和数据资料来源见附录 A。

5.3 评估计算分级

根据评估指标计算方法和基础数据资料，对各项指标进行定量或定性评估，获取各项指标评估指标值，计算阶段成效评估结果，根据评估结果进行分级，形成评估结论。各项指标赋分细则及评估分级方法见附录 A、B。

5.4 编写技术报告

编制《生态保护修复工程实施生态环境成效评估技术报告》，主要内容包括总则、工程实施基本情况、工程实施生态环境成效评估、主要问题、相关建议等。评估技术报告编写提纲见附录 C。

6 评估内容与指标

根据《关于坚决防止生态保护修复中形式主义行为的通知》和《山水林田湖草生态保护修复工程指南（试行）》的相关要求，按工程实施的不同阶段（即实施前、实施中、实施后、实施后长期成效）确定评估内容与评估指标。

6.1 评估内容

6.1.1 工程实施前评估

工程实施前重点评估工程规划和设计对改善生态环境质量、减缓生态环境不利影响、防范生态环境和气候风险等方面发挥的保障作用。评估内容主要包括：工程实施方案编制的科学性、可行性及根据相关要求的修改完善情况，工程项目环评审批手续履行情况，工程方案措施对保护地、生态保护红线管控要求的落实情况，以及生态形式主义问题存在情况。

6.1.2 工程实施中评估

工程实施中重点评估生态环境监测评估与管理等相关制度落实情况，工程实施过程中定期或不定期检查发现的生态环境相关问题的整改情况，“绿盾”自然保护地强化监督等发现问题的整改情况。

6.1.3 工程实施后评估

工程实施后评估在工程验收后的 2 年内开展，重点评估工程实施产生的生态环境效益。评估内容主要包括：森林、草地、湿地等生态系统面积增长情况，生态空间连通程度提升情况，植被覆盖度提升情况，区域主导生态功能提升情况，环境质量改善情况，人类活动干扰减缓情况。

6.1.4 实施后长期成效评估

实施后长期成效评估原则上在工程验收 5 年后开展，也可根据实际需要进行调整。重点评估工程实施后的长期生态环境效益及成效维护情况，其中，成效维护评估内容主要包括：工程基础设施运行维护、生态过程跟踪管护、跟踪监测评估开展、不当人为干扰控制等生态环境成效维护情况。

6.2 评估指标

生态保护修复工程实施生态环境成效评估的具体指标及赋分情况见表 1。

表 1 生态保护修复工程实施生态环境成效评估指标体系

编号	评估指标	分值	指标内容
①	工程实施方案编制	2	工程实施方案对生态环境成效提升的科学性、可行性保障，以及修改完善情况
②	工程生态环境保护制度落实	4	工程环评审批手续履行情况，工程方案措施对保护地、生态保护红线管控要求的落实情况，生态形式主义问题存在情况
③	工程过程检查	8	工程实施过程中生态环境监测评估与管理等相关制度落实情况，工程实施过程中定期或不定期检查发现的生态环境相关问题的整改情况，“绿盾”自然保护地强化监督等发现问题的整改情况
④	重要生态系统面积	10	工程实施区域森林、草地、湿地等具有生态属性的生态系统用地面积增长情况
⑤	生态连通度	10	工程实施区域生态系统整体连通程度提升情况
⑥	植被覆盖度	10	工程实施区域有植被覆盖区域的生长季平均植被覆盖度提升情况
⑦	主导生态功能	20	工程实施区域水源涵养、土壤保持、防风固沙、生物多样性维护等主导生态功能提升情况
⑧	环境质量	20	工程实施区域环境质量改善情况
⑨	人为干扰	10	工程实施区域综合人类干扰指数降低情况
⑩	生态环境成效维护	6	工程基础设施运行维护、生态过程跟踪管护、跟踪监测评估开展、不当人为干扰控制等生态环境成效维护情况

7 开展评估

根据生态保护修复工程实施生态环境成效评估的工作需求，结合工程实施的具体阶段，确定评估内容及相应评估指标。通过资料收集、数据统计、遥感解析、实地调研等方式获取所需资料数据。根据指标赋分细则和评估分级标准，计算各项指标值，对评估结果进行分级，形成评估结论。

7.1 工程实施前评估

评估指标包括：①工程实施方案编制；②工程生态环境保护制度落实。

7.2 工程实施中评估

评估指标包括：①工程实施方案编制；②工程生态环境保护制度落实；③工程过程检查。

7.3 工程实施后评估

评估指标包括：①工程实施方案编制；②工程生态环境保护制度落实；③工程过程检查；④重要生态系统面积；⑤生态连通度；⑥植被覆盖度；⑦主导生态功能；⑧环境质量；⑨人为干扰。

7.4 实施后长期成效评估

评估指标包括：①重要生态系统面积；②生态连通度；③植被覆盖度；④主导生态功能；⑤环境质量；⑥人为干扰；⑦生态环境成效维护。

8 编写评估技术报告

基于评估计算和分级结果，编制《生态保护修复工程实施生态环境成效评估技术报告》，报告格式和内容参见附录 C。

附录 A
（资料性附录）
赋分细则

A.1 工程实施方案编制

（1）赋分说明

工程实施方案编制 2 分，根据工程实施方案体现的对生态环境成效提升的科学性、可行性，以及根据相关要求的修改完善情况赋分。

（2）评分方法

①科学性、可行性分析情况（1 分）。根据工程实施方案对生态环境成效提升的科学性、可行性分析，包括修复目标与生态环境问题及气候风险关联性、修复目标科学性和准确性、修复措施合理性和可行性赋分。

②工程实施方案修改完善情况（1 分）。根据实施方案按照相关要求修改完善的情况赋分。无须修改的，得 1 分。

（3）评分依据

地方政府、相关部门或项目实施单位提供的工程实施方案及相关批复资料、可行性研究报告、评审资料、修改完善资料等。

A.2 工程生态环境保护制度落实

（1）赋分说明

工程生态环境保护制度落实 4 分，根据工程环评审批手续履行情况，工程方案措施对保护地、生态保护红线管控要求的落实情况，以及生态形式主义问题存在情况赋分。

（2）评分方法

工程实施中无须进行环评审批，工程方案措施对保护地、生态保护红线管控要求落实较好，不存在生态形式主义问题的，得 4 分；存在环评未批先建的，1 项扣 1 分，扣完 4 分为止；存在工程方案措施对保护地、生态保护红线管控要求未全面落实的，1 项扣 1 分，扣完 4 分为止；存在《关于坚决防止生态保护修复中形式主义行为的通知》（环生态〔2021〕89 号）中所明确的生态形式主义问题的，不得分。

（3）评分依据

地方政府、相关部门或项目实施单位提供的生态保护修复工程环境影响评价报告书（表）及相关批复资料、工程实施方案、可行性研究报告、评审资料、修改完善资料、技术成果资料等。

A.3 工程过程检查

（1）赋分说明

工程过程检查 8 分，根据工程实施过程中生态环境监测评估与管理等相关制度落实情况，工程实施过程中定期或不定期检查发现的生态环境相关问题的整改情况，“绿盾”自然保护地强化监督等发现问题的整改情况赋分。

（2）评分方法

①相关制度落实情况（3 分）。根据工程实施过程中生态环境监测评估与管理等相关制度落实情况赋分。项目管理、工程监理、绩效考核、监测监管、竣工验收、档案管理、后期管护等相关管理制度或办法制定出台全面及时，能够全面落实的，得 3 分；存在 1～2 项应制定未制定出台，或对 1～2 项已有规章制度落实较差或未落实的，酌情得 2 分或 1 分；存在 3 项及以上应制定未制定出台，或对 3 项及以上已有规章制度落实较差或未落实的，不得分。

②工程过程检查开展情况（2 分）。根据工程实施过程中检查的开展情况赋分。应开展检查而未开展的，1 次扣 1 分，扣完 2 分为止。

③问题整改情况（3 分）。根据检查中发现的生态环境问题，及“绿盾”自然保护地强化监督等发现的问题的整改情况赋分。无须整改的，得 3 分；应改尽改的，得 2 分；应整改未整改的，1 项得 1 分，2 项及以上，不得分。

（3）评分依据

地方政府、相关部门或项目实施单位提供的相关制度建设及落实情况资料、过程检查相关资料、检查发现问题相关整改资料，以及“绿盾”自然保护地强化监督等发现问题、整改相关资料等。

A.4 重要生态系统面积

（1）赋分说明

重要生态系统面积 10 分，根据评估区内森林、草地、湿地等具有生态属性的生态系统用地保护修复后的面积增长情况赋分。

（2）评分方法

重要生态系统面积增长率大于 0.1%（含）的，得 10 分；增长率小于 0.1%大于 0 的，按 6+4 乘以增长率/0.1%计算得分；增长率小于 0（含）大于 –0.5%（含）的，得 6 分；增长率小于 –0.5%、重要生态系统面积存在明显下降的，不得分。

重要生态系统面积增长率 =（森林、草地、湿地生态系统评估期总面积 – 森林、草地、湿地生态系统基期总面积）/森林、草地、湿地生态系统基期总面积×100%

重要生态系统面积增长率计算方法参照 HJ 1171。

（3）数据来源

生态环境部门、项目实施单位或评估单位监测评估数据。

A.5 生态连通度

（1）赋分说明

生态连通度 10 分，根据评估区内生态系统整体连通程度提升情况赋分。

（2）评分方法

生态连通度提升率大于 0.5%（含）的，得 10 分；提升率小于 0.5%大于 0 的，按 6+4 乘以提升率/0.5%计算得分；提升率小于 0（含）大于 –0.5%（含）的，得 6 分；提升率小于 –0.5%、生态连通度存在明显下降的，不得分。

生态连通度提升率 =（评估期生态连通度指数 – 基期生态连通度指数）/基期生态连通度指数×100%

生态连通度指数计算方法参考《区域生态质量评价办法（试行）》（环监测〔2021〕99 号）。

（3）数据来源

生态环境部门、项目实施单位或评估单位监测评估数据。

A.6 植被覆盖度

（1）赋分说明

植被覆盖度 10 分，根据评估区内森林、草地、湿地等有植被覆盖区域的生长季平均植被覆盖度提升情况赋分。

（2）评分方法

植被覆盖度提升率大于 1%（含）的，得 10 分；提升率小于 1%大于 0 的，按 6+4 乘以提升率/1%计算得分；提升率小于 0（含）大于 –0.5%（含）的，得 6 分；提升率小于 –0.5%、植被覆盖度存在明显下降的，不得分。

植被覆盖度提升率 =（评估期生长季平均植被覆盖度 – 基期生长季平均植被覆盖度）/基期生长季平均植被覆盖度×100%

植被覆盖度计算方法参照 HJ 1172 或《区域生态质量评价办法（试行）》（环监测〔2021〕99 号）。

（3）数据来源

生态环境部门、项目实施单位或评估单位监测评估数据。

A.7 主导生态功能

（1）赋分说明

主导生态功能 20 分，根据评估区内主导生态功能在评估时段产生的生态功能提升情况赋分。

（2）评分方法

主导生态功能提升率大于 5%（含）的，得 20 分；提升率小于 5%大于 0 的，按 10 乘以（1+提升率/5%）计算得分；提升率小于 0（含）大于 –0.5%（含）的，得 10 分；提升率小于 –0.5%、主导生态功能存在明显下降的，不得分。

主导生态功能提升率 =（评估期主导生态功能 – 基期主导生态功能）/基期主导生态功能×100%

水源涵养、土壤保持、防风固沙、生物多样性维护等生态功能计算方法参照

HJ 1173。

（3）数据来源

生态环境部门、项目实施单位或评估单位监测评估数据。

A.8 环境质量

（1）赋分说明

环境质量 20 分，根据评估区内主要环境问题要素改善或环境质量维护情况赋分。

（2）评分方法

根据区域主要生态环境问题，结合工程实施的目标要求，以区域存在的大气（以总悬浮颗粒物 TSP 计）、水、土主要污染物项目含量降低率的最小值进行评分。环境质量达标，最小降低率大于 10%（含）的，得 20 分；环境质量达标，最小降低率小于 10%大于 0（含）的，按 10 乘以（1+最小降低率/10%）计算得分；环境质量达标，但主要污染物项目含量有提升的，得 10 分；最小降低率为负、环境质量不达标、环境质量存在下降的，不得分。区域不存在明显环境问题，环境质量维持较好的，得 20 分。

当区域同时存在多类环境问题时，取各类得分的加权平均值。

大气污染物可参考 GB 3095、HJ 664 等相关要求在工程实施前与实施后分别进行监测，监测时段选择在同等气象条件（风速）下进行；水污染物可参考 GB 3838、HJ 915、HJ 91 等相关要求在工程实施前与实施后分别进行监测；土壤污染物可参考 GB 15618、HJ 166 等相关要求在工程实施前与实施后分别进行监测。

（3）数据来源

生态环境部门、项目实施单位或评估单位监测评估数据。

A.9 人为干扰

（1）赋分说明

人为干扰 10 分，根据评估区内综合人类干扰指数降低情况赋分。

（2）评分方法

综合人类干扰指数降低率大于 0.1%（含）的，得 10 分；降低率小于 0.1%大于 0 的，按 6+4 乘以降低率/0.1%计算得分；降低率小于 0（含）大于 –0.5%（含）的，得 6 分；降低率小于 –0.5%、综合人类干扰指数存在明显升高的，不得分。

综合人类干扰指数降低率 =（基期综合人类干扰指数 – 评估期综合人类干扰指数）/基期综合人类干扰指数×100%

$$综合人类干扰指数（D）=(\sum_{i=0}^{3} A_i \times P_i)/3/\sum_{i=0}^{3} P_i$$

式中，D 为生态系统综合人类干扰指数，范围为 0～1；A_i 表示第 i 级生态系统人类干扰程度分级指数（表 A.1）；P_i 表示第 i 级生态系统面积所占百分比。

表 A.1　生态系统综合人类扰动指数分级表

类型	自然未利用	自然再生利用	人为再生利用	人为非再生利用
生态系统类型扰动分级指数	盐碱地、沼泽地	林地、草地、水域（不包括冰雪）	农田	城镇、居民点、工矿用地和交通用地等类型
	0	1	2	3

（3）数据来源

生态环境部门、项目实施单位或评估单位监测评估数据。

A.10　生态环境成效维护

（1）赋分说明

生态环境成效维护 6 分，根据工程基础设施运行维护、生态过程跟踪管护、跟踪监测评估开展、不当人为干扰控制等生态环境成效维护情况赋分。

（2）评分方法

①工程基础设施运行维护（2 分）。根据工程实施后基础设施的运行和维护情况赋分。

②生态过程跟踪管护（1 分）。根据对生态系统演替过程的跟踪管护情况赋分。

③跟踪监测评估（2 分）。根据工程实施后长期跟踪监测评估开展情况赋分。

④不当人为干扰控制（1 分）。根据对不当人为干扰的防范控制情况赋分。

（3）评分依据

地方政府提供的基础设施运维资料、跟踪管护资料、监测评估开展与监测能力建设资料、监测台账、生态评估资料、人为干扰防控相关资料等。

附录 B
（规范性附录）

B.1　工程实施前评估

评估分级

基于工程实施前各项指标评估得分，计算工程实施前成效指数（BPI）（公式B.1）。计算公式为

$$\mathrm{BPI}=100/6\sum_{i=1}^{n}\mathrm{BPI}_i \tag{B.1}$$

式中：BPI——工程实施前成效指数；

BPI_i——工程实施前成效第 i 项指标得分；

i——指标序号；

n——指标数量。

根据工程实施前成效指数评估结果，确定成效等级（表 B.1）。

表 B.1　生态保护修复工程实施前成效分级表

类别	分值范围	分级
工程实施前评估	0≤BPI＜60	不合格
	60≤BPI＜80	合格
	80≤BPI＜90	良好
	90≤BPI≤100	优秀

B.2　工程实施中评估

基于工程实施中各项指标评估得分，计算工程实施中成效指数（PPI）（公式

B.2)。工程实施中成效计算公式为

$$PPI = 100/14\sum_{i=1}^{n} PPI_i \tag{B.2}$$

式中：PPI——工程实施中成效指数；

PPI_i——工程实施中成效第 i 项指标得分；

i——指标序号；

n——指标数量。

根据工程实施中成效指数评估结果，确定成效等级（表 B.2）。

表 B.2　生态保护修复工程实施中成效分级表

类别	分值范围	分级
工程实施中评估	0≤PPI＜60	不合格
	60≤PPI＜80	合格
	80≤PPI＜90	良好
	90≤PPI≤100	优秀

B.3　工程实施后评估

基于工程实施后各项指标评估得分，计算工程实施后成效指数（API）（公式 B.3）工程实施后成效计算公式为

$$API = 100/94\sum_{i=1}^{n} API_i \tag{B.3}$$

式中：API——工程实施后成效指数；

API_i——工程实施后成效第 i 项指标得分；

i——指标序号；

n——指标数量。

根据工程实施后成效指数评估结果，确定成效等级（表 B.3）。

表 B.3 生态保护修复工程实施后成效分级表

类别	分值范围	分级
工程实施后评估	0≤API<60	不合格
	60≤API<80	合格
	80≤API<90	良好
	90≤API≤100	优秀

B.4 实施后长期成效评估

基于实施后长期成效各项指标评估得分，计算实施后长期成效指数（LPI）（公式 B.4）。计算公式为

$$\mathrm{LPI} = 100/86\sum_{i=1}^{n}\mathrm{LPI}_i \tag{B.4}$$

式中：LPI——实施后长期成效指数；

LPI_i——实施后长期成效第 i 项指标得分；

i——指标序号；

n——指标数量。

根据工程实施后长期成效指数评估结果，确定成效等级（表 B.4）。

表 B.4 生态保护修复工程实施后长期成效分级表

类别	分值范围	分级
实施后长期成效评估	0≤LPI<60	不合格
	60≤LPI<80	合格
	80≤LPI<90	良好
	90≤LPI≤100	优秀

附录 C

（资料性附录）

《生态保护修复工程实施生态环境成效评估技术报告》编写提纲

前言

简要说明生态保护修复工程实施生态环境成效评估的工作背景与意义、组织形式、工作过程与评估结论。

一、总则

概述评估目标与原则、评估周期、参考文件等。

二、工程实施基本情况

概述工程范围、实施方案目标与进度安排、工程组织实施情况等。

三、工程实施生态环境成效评估

参照本标准，针对工程不同实施阶段确定相应评估内容，说明各项评估指标得分依据。说明生态环境成效各项指标评估基本情况、相关辅证材料及指标分值。根据本标准，确定评估结果，形成生态保护修复工程实施生态环境成效评估得分表，明确评估时段的成效等级。根据评估结果，阐述生态保护修复工程实施生态环境成效评估工作的评估结论。

四、主要问题

根据评估结果和评估过程中发现的问题，总结归纳生态保护修复工程实施与管理等方面存在的问题。

五、相关建议

根据评估结果与评估中发现的问题，提出生态保护修复工程实施和管理的意见与建议。

六、附件

各项指标得分相关支撑材料。

附录 8　全过程工程咨询最完整的全流程图

一、工程建设项目前期工作流程

1.1　工程建设项目基本流程

1.2　工程建设项目投资决策（建议书、可研）流程

1.3　工程建设项目设计阶段工作流程

1.4　工程建设项目准备阶段工作流程

二、工程建设项目管理流程

2.1　工程建设项目管理基本流程

2.2　招投标基本流程

2.3　合同签订流程

2.4　施工准备流程

三、项目风险管理与信息管理流程

3.1　项目风险管理流程

3.2　项目信息管理流程

3.3　竣工验收流程

四、工程项目监理工作基本流程

4.1　工程项目实施监理的总流程

4.2　施工准备阶段监理工作流程

4.3　施工阶段工程投资控制流程

4.4　施工阶段工程进度控制流程

4.5　施工阶段工程质量控制流程

4.6　施工阶段安全监理控制流程

4.7　合同管理控制流程

4.8 信息管理控制流程

4.9 组织协调控制流程

4.10 工程质量问题及工程质量事故处理流程

4.11 工程安全事故处理流程

4.12 工程洽商控制及签证工作流程

4.13 工程竣工验收控制流程

4.14 保修阶段监理工作流程

一、工程建设项目前期工作流程

1.1 工程建设项目基本流程

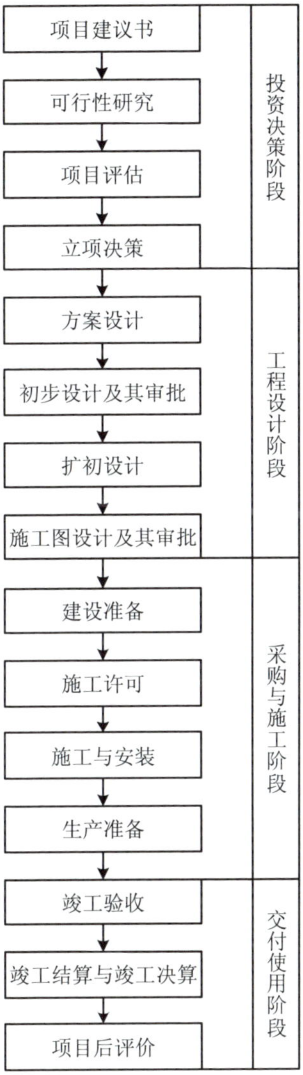

1.2　工程建设项目投资决策（建议书、可研）流程

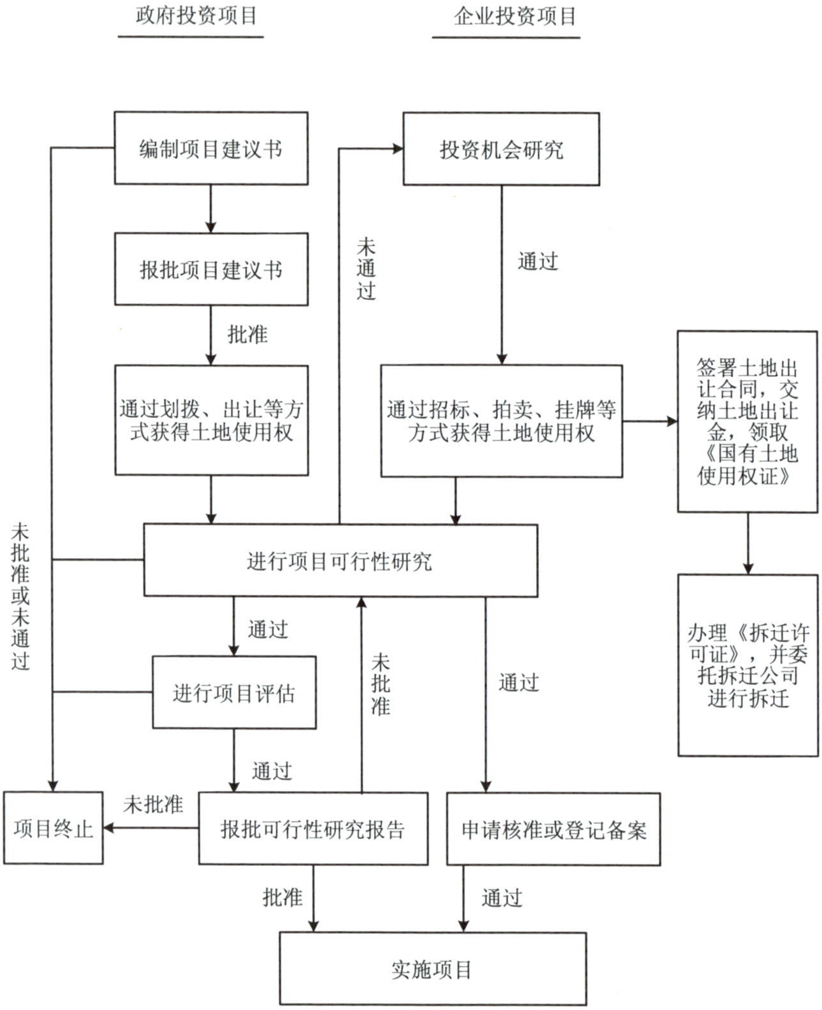

1.3 工程建设项目设计阶段工作流程

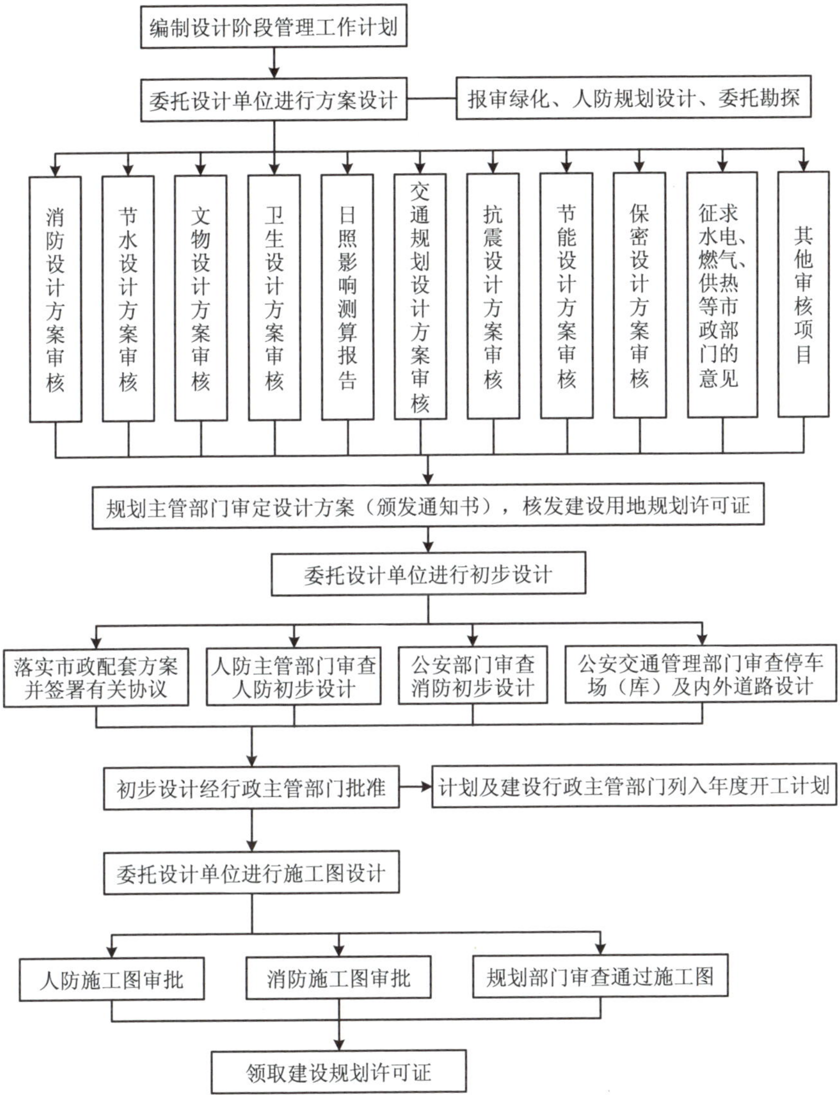

1.4 工程建设项目准备阶段工作流程

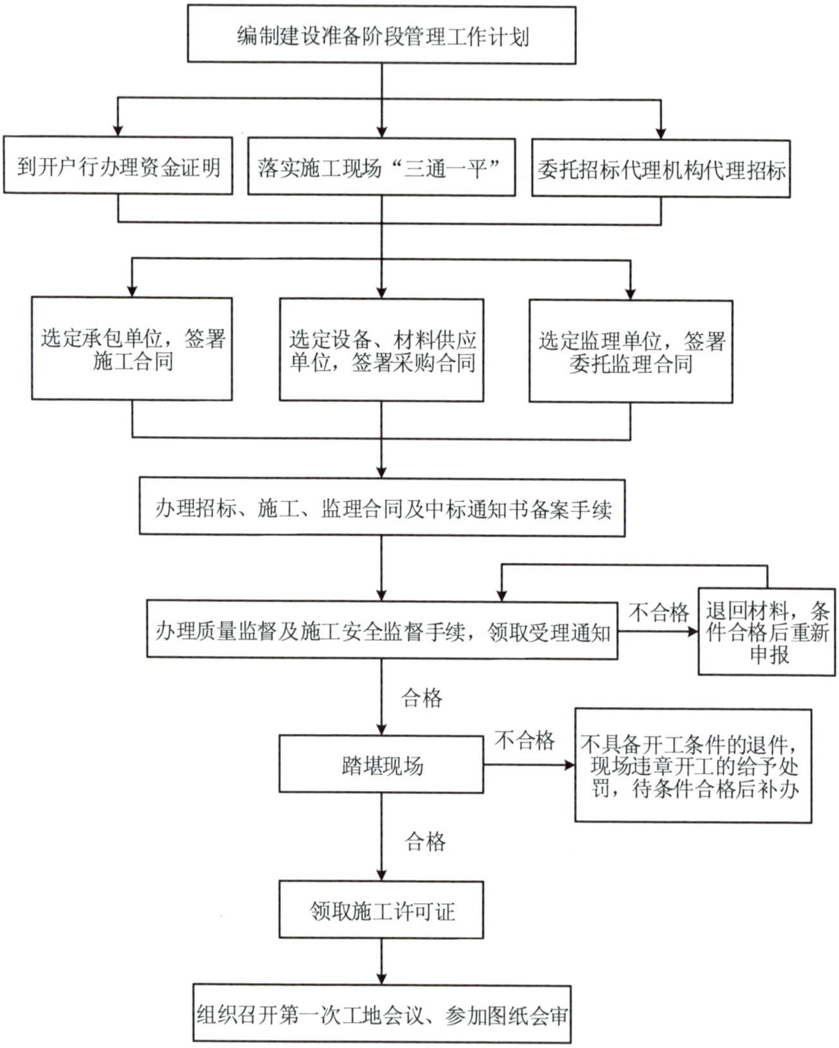

二、工程建设项目管理流程

2.1 工程建设项目管理基本流程

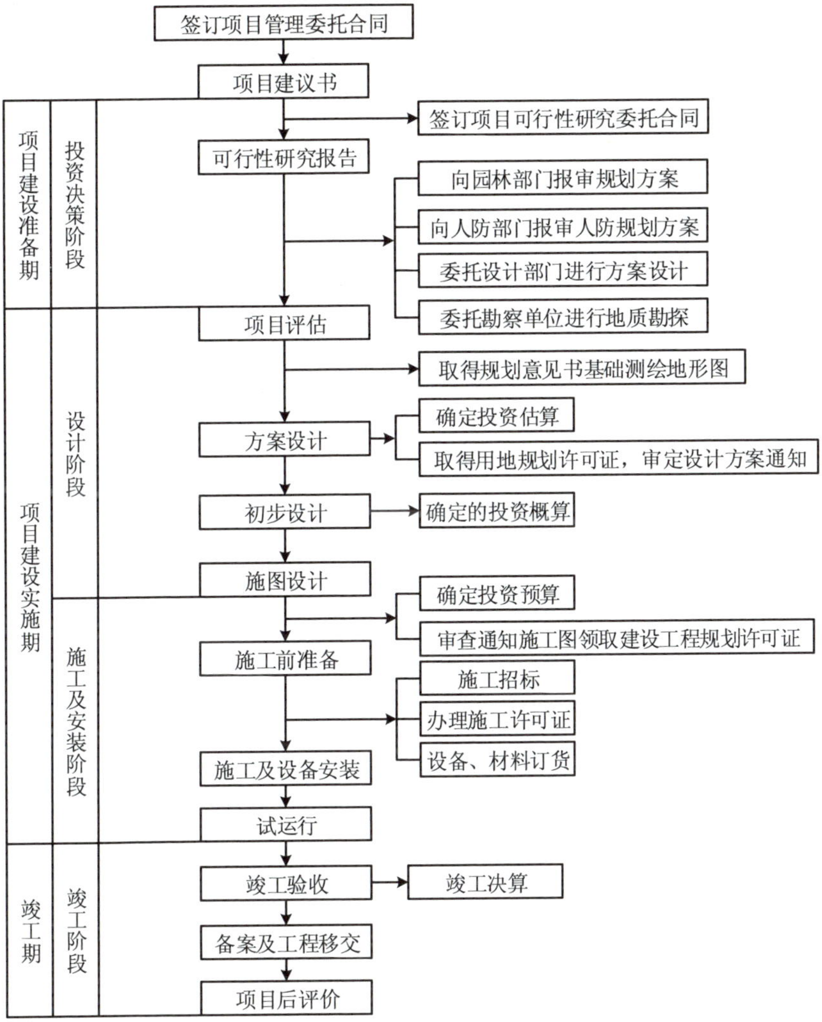

2.2 招投标基本流程

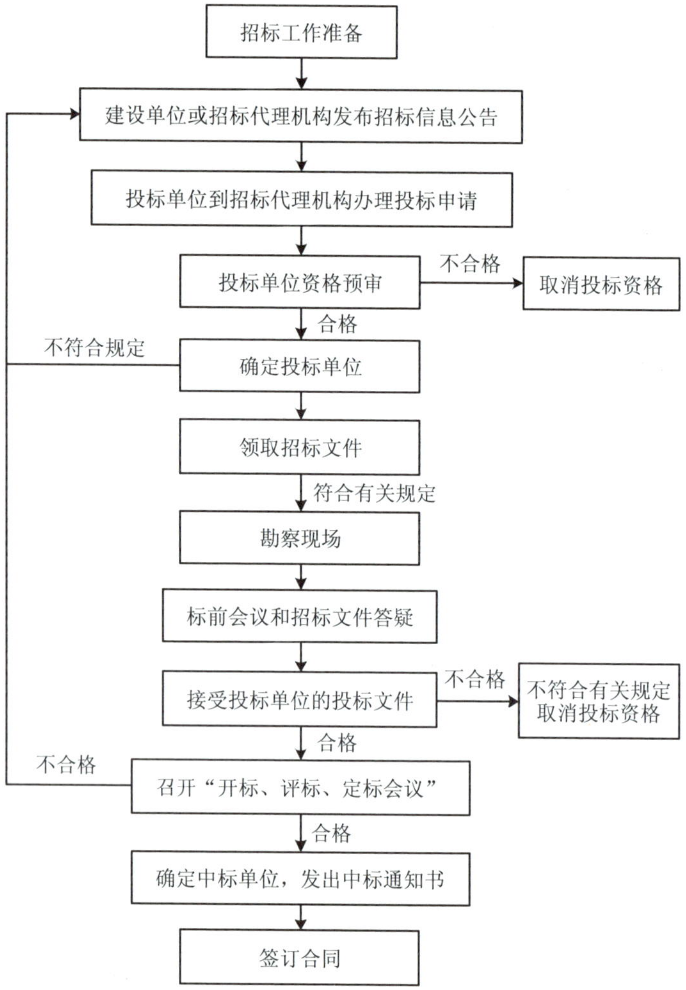
招标工作准备
建设单位或招标代理机构发布招标信息公告
投标单位到招标代理机构办理投标申请
投标单位资格预审
不合格
取消投标资格
合格
不符合规定
确定投标单位
领取招标文件
符合有关规定
勘察现场
标前会议和招标文件答疑
接受投标单位的投标文件
不合格
不符合有关规定
取消投标资格
合格
不合格
召开“开标、评标、定标会议”
合格
确定中标单位，发出中标通知书
签订合同

2.3 合同签订流程

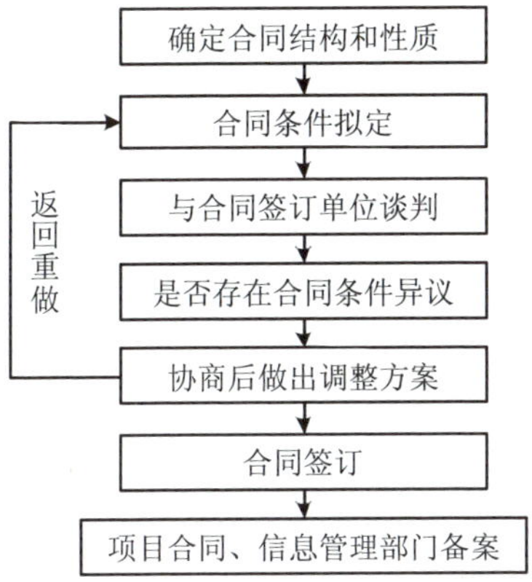

2.4 施工准备流程

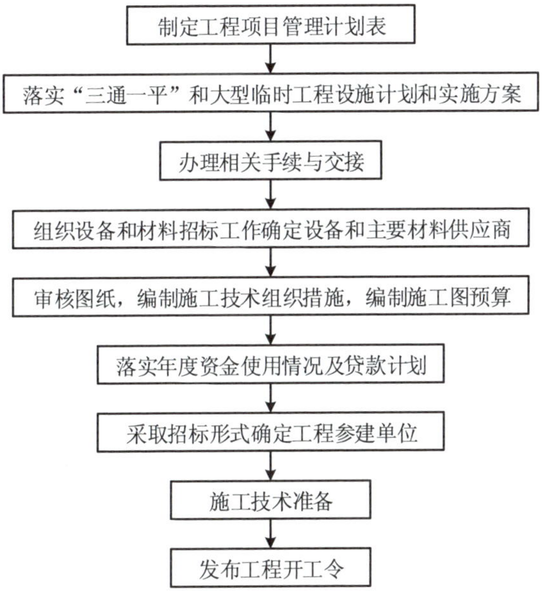

三、项目风险管理与信息管理流程

3.1 项目风险管理流程

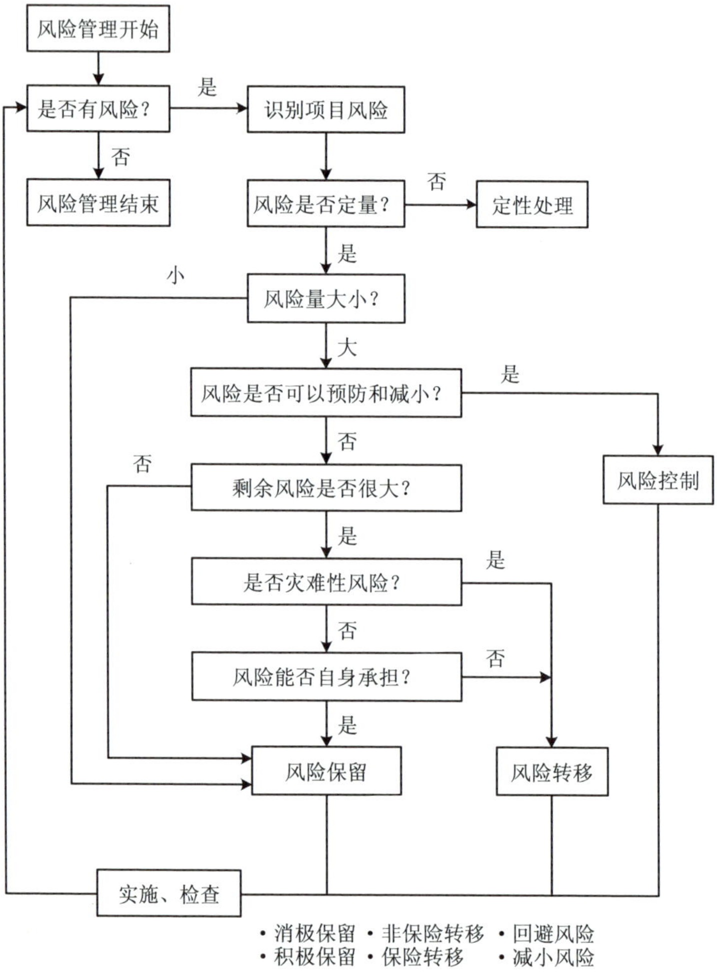

3.2 项目信息管理流程

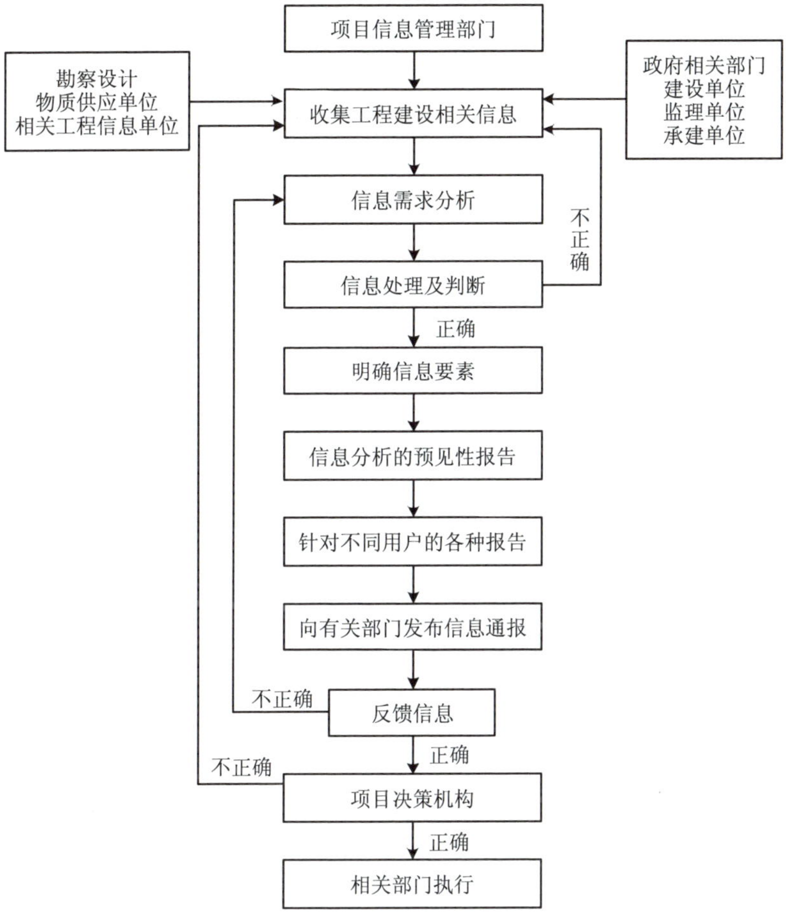
项目信息管理部门
勘察设计
物质供应单位
相关工程信息单位
收集工程建设相关信息
政府相关部门
建设单位
监理单位
承建单位
信息需求分析
不正确
信息处理及判断
正确
明确信息要素
信息分析的预见性报告
针对不同用户的各种报告
向有关部门发布信息通报
不正确
反馈信息
正确
不正确
项目决策机构
正确
相关部门执行

3.3 竣工验收流程

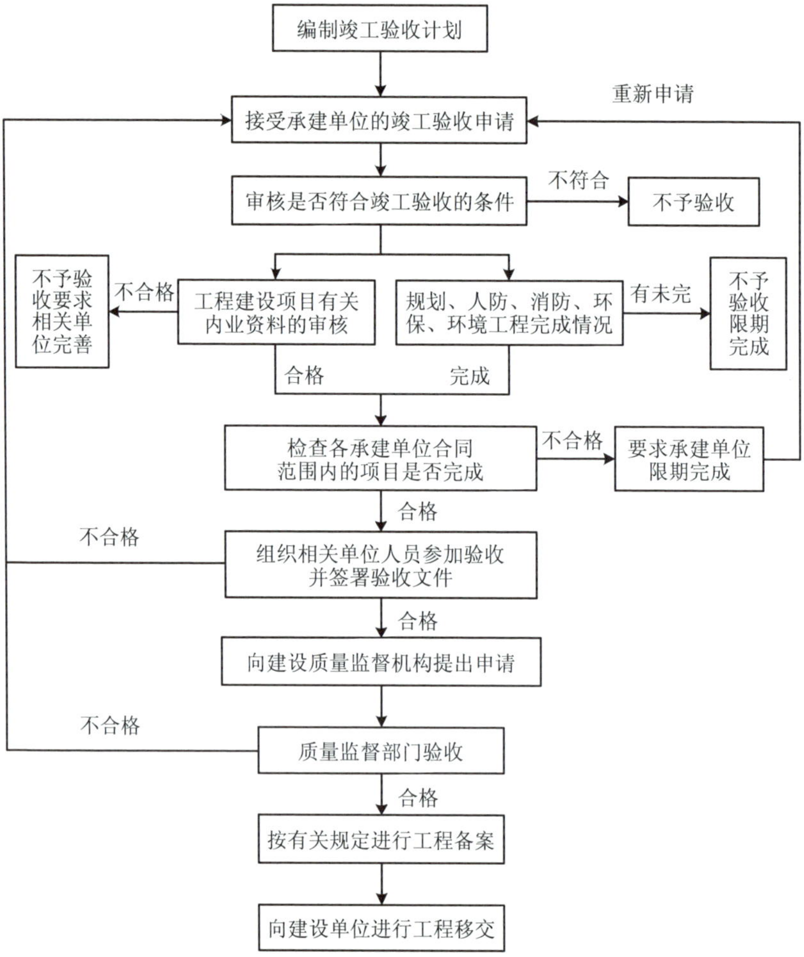
编制竣工验收计划
重新申请
接受承建单位的竣工验收申请
审核是否符合竣工验收的条件
不符合
不予验收
不予验收要求相关单位完善
不合格
工程建设项目有关内业资料的审核
规划、人防、消防、环保、环境工程完成情况
有未完
不予验收限期完成
合格
完成
检查各承建单位合同范围内的项目是否完成
不合格
要求承建单位限期完成
合格
不合格
组织相关单位人员参加验收并签署验收文件
合格
向建设质量监督机构提出申请
不合格
质量监督部门验收
合格
按有关规定进行工程备案
向建设单位进行工程移交

四、工程项目监理工作基本流程

4.1 工程项目实施监理的总流程

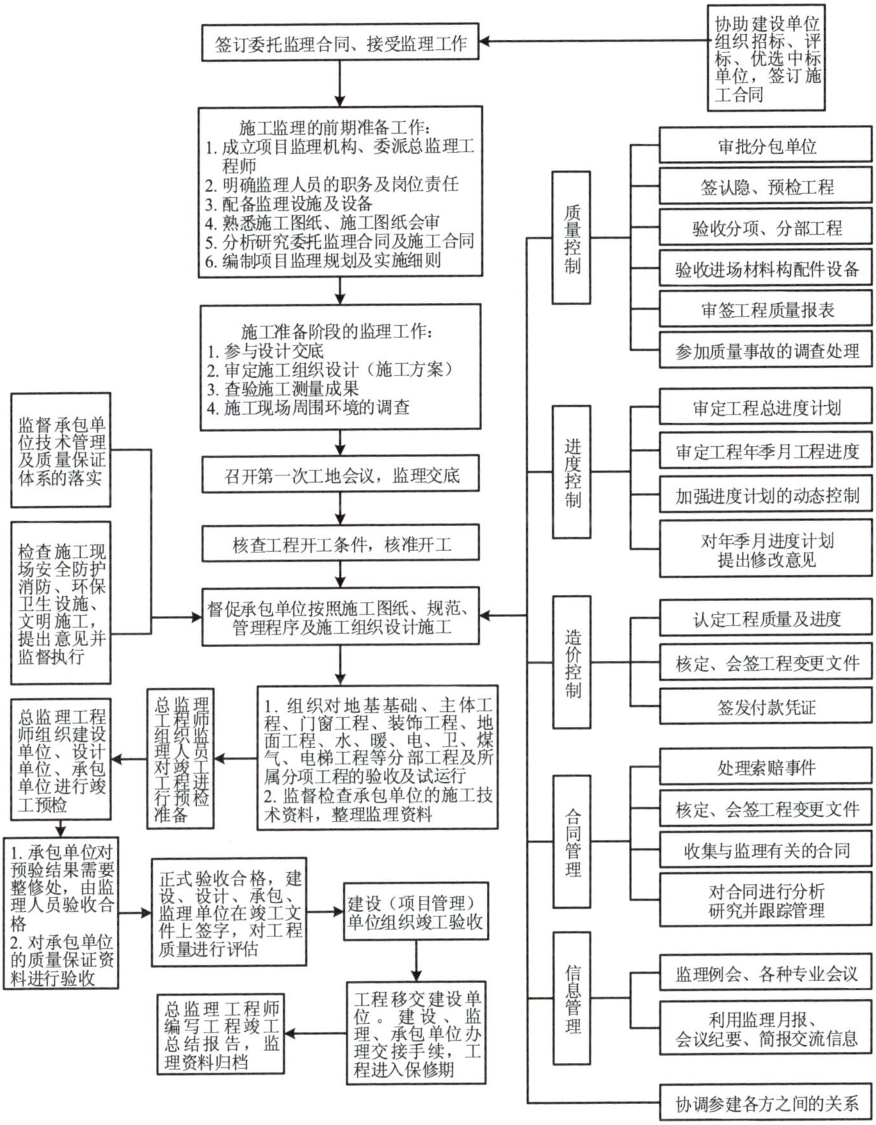

4.2　施工准备阶段监理工作流程

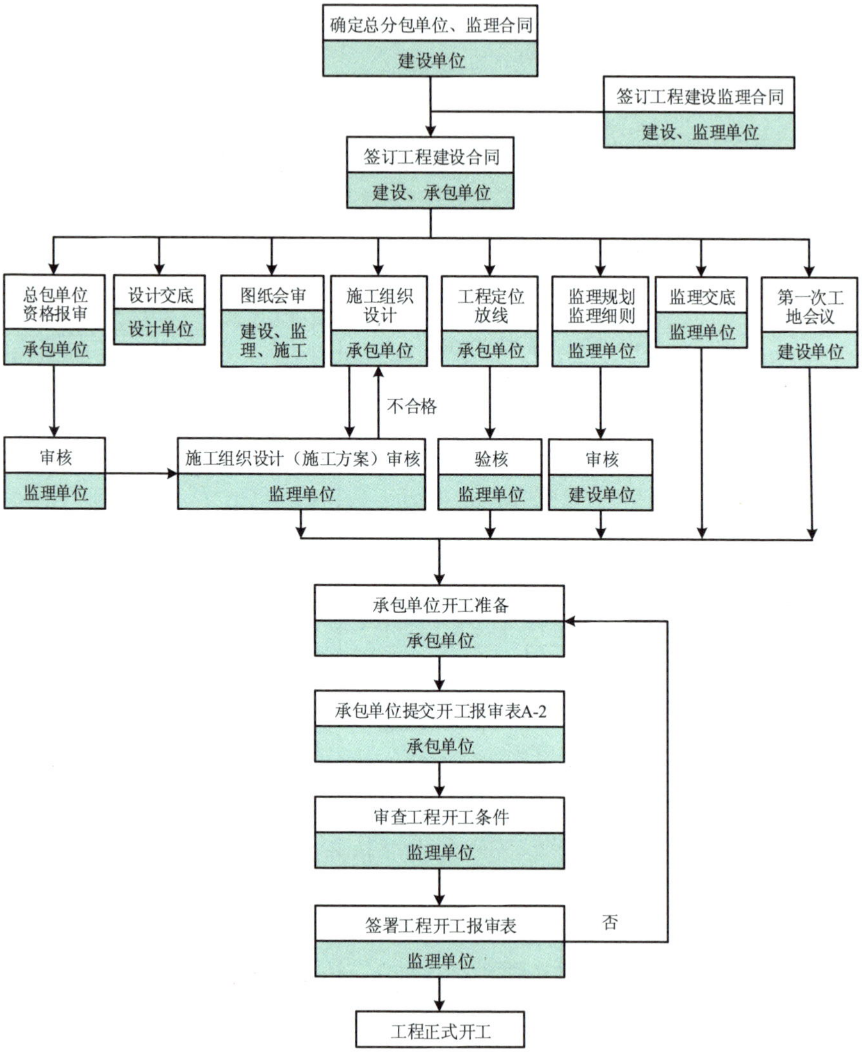

4.3 施工阶段工程投资控制流程

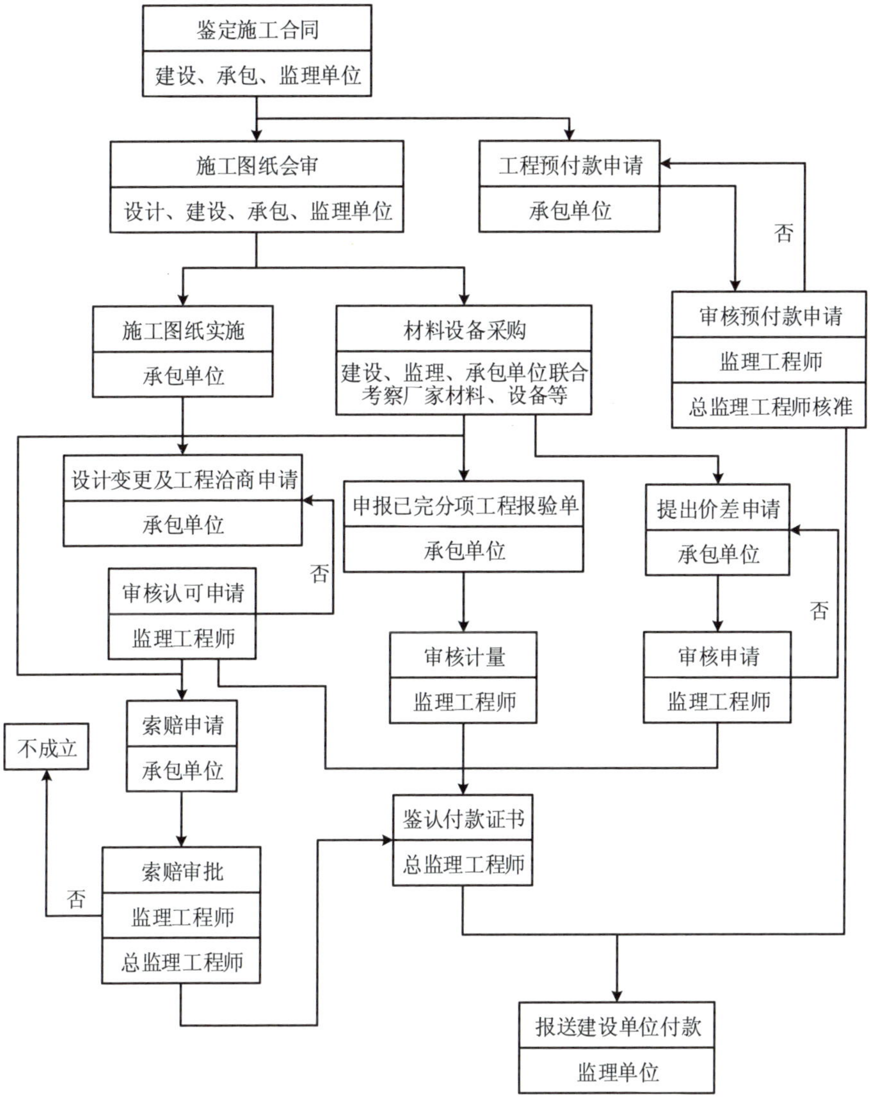

4.4 施工阶段工程进度控制流程

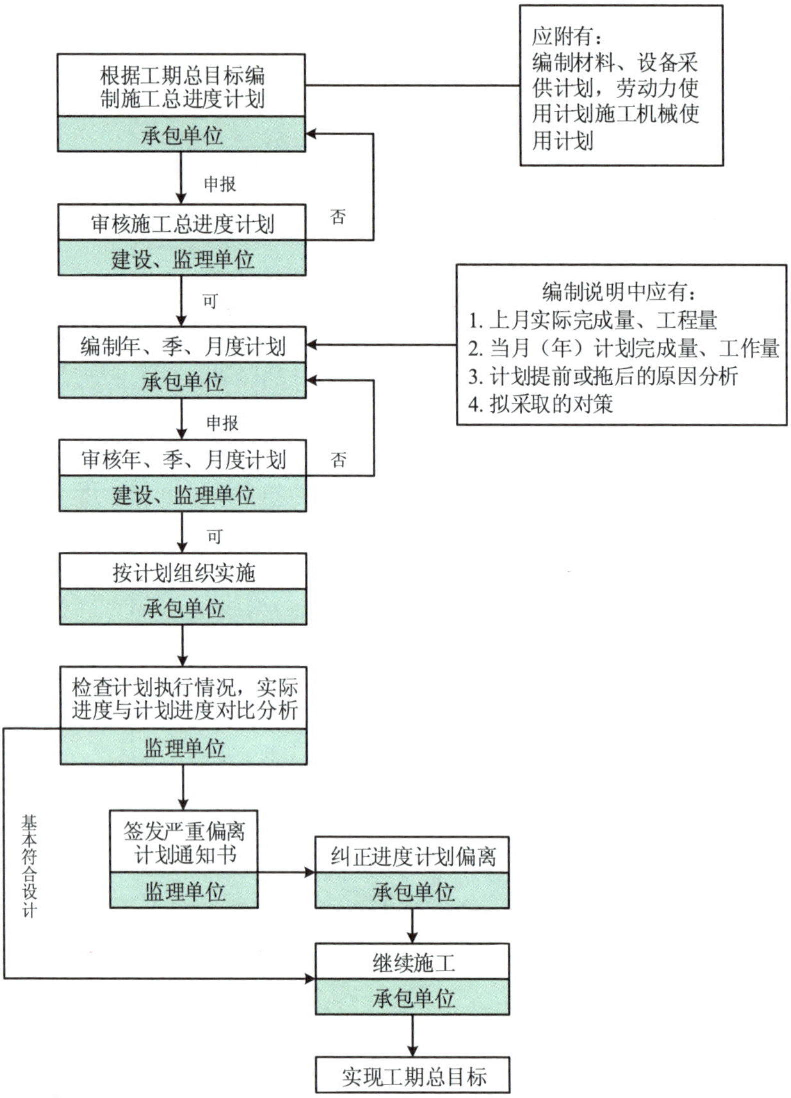

4.5 施工阶段工程质量控制流程

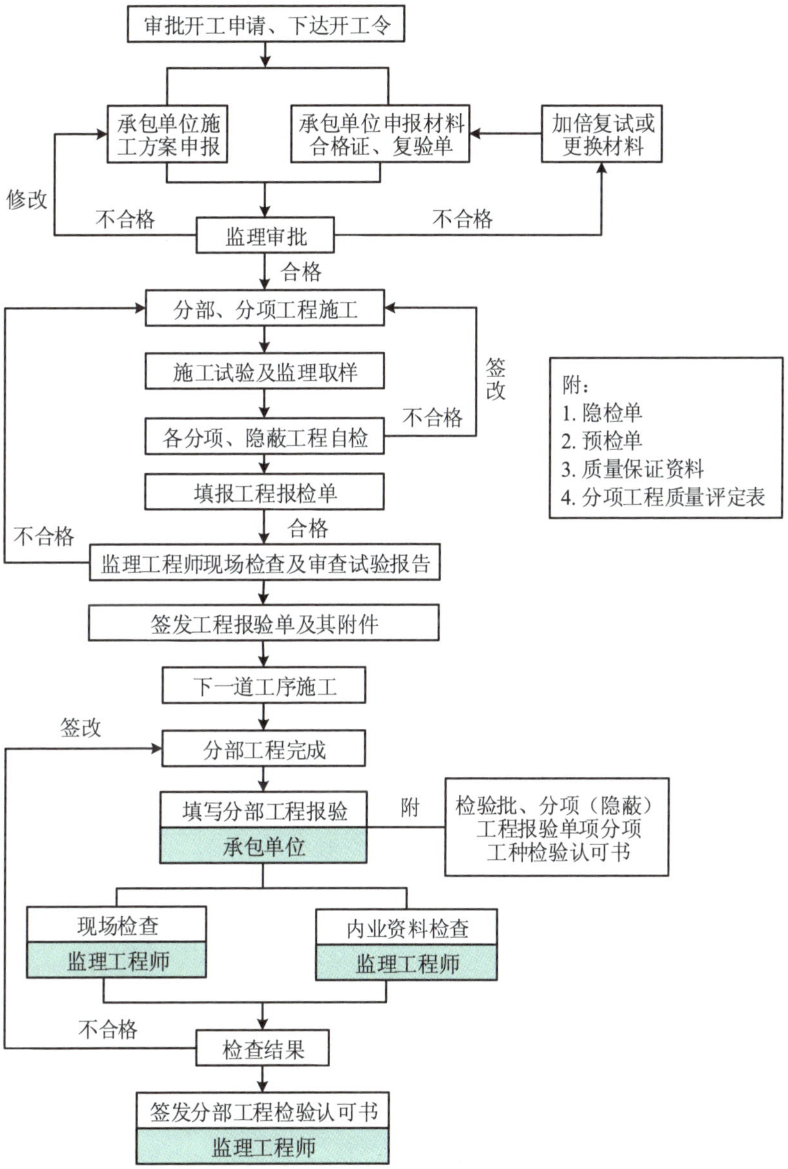

4.6 施工阶段安全监理控制流程

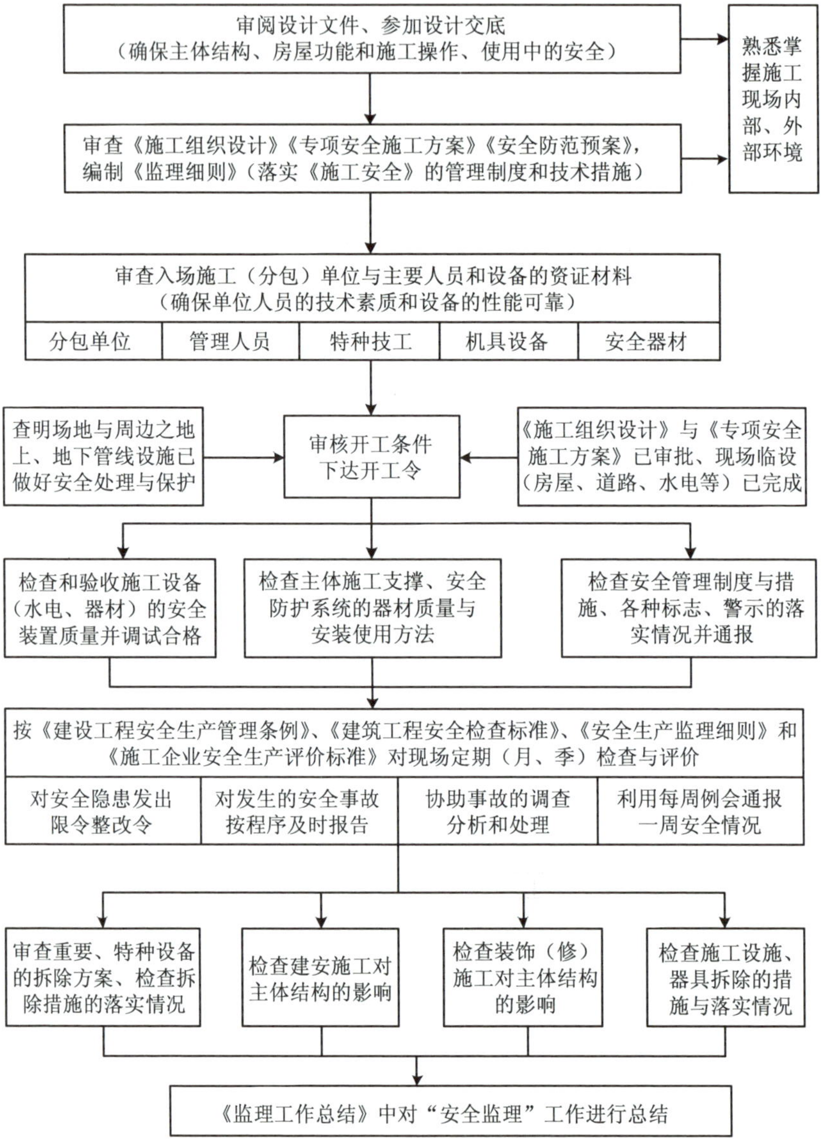

4.7 合同管理控制流程

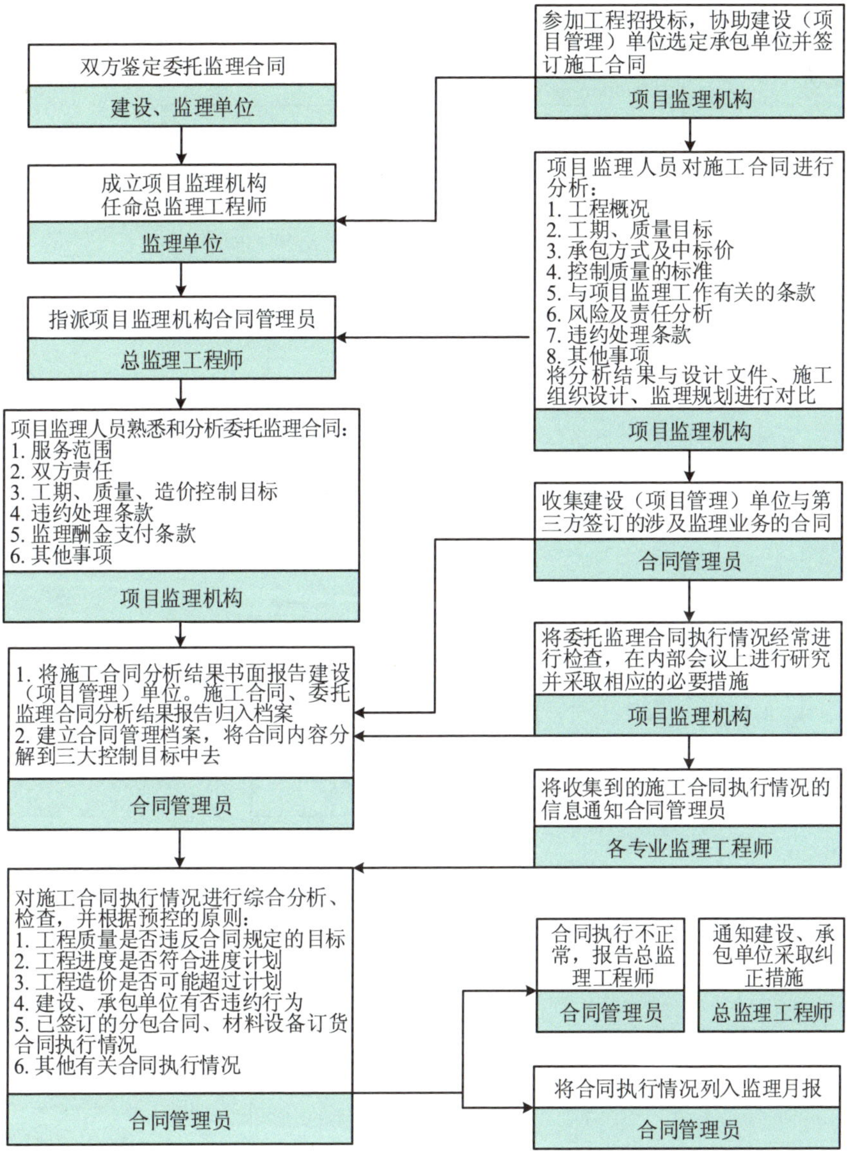

双方鉴定委托监理合同
建设、监理单位
成立项目监理机构
任命总监理工程师
监理单位
指派项目监理机构合同管理员
总监理工程师
项目监理人员熟悉和分析委托监理合同：
1. 服务范围
2. 双方责任
3. 工期、质量、造价控制目标
4. 违约处理条款
5. 监理酬金支付条款
6. 其他事项
项目监理机构
1. 将施工合同分析结果书面报告建设（项目管理）单位。施工合同、委托监理合同分析结果报告归入档案
2. 建立合同管理档案，将合同内容分解到三大控制目标中去
合同管理员
对施工合同执行情况进行综合分析、检查，并根据预控的原则：
1. 工程质量是否违反合同规定的目标
2. 工程进度是否符合进度计划
3. 工程造价是否可能超过计划
4. 建设、承包单位有否违约行为
5. 已签订的分包合同、材料设备订货合同执行情况
6. 其他有关合同执行情况
合同管理员
参加工程招投标，协助建设（项目管理）单位选定承包单位并签订施工合同
项目监理机构
项目监理人员对施工合同进行分析：
1. 工程概况
2. 工期、质量目标
3. 承包方式及中标价
4. 控制质量的标准
5. 与项目监理工作有关的条款
6. 风险及责任分析
7. 违约处理条款
8. 其他事项
将分析结果与设计文件、施工组织设计、监理规划进行对比
项目监理机构
收集建设（项目管理）单位与第三方签订的涉及监理业务的合同
合同管理员
将委托监理合同执行情况经常进行检查，在内部会议上进行研究并采取相应的必要措施
项目监理机构
将收集到的施工合同执行情况的信息通知合同管理员
各专业监理工程师
合同执行不正常，报告总监理工程师
合同管理员
通知建设、承包单位采取纠正措施
总监理工程师
将合同执行情况列入监理月报
合同管理员

4.8 信息管理控制流程

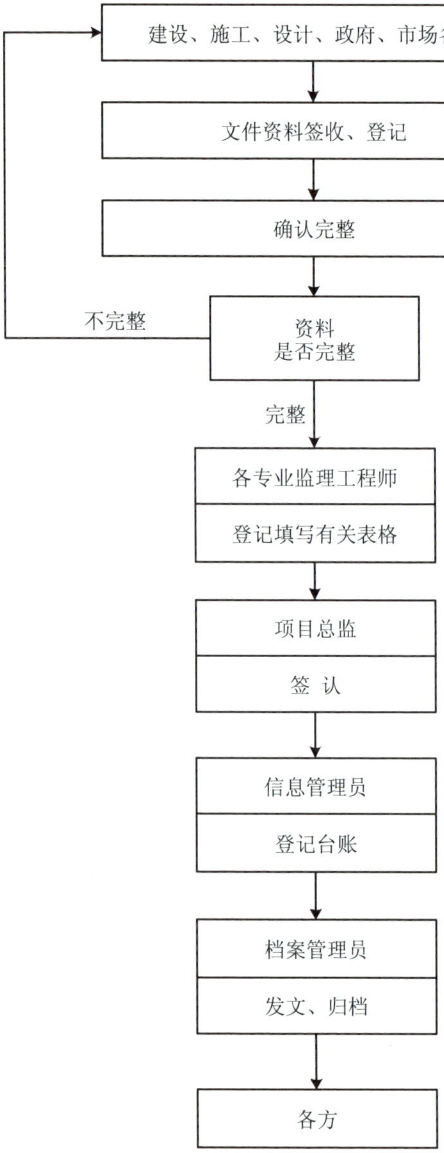
建设、施工、设计、政府、市场各方
文件资料签收、登记
确认完整
不完整
资料
是否完整
完整
各专业监理工程师
登记填写有关表格
项目总监
签 认
信息管理员
登记台账
档案管理员
发文、归档
各方

4.9 组织协调控制流程

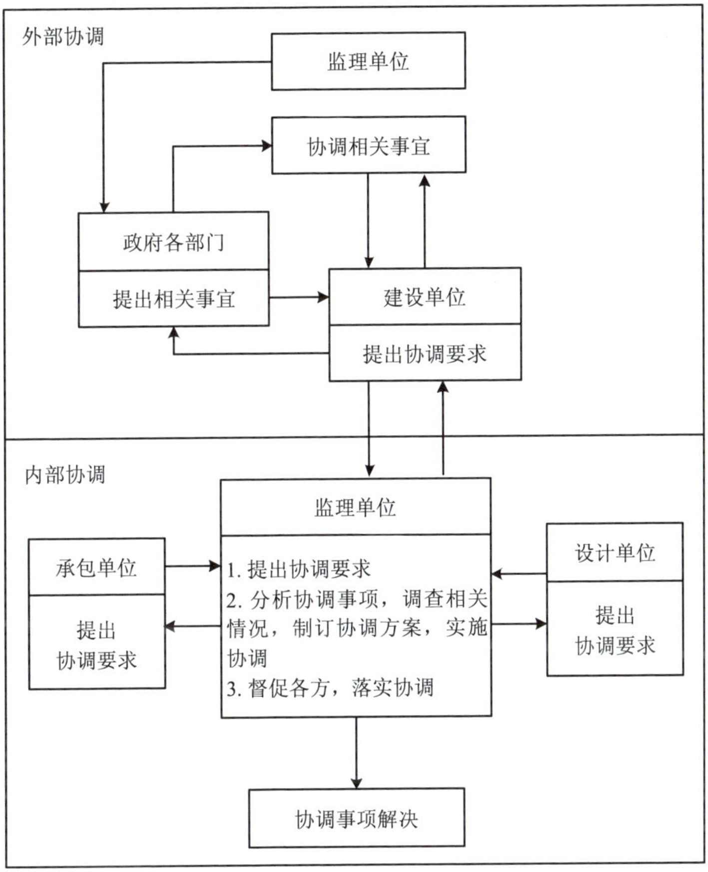
外部协调
监理单位
协调相关事宜
政府各部门
提出相关事宜
建设单位
提出协调要求
内部协调
监理单位
1. 提出协调要求
2. 分析协调事项，调查相关情况，制订协调方案，实施协调
3. 督促各方，落实协调
承包单位
提出
协调要求
设计单位
提出
协调要求
协调事项解决

4.10 工程质量问题及工程质量事故处理流程

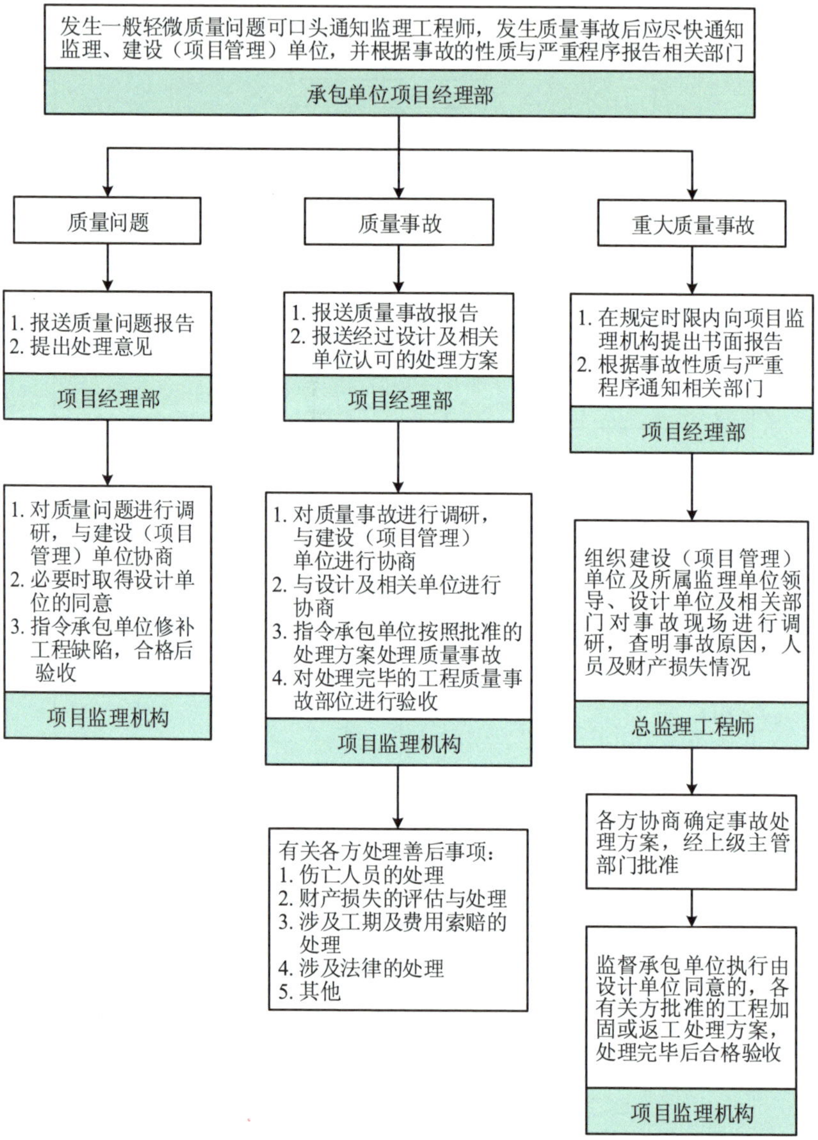

4.11 工程安全事故处理流程

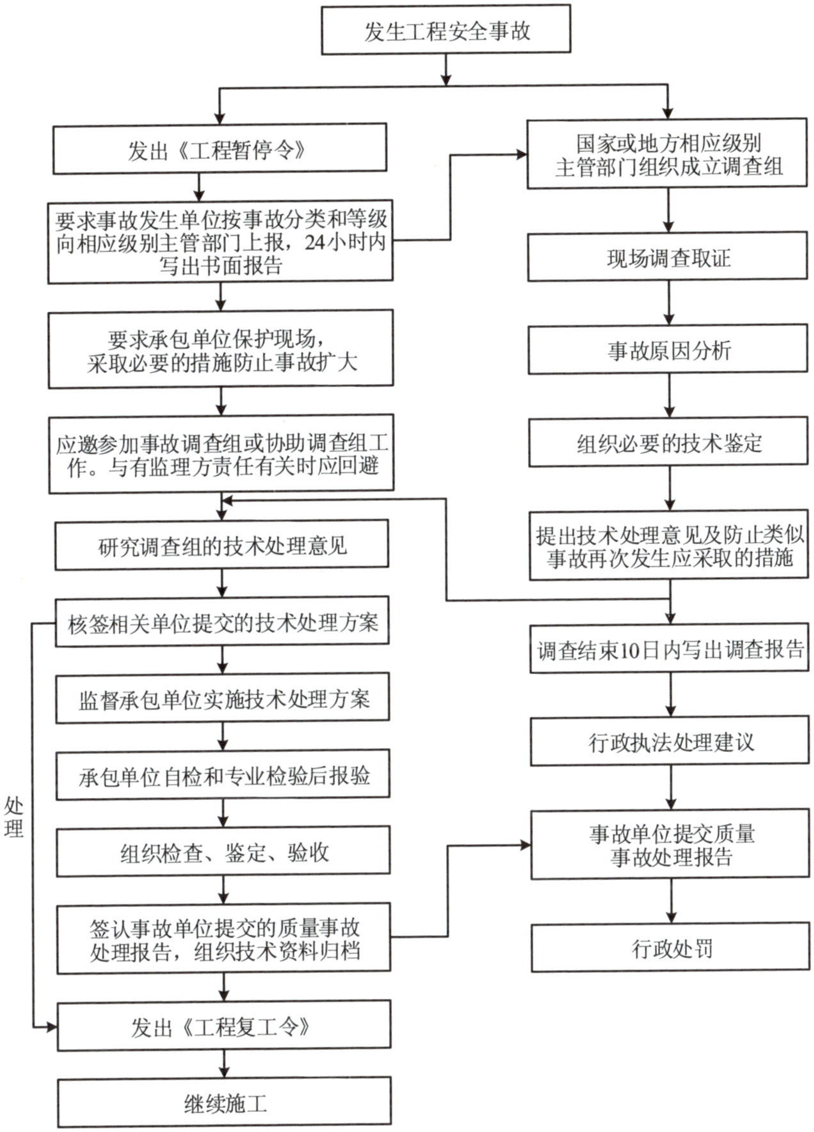

4.12　工程洽商控制及签证工作流程

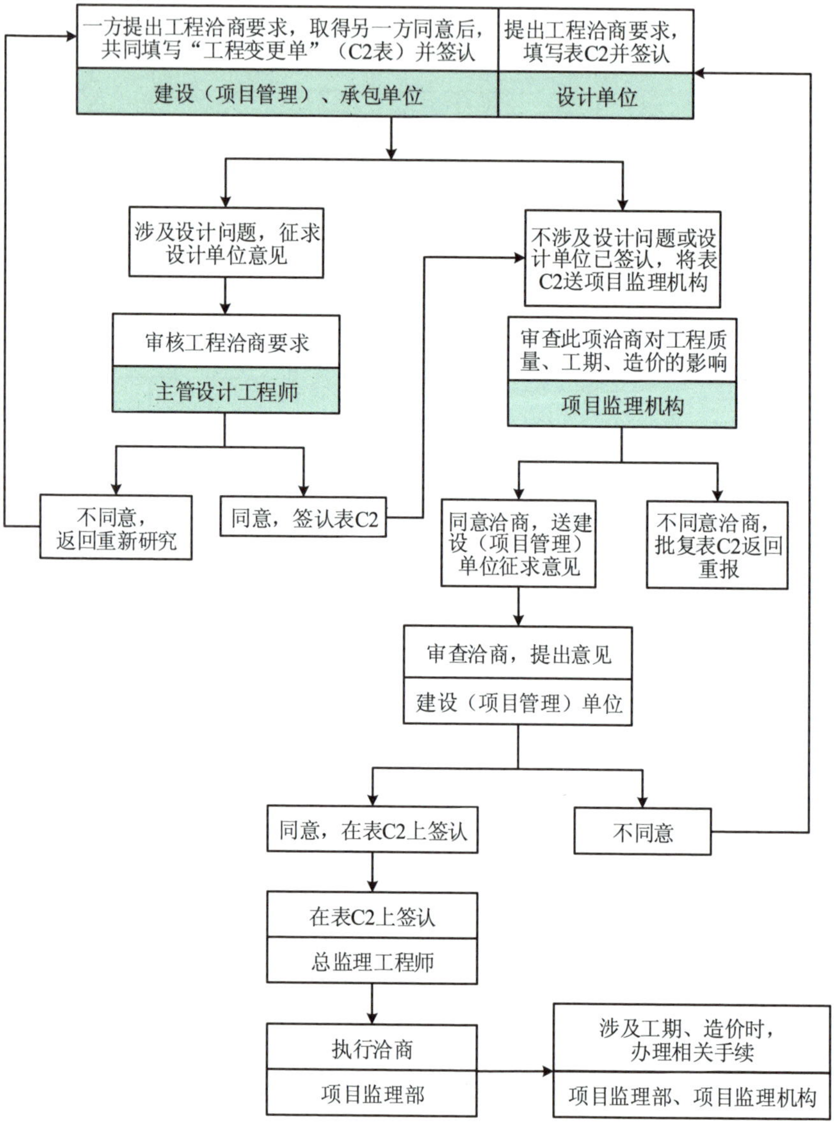

4.13 工程竣工验收控制流程

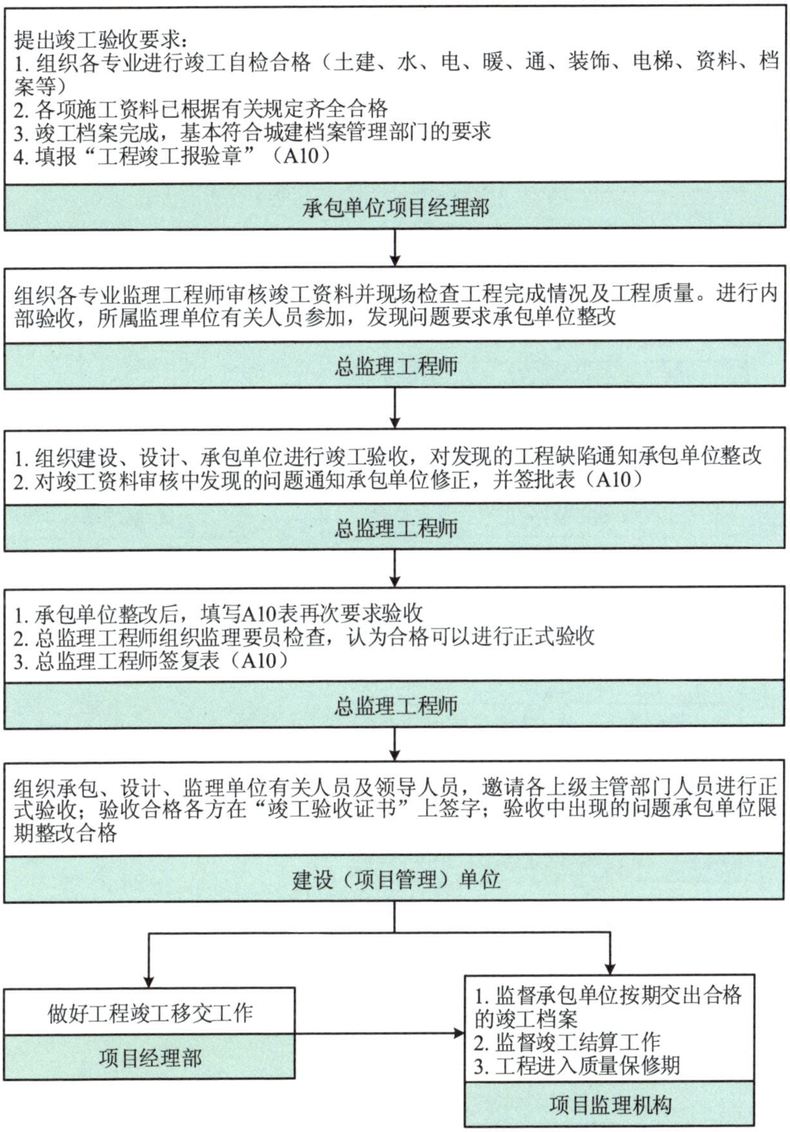

4.14　保修阶段监理工作流程

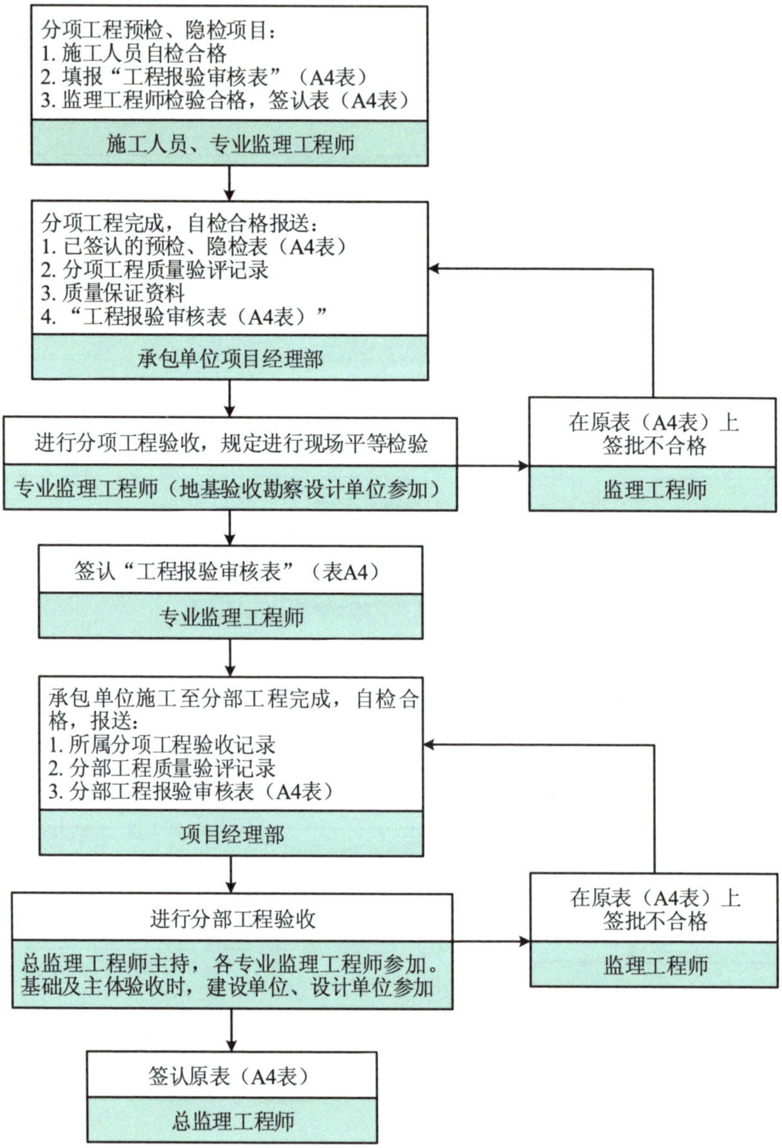

参考文献

[1] 仲和．生态环境部推动重大生态环境工程复工复产[J]．中国环境监察，2020，50（4）：20-21.

[2] 黄润秋．生态环境部召开推进“十四五”规划重大工程工作领导小组第一次会议[A]. https://www.mee.gov.cn/ywdt/hjywnews/202205/t20220526_983539.shtml.

[3] 中华人民共和国生态环境部．2020 中国生态环境状况公报 [EB/OL].（2021-05-26）[2021-12-02]. https://www.mee.gov.cn/hjzl/sthjzk/zghjzkgb/202105/P02-021052657-2756184785.pdf.

[4] 陆昊．国务院关于 2020 年度国有自然资源资产管理情况的专项报告[EB/OL].（2021-10-21）[2022-05-30]. http://www.npc.gov.cn/npc/c30834/202110/d1fc1e63e20e4dfe9b5fad0839ab8129.shtml.

[5] 王金南，逯元堂，程亮，等．国家重大环保工程项目管理的研究进展[J]．环境工程学报，2016，10（12）：6801-6808.

[6] 习近平．在黄河流域生态保护和高质量发展座谈会上的讲话[J]．求是，2019（20）：4-11.

[7] 何军，逯元堂，徐顺青，等．国家重大污染治理工程实施机制研究[J]．环境工程，2017，35（12）：180-183.

[8] 王金南，蒋洪强，程曦，等．关于建立重大工程项目绿色管理制度的思考[J]．中国环境管理，2021，13（1）：5-12.

[9] 孙继德，傅家雯，刘姝宏．工程总承包和全过程工程咨询的结合探讨[J]．建筑经济，2018（12）：5-9.
[10] 逯元堂，王佳宁，赵云皓，等．生态环境保护工程实施管理模式与财政资金使用优化[J]．环境保护，2018，46（23）：37-40.
[11] 董斌，凌晨．土壤污染防治基金制度建设：域外经验与本土实践[J]．大连海事大学学报（社会科学版），2019，18（6）：55-61.
[12] 董战峰，李红祥，葛察忠，等．国家环境经济政策进展评估报告 2018[J]．中国环境管理，2019，11（3）：60-64.
[13] 张岚，姜霞，董姣．论“十四五”水污染防治资金项目储备的总体思路[J]．环境保护，2022，50（21）：9-12.
[14] 李苑．中央生态环境资金项目储备库总投资需求超 6 500 亿元[N]．上海证券报，2022-08-24（2）.
[15] 孙宁，徐怒潮，尹惠林，等．生态环境保护省级重大项目设计与实施中的问题探讨[J]．环境保护，2022，50（19）：28-31.
[16] 王云．土壤修复融资机制研究[J]．绿叶，2018（4）：48-58.
[17] 王兆苏，宋玲玲，武娟妮，等．土壤污染防治专项资金使用管理的现状、问题与对策[J]．环境保护，2021，49（13）：39-45.
[18] 董战峰，璩爱玉，王夏晖，等．设立国家土壤污染防治基金研究[J]．环境保护，2018，46（13）：53-57.
[19] 王波，何军，王夏晖．山水林田湖草生态保护修复试点战略路径研究[J]．环境保护，2020，48（22）：50-54.
[20] 汪延彬，何瑞东，王娅妮，等．山水林田湖草生态保护修复工程绩效评价体系研究[J]．商业会计，2023，748（4）：61-66.
[21] Liu H C，Fan J，Liu B Y，et al. Practical exploration of ecological restoration and management of the“mountains-rivers-forestsfarmlands-lakes-grasslands”system in the Irtysh River Basinin Altay，Xinjiang[J]. Journal of Resource sand Ecology，2021，12（6）：766-776.
[22] 郭庭伟．探讨专项资金绩效评价存在的问题及体系构建策略[J]．中国产经，2022，304（24）：114-116.
[23]《中共中央国务院关于深入打好污染防治攻坚战的意见》（2021 年 11 月 2 日）.
[24] 姚梦茵，宋玲玲，武娟妮，等．我国生态环境保护重大工程项目管理制度现

状及存在的问题[J]. 环境工程学报，2020，14（5）：1137-1145.
[25] 宫玮，吴景山. 发展绿色建筑助力无废城市建设[J]. 绿色建筑，2023，15（1）：78-80.
[26] 逯元堂，赵云皓，辛璐，等. 生态环境导向的开发（EOD）模式实施要义与实践探析[J]. 环境保护，2021，49（14）：30-33.
[27] 李可愚. 聚焦102项重大工程加快重大项目建设[N]. 每日经济新闻，2023-01-19（1）.
[28] 孙宁，吴舜泽，孙钰如.《全国危险废物和医疗废物处置设施建设规划》实施的评估与分析[C]//中国环境科学学会. 2007 中国环境科学学会学术年会优秀论文集（下卷）. 中国环境科学出版社，2007：8.
[29] 全国危险废物和医疗废物规划建设任务限期完成[J]. 中国资源综合利用，2011，29（3）：7.
[30] 苏海磊，王凡凡，陈海燕，等. 浙江省丽水市山水林田湖草生态保护修复工程规划与实践[J]. 环境工程技术学报，2022，12（1）：224-231.
[31] 习近平. 高举中国特色社会主义伟大旗帜，为全面建设社会主义现代化国家而团结奋斗——在中国共产党第二十次全国代表大会上的报告（2022年10月16日）.
[32] 杨佩. 汉丹江流域协同发展不应有“时间刻度”——鄂豫陕三省15市政协共商生态保护发展大计[J]. 协商论坛，2015，368（11）：25-28.
[33] 江苏出台“十四五”生态环境基础设施建设规划[J]. 给水排水，2022，58（3）：111.
[34] 许晟，李文键，熊慧. 重大基础设施工程的环境红利及作用机理分析[J]. 价值工程，2022，41（26）：154-156.
[35] 乐云，刘明强，张馨月，等. 重大工程组织学习机制的演化博弈分析——基于全过程咨询介入机制的业主与咨询方合作视角[J]. 工业工程与管理，2019（2）：157-166.
[36] 任彦卓. 工程建设全过程咨询服务模式分析与创新[J]. 建设监理，2022，282：6-9.
[37] Huo B，Ye Y，Zhao X. The impacts of trust and contracts on opportunism in the 3PL industry：The moderating role of demand uncertainty[J]. International Journal of Production Economics，2015，170：160-170.

[38] 王新民，周方明．全过程工程咨询服务在乌梁素海流域生态修复工程中的应用实践[J]．建设监理，2021，261（3）：20-22.
[39] 乔松．全过程工程咨询企业的信用评价研究[D]．南京：东南大学，2020.
[40] 严玲，张亚琦，汤建东．全过程工程咨询项目的组织结构及其控制体系构建研究[J]．建筑经济，2021，42（1）：28-34.
[41] 占松林．生态环保项目 EOD 运作模式研究[J]．中国工程咨询，2021（2）：70-74.
[42] 葛煜泉．基于全过程代建模式工程建设管理中的投资控制要点浅析[J]．工程建设，2023，55（1）：69-73.
[43] 贺丽芳．市政工程建设项目全过程投资控制[J]．企业科技与发展，2022，491（9）：149-152.
[44] 吴丽鑫．财政专项资金预算绩效管理思考[J]．行政事业资产与财务，2022（19）：21-23.
[45] 高飒飒．水污染防治专项资金预算绩效评价研究[D]．呼和浩特：内蒙古财经大学，2022.
[46] 宋玲玲，王兆苏，武娟妮，等．生态环保专项资金的绩效管理体系构建——基于全面预算管理的视角[J]．会计之友，2020，648（24）：36-41.
[47] 朱思敏．生态文明背景下乌兰察布市草原生态修复项目实施问题及政策建议[D]．呼和浩特：内蒙古农业大学，2021.
[48] 迟妍妍，王夏晖，宝明涛，等．重大工程引领的黄河流域生态环境一体化治理战略研究[J]．中国工程科学，2022，24（1）：104-112.
[49] 刘浩，郝海广，张文国，等．基于格局—质量—服务的生态保护修复成效评估：以额尔齐斯河流域为例[J]．环境科学研究，2022，35（11）：2495-2507.
[50] 罗明，于恩逸，周妍，等．“山水林田湖草”生态保护修复试点工程布局及技术策略[J]．生态学报，2019，39（23）：8692-8701.
[51] 岳鹏威，陈文宇，李福恩．我国重大工程项目管理模式现状、问题及对策研究[J]．特区经济，2012，287（12）：207-208.
[52] 徐德琳，邹长新，林乃峰，等．基于成效评估的生态保护红线监管目标实现途径[J]．环境保护，2023，51（Z1）：29-32.
[53] 刘进华．论工程建设投资项目财务风险与控制[J]．中国市场，2020，1061（34）：157-158.
[54] 张国兴，徐涛，张文佳．全过程工程咨询服务的组织模式创新研究[J]．价值

工程，2022，41（31）：15-18.

[55] 刘熠林．跨区域重大工程项目风险耦合研究[D]．重庆：重庆大学，2019.

[56] 李志涛，刘伟江，陈盛，等．关于“十四五”土壤、地下水与农业农村生态环境保护的思考[J]．中国环境管理，2020（4）：45-50.

[57] 科技部，生态环境部，住房和城乡建设部，等．关于印发《“十四五”生态环境领域科技创新专项规划》的通知（国科发社〔2022〕238 号）. http://www.gov.cn/zhengce/zhengceku/2022-11/02/content_5723769.htm.

[58] Consult S R.Environmental/economic evaluation and optimising of contaminated sites remediation-method to involve environmental assessment[J]. EU LIFE Project，2000，96：223-230.

[59] Morais S A，DELERUE-MATOS C. A perspective on LCA application in site remediation services：critical review of challenges[J]. Journal of Hazardous Materials，2010，175（1/2/3）：12-22.

[60] Lemming G. Environmental assessment of contaminated site remediation in a life cycle perspective[M]. Denmark：Technical University of Denmark，2010.

[61] 王涵，马军，陈民，等．减污降碳协同多元共治体系需求及构建探析[J]．环境科学研究，2022，35（4）：936-944.

[62] 李炬桢，骆永明，侯德义．土壤健康评估指标、框架及程序研究进展[J]．土壤学报，2022，59（3）：617-625.

[63] Tukker A. Life cycle assessment as a tool in environmental impact assessment[J]. Environmental Impact Assessment Review，2000，20（4）：435-456.

[64] Lemming G，Hauschild M Z，Bjerg P L. Life cycle assessment of soil and groundwater remediation technologies：literature review[J]. The International Journal of Life Cycle Assessment，2009，15（1）：115-127.

[65] Cadotte M，DeschÊNES L，Samson R. Selection of a remediation scenario for a diesel-contaminated site using LCA[J]. The International Journal of Life Cycle Assessment，2007，12（4）：239-251.

[66] US EPA. Environmental technology verification（ETV）quality management plan（EPA 600 R-08 009）[R]. Washington DC：Office of Research and Development，2008：1-67.

[67] US EPA. Environmental technology verification program[EB/OL]．Washington：

US EPA，2016-02-21[2016-02-21]．http:archive.epa.Govnrmvl archive-etv web html.

[68] 中国石油和化学工业联合会．关于批准发布《绿色设计产品评价技术规范氯化聚乙烯》等14项团体标准的公告（2022年第2号）[EB/OL]. [2022-04-14].

[69] 邱菲，贺伟．数字化赋能下工程项目管理的探索与实践[J]．智能城市，2021，7（21）：92-93.

[70] 温国文．基于ERP的纸机产线建设管理系统的研究与实现[D]．广州：华南理工大学，2015.

[71] 陆敏敏．全过程工程咨询项目数字化管理的实践与探索[J]．建筑经济，2020（S01）：17-19.

[72] 朱克力．朱克力："以数强实"持续推进数实融合[J]．经济研究信息，2022（11）：2.

[73] 江小涓，靳景．数字技术提升经济效率：服务分工，产业协同和数实孪生[J]．管理世界，2022，38（12）：17.